高等院校应用型本科智能制造领域"十四五"规划教材

机 械 原 理

（第二版）

主　编　姜　波
副主编　别　磊　范君艳　都　行
　　　　　刘立恒　翟　莹

U0279336

华中科技大学出版社
中国·武汉

内 容 简 介

本书是根据教育部机械基础课程教学指导分委员会制定的《机械原理教学基本要求》和《机械原理课程教学改革建议》的精神,结合近年来的教学实践经验和研究生入学考试的需要而编写的。本书在编写过程中,注重取材的先进性与实用性,以及现代内容与传统内容的相互渗透与融合,注重培养学生的创新意识与工程实践能力。全书共分十四章,内容包括:绪论,平面机构的组成和结构分析,平面机构的运动分析,平面机构的力分析,平面连杆机构及其设计,凸轮机构及其设计,齿轮机构及其设计,齿轮系及其设计,其他常用机构,机械效率和自锁,机械的平衡,机械系统的运转及其速度波动的调节,机械系统运动方案的设计和Adams软件在机构设计与分析中的应用等。每章后均附有知识拓展和习题。

本书可作为高等院校机械类及近机械类专业的教材或参考书,也可供非机械类学生和有关工程技术人员使用或参考。

图书在版编目(CIP)数据

机械原理 / 姜波主编. -- 2 版. -- 武汉:华中科技大学出版社,2024.7. --(高等院校应用型本科智能制造领域"十四五"规划教材). -- ISBN 978-7-5772-1051-3

Ⅰ. TH111

中国国家版本馆 CIP 数据核字第 202471JS56 号

机械原理(第二版)   姜 波 主编

Jixie Yuanli(Di-er Ban)

策划编辑:张少奇

责任编辑:刘 飞

封面设计:原色设计

责任监印:朱 玢

出版发行:华中科技大学出版社(中国·武汉)   电话:(027)81321913

         武汉市东湖新技术开发区华工科技园   邮编:430223

录   排:武汉三月禾文化传播有限公司

印   刷:武汉市洪林印务有限公司

开   本:787mm×1092mm   1/16

印   张:17.5

字   数:437 千字

版   次:2024 年 7 月第 2 版第 1 次印刷

定   价:49.80 元

第二版前言

本书是在第一版的基础上,结合应用型高校教育教学改革发展和当前"新工科"建设对学生综合设计能力和创新能力要求的提升,围绕"以学生为中心,以综合设计能力培养为导向"的理念,融合教师近年来的教学实践经验和研究生入学考试的需要编写的。

在本书的编写过程中,编者参阅了同类教材、相关技术标准和文献,注重取材的先进性和实用性。本书的主要特点如下:

(1)结合应用型人才的特点编写教材内容,根据学生的学习基础和认知特点,从概念认知、理论解析、工程实际应用到知识拓展,逐步深入。

(2)引入国际主流多体动力学分析软件Adams工程应用的内容,结合应用案例培养学生应用先进计算机辅助工程设计工具分析和解决工程实践问题的能力,以适应新时代对新工科应用型人才的需求。

(3)增加"知识拓展"模块,涵盖工程创新、学科发展史、前瞻性知识等内容,开阔学生的视野。同时在配套电子资源方面,增加了数字化动画资源,可以更好地辅助教师的教学和学生的自主学习,提升教学质量和学习效率。

参加本书编写及修订工作的有:长春光华学院姜波(第1、3、7、8、14章,5.1节)、长春光华学院别磊(第6、11章,9.1节)、上海师范大学天华学院范君艳(4.3节、9.2节)、长春光华学院都行(第10章,5.2～5.3节)、长春光华学院刘立恒(第12、13章,4.1～4.2节)、长春光华学院翟莹(第2章)。全书的动画资源制作和统稿工作由姜波完成。

原教育部机械基础教学指导委员会委员潘毓学教授精心审阅了本书,提出了不少宝贵的意见,特致以衷心的感谢。

由于编者水平有限,书中难免有疏漏或不当之处,敬请广大读者批评指正。

编 者
2024 年 7 月

教学大纲

教学课件

第一版前言

本书是根据全国独立院校 2012 年 4 月广州会议精神,按照教育部机械基础课程教学指导分委员会制定的《机械原理教学基本要求》和《机械原理课程教学改革建议》,为培养普通应用型大学机械类、近机类宽口径专业学生的综合设计能力和创新能力,以适应当前教学改革的需要,结合近几年来独立院校教师的教学实践经验和研究生入学考试的需要而编写的。

在编写过程中,编者参阅了大量同类教材、相关技术标准和文献,注重取材的先进性与实用性,以及现代内容与传统内容的相互渗透与融合,注重培养学生的创新意识与工程实践能力,将 ADAMS 软件应用到机构设计和分析中。

本书大致按 50～70 学时编写,可根据具体情况和不同的专业要求,对教材内容进行取舍。第 13 章机械系统运动方案的设计,最好结合机械原理的课程设计一同进行,以期收到较好的教学效果。

参加本书编写的有:长春理工大学潘毓学(第 1 章、第 2 章、第 6 章、第 13 章);长春光华学院姜波(第 3 章、第 7 章、第 14 章);上海师范大学天华学院范君艳(第 4 章、第 9 章);长春工业大学人文信息学院何秀媛(第 5 章);长春理工大学光电信息学院董世刚(第 8 章);黑龙江东方学院陈雷(第 10 章)、李媛媛(第 11 章);兰州交通大学博文学院苗莉(第 12 章)。全书由原教育部机械基础教学指导委员会委员潘毓学教授统稿。

由于编者水平有限,难免有错漏及不当之处,敬请各位机械原理教师及广大读者批评指正。

编　者

2015 年 11 月

目　　录

第1章 绪　　论

1.1　机械原理的研究对象

　　机械原理的研究对象是机械,而机械是机器与机构的总称,所以机械原理是一门以机器和机构为研究对象的基础技术学科。

　　从机器的组成情况看,原动机是把其他形式的能量转换为机械能的机器,为机器的运转提供动力。机械原理的研究对象不涉及原动机的选择,也不涉及机器的控制系统。机器的传动机构和工作执行机构才是机械原理的研究重点。

　　人们在日常生活和生产过程中,广泛使用着各种各样的机器,从家庭用的缝纫机、洗衣机,到工业部门用的各种机床;从汽车、推土机,到工业机器人、机械手;等等。机器可定义为:机器是人为的实物组合体,各部分之间有确定的相对运动,且可以代替人类劳动、做有用机械功或转换机械能的装置。当我们仔细分析机器时,可以看到,机器是由各种机构组成的。机构可定义为用来传递动力、传递或转换运动的装置。一部机器,可能是多个机构的组合体,也可能只包含一个简单的机构。下面通过两个实例来探讨它们的组成和特征。

　　图 1.1 所示为一送料机械手,是由凸轮机构、齿轮齿条、连杆机构等组成的。通过组成机械手的各种机构的协调配合,便能使机械手完成各种预定动作,从而代替人类劳动来完成

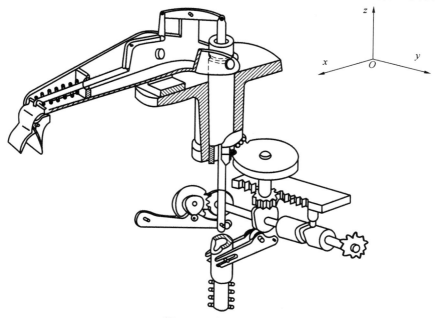

图 1.1　送料机械手

有用的机械功。

　　图 1.2 所示为一台单缸内燃机,它是由连杆机构、齿轮机构、凸轮机构等组成的。燃气通过进气阀被吸入汽缸后,进气阀关闭,点火,使燃气在汽缸中燃烧产生压力,推动活塞 1 下行,带动连杆 2 使曲轴 3 转动,实现热能向机械能的转换。

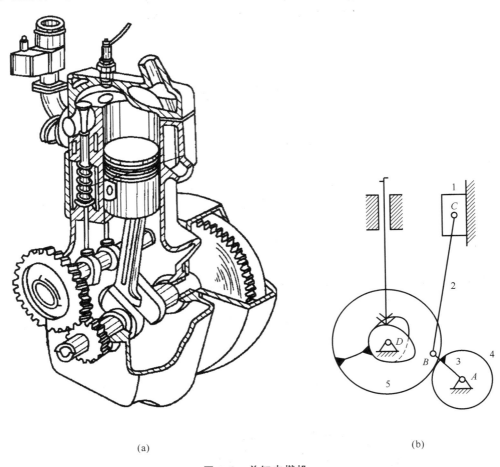

(a)　　　　　　　　　　　　　　　　　　　(b)

图 1.2　单缸内燃机

1.2　机械原理课程的内容

　　机械原理课程的内容有以下几部分。

　　1.机构的结构分析

　　分析机构的组成原理,将机构进行结构分类。分析机构运动简图的绘制方法,以及机构具有确定运动的条件等。这些内容是机构分析的重要内容,不仅对分析现有机构,而且对着手设计新机构都是必不可少的知识。

　　2.机构的运动分析

　　分析各种常用机构的类型、运动特点及设计方法。机器的类型虽然很多,但这些机器的基本机构无非是由齿轮、连杆、凸轮等一些常用的基本机构组成的。对常用机构进行运动及设计方法的研究,将为动力分析及机械系统方案设计打下坚实的理论基础。对机构进行运动分析,了解机构的运动情况,为新机械的设计提供参考依据。这部分内容不考虑引起机构运动的力的作用,仅从几何的观点出发,根据机构中某几个运动单元的已知运动规律,研究其余运动单元的轨迹、位移、速度和加速度的求法。

3. 常用机构的分析与设计

前述的几种机器的组成部分都是各种机构,如图 1.2 所示的单缸内燃机就包含着由活塞、连杆、曲轴、汽缸组成的连杆机构,由齿轮 4、5 组成的齿轮机构,由凸轮、推杆组成的凸轮机构等。通过对各种机器的结构进行分析,可以发现组成机器的机构是有限的,就是非常复杂的机器,也是由连杆、凸轮、齿轮等常用的机构所组成的。因此,对常用机构的运动及工作特性进行研究和分析,对于设计新机械是非常必要的。

4. 机器的动力分析

机器动力学的研究主要包括两大内容:① 确定机械在运动过程中作用在各构件上的力的大小、方向和作用点等参数以及机械效率;② 分析研究作用在机械上的各种力,在已知力作用下,确定机械的真实运动规律,即机械惯性力和机械运转及速度的调节问题。

5. 机构选型及机械系统方案的创新设计

通过掌握以上内容,拟定机械系统方案、设计执行系统及传动系统。机械系统方案的设计,包括根据工艺要求确定机械的工作原理、运动方案,合理选择机构类型并恰当地将几个机构组合在一起,各机构协调配合使机械实现预期动作等。

1.3　机械原理课程的地位

机械原理是机械类各专业的一门主干技术基础课。它专门研究机械所具有的共性问题,是分析现有机械和设计新机械的理论基础。它一方面以高等数学、物理、理论力学、机械制图和金属工艺学等课程为基础,另一方面又为以后学习机械设计、机床和机械制造工艺学以及其他机械专业课程奠定必要的理论基础。在机械设计系列课程中占有相当重要的位置。

1.4　学习本课程的目的和方法

在工程实际中,机械的专业种类很多,为此设置了各种有关专业课程,但无论研究哪种机器,都涉及有关机械的共性问题,而机械原理正是为此目的而开设的一门技术基础课。

随着科学技术的飞速发展,对机械产品性能要求越来越高,这就要求设计制造出性能先进的大批新机械。而要实现这一宏伟目标,在很大程度上取决于机械总体方案的设计水平,这也正是我们学习机械原理的主要目的。

对从事机械专业的人员来说,除了要求能设计出具有创新意识的新机械外,还须掌握现有机械的合理使用和革新改造的具体方法。为了充分发挥现有机器设备的潜力,为了更好地消化吸收大量的国外先进技术和设备,就必须掌握机器的分析设计方法,了解各种机械的性能,而机械原理为这些提供了必要的理论基础知识。

　　机械原理作为一门技术基础课，其先修课有高等数学、物理、工程图学及理论力学等。特别是理论力学中的理论基础知识将在本课程中得到广泛应用，并得到进一步深化。在学习中应注意将理论力学中的有关知识充分应用到本课程中来。从基础课到技术基础课，内容发生了变化，方法也应相应变化。技术基础课的内容更加接近工程实际，要逐步树立工程的观点去分析、掌握机器和机构的有关知识，培养运用所学理论知识去分析解决工程实际问题的能力。

知 识 拓 展

机构学发展史

　　机构学在广义上又称机构与机器科学（mechanism and machine science），是机械设计及理论二级学科的重要研究分支，在机械工程一级学科中占有基础研究地位，对机械结构的完善和性能提高，对社会经济的发展起到了极大的推动作用。机构从一出现就一直伴随甚至推动着人类社会和人类文明的发展，它的研究和应用更是有着悠久的历史。从历史的发展来看，主要经历了三个阶段。

　　第一阶段（18世纪中叶以前）：这个阶段为机构的启蒙与发展时期。标志性的成果有：古希腊大哲学家亚里士多德（Aristotle）的著作 *Problems of Machines* 是现存最早的研究机械力学原理的文献。阿基米德（Archimedes）用古典几何学方法提出了严格的杠杆原理和运动学理论，建立了针对简单机械研究的理论体系。古埃及的赫伦（Heron）提出了组成机动的5个基本元件：轮与轮轴、杠杆、绞盘、楔子和螺杆。中国古代的墨子在机构方面也做出了很多惊人的成就：他制造的舟、车、飞鸢及根据力学原理为古代车子所创造的"车辖"（即今之车闸）和为"备城门"所研制的"暂悬梁"都体现了机构的设计原理。意大利著名绘画大师达·芬奇（Da Vinci）的作品"the Madrid Codex"和"the Atlantic Codex"中，列出了用于机器制造的22种基本部件。

　　第二阶段（18世纪中叶—20世纪中叶）：这个阶段为机构的快速发展时期，机构学成为一门独立的学科。18世纪下半叶第一次工业革命促进了机械工程学科的迅速发展，机构学在力学基础上发展成为一门独立的学科，通过对机构的结构学、运动学和动力学的研究，形成了机构学独立的体系和独特的研究内容，对18—19世纪产生的纺织机械、蒸汽机及内燃机等结构和性能的完善起到了很大的推动作用。标志性的成果有：瑞士数学家欧拉（Euler）提出了平面运动可看成是一点的平动和绕该点的转动的叠加理论，奠定了机构运动学分析的基础。法国的科里奥利（Coriolis）提出了相对速度和相对加速度的概念，研究了机构的运动分析原理。英国的瓦特（Watt）研究了机构综合运动学，探讨了连杆机构跟踪直线轨迹问题。1841年剑桥大学教授威利斯（Willis）出版著作 *Principles of Mechanisms*，形成了机构学理论体系。1875年德国的勒洛（Reuleaux）在其著作 *Kinematics of Machinery* 中阐述了机构的符号表示法和构型综合。他提出了高副和低副的概念，被誉为现代运动学的奠基人。1888年德国的布尔梅斯特（Burmester）在其著作 *Kinematics of Machinery* 中提出了将几何方法用于机构的位移、速度和加速度分析，开创了机构分析的运动几何学。格鲁布勒

(Grübler)发现了连杆组的自由度判据,这标志着向机构的数综合(number synthesis)迈出了重要一步。布尔梅斯特(Burmester)和弗洛西斯坦(Freudenstein)用几何方法研究了连杆机构尺寸综合,形成了系统的机构设计几何学理论。

第三阶段(20世纪中叶至今):控制与信息技术的发展使机构学发展成为现代机构学。现代机械已不同于19世纪机械的概念,其特征是充分利用计算机信息处理和控制等现代化手段,促使机构学发生广泛、深刻的变化。现代机构学具有如下特点:

(1)机构是现代机械系统的子系统,机构学与驱动、控制、信息等学科交叉融合,研究内容比传统机构学有明显的扩展。

(2)机构的结构学、运动学与动力学实现统一建模和创建,三者融为一体,且考虑到驱动与控制技术的系统理论,为创新设计提供新的方法。

(3)机构创新设计理论与计算机技术的结合,为机构创新设计的实用软件开发提供技术基础。

现代机构学使机构的内涵较之传统机构有了很大的拓展,主要体现在:

(1)机构的广义化,将构件和运动副广义化,即把弹性构件、柔性构件、微小构件等引入机构中;对运动副也有扩展,如广义运动副、柔性铰链等。同时对机构组成广义化,将驱动元件与机构系统集成或者融合为一种有源机构,大大扩展了传统机构的内涵。

(2)机构的可控性,利用驱动元件的可控性,使机构通过有规律的输入运动实现可控的运动输出,从而扩展了机构的应用范围。最典型的例子包括机器人、微机械等。

(3)机构的生物化与智能化,进而衍生出各种仿生机构及机器人、变胞机构、变拓扑机构等。

中国机构学的研究也走过了近百年的历史。北洋大学(1952年正式更名为天津大学)的刘仙洲是中国机构学的先驱者,他于1935年出版了我国第一本系统阐述机构学原理的著作《机械原理》,开创了中国近代机械的研究先河。20世纪60年代以后,中国机构学界开始了有自身特色的空间机构分析与综合研究。由张启先院士编著,于1984年出版的《空间机构的分析与综合》是我国第一本较为系统地阐述空间机构的学术著作。特别值得一提的是,近30年中国的机构学研究取得了长足的进步,主要集中在并联机构学、空间连杆机构、机构弹性动力学、灵巧手操作、移动机器人、柔性(柔顺)机构、仿生机构等方面。在机构构型综合与尺度综合、并联机器人机构学理论、机构弹性动力学、变胞机构、柔性机构等方面十分活跃,已接近或达到国际先进水平。

第 2 章 平面机构的组成和结构分析

2.1 机构结构分析的目的

机构是具有确定运动的构件组合。不能产生确定的相对运动和不动的构件组合就不是机构。在设计一个新机械中的机构时,首先必须对机构的结构进行分析,分析其组成及该机构能否运动,若能动,给出具有确定运动的条件。如何用简单的图形,将机构的结构状况表示出来。研究机构的结构分类及组成原理,为机构的运动和动力分析和结构设计提供条件。

2.2 机构的组成

2.2.1 构件

任何机械都是由许多零件组成的。零件是加工制造的基本单元体。有时,由于结构和工艺上的需要,往往把几个零件刚性地连接在一起来运动,也就是它们构成一个独立运动的单元体,这个单元体称为构件。构件可能是一个零件,也可能是若干个刚性连接在一起的零件组成的一个运动整体。内燃机中的连杆结构如图 2.1 所示,该构件就是由几个零件刚性连接在一起的。

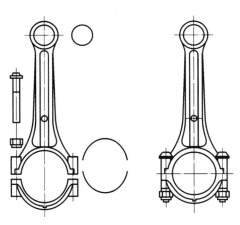

图 2.1 内燃机中的连杆

2.2.2　运动副

两构件直接接触,且具有确定相对运动的可动连接称为运动副。

两构件既然被运动副连接起来,就必须保持接触,而且在接触过程中还要能够产生相对运动,因此可以按两构件的接触方式和相对运动方式对运动副进行分类。

1. 按两构件之间的相对运动方式分类

两构件之间的相对运动只有转动和移动,其他运动形式可以看作转动和移动的合成运动。

1) 转动副

两构件之间的相对运动为转动的运动副,称为转动副。图 2.2(a)所示为构件 2 固定、构件 1 转动的转动副,图 2.2(c)所示为连接两运动构件的转动副。相应的转动副符号如图 2.2(b)、(d)所示。

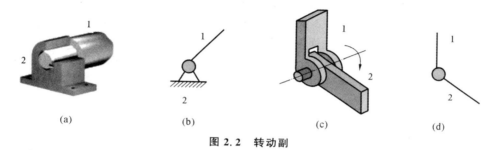

(a)　　　　(b)　　　　(c)　　　　(d)

图 2.2　转动副

2) 移动副

两构件之间的相对运动为移动运动的运动副,则称为移动副。图 2.3(a)、(b)所示为构件 1 相对构件 2 的移动副。若两构件均是运动构件,其移动副符号如图 2.3(c)所示,若其中某一构件固定,其移动副符号如图 2.3(d)所示。

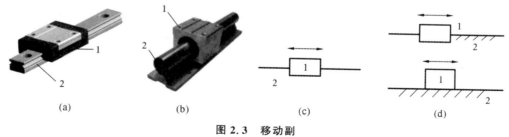

(a)　　　　(b)　　　　(c)　　　　(d)

图 2.3　移动副

2. 按两构件的接触方式分类

两构件之间的接触方式共有三种,即面接触、点接触和线接触。

(1) 低副:两构件之间是面接触的运动副称为低副。

在承受同等作用力时,面接触具有较小的压强,所以称其为低副。图 2.2 所示的转动副中,转轴 1 与轴承座 2 的接触面是圆柱面,图 2.3 所示的移动副中,滑块 1 与导轨 2 之间也是面接触,它们都是低副。

(2) 高副:两构件之间是点或线接触的运动副称为高副。

在承受同等作用力时,点或线接触的运动副中具有较大的压强,所以称其为高副。图 2.4(a)所示轮齿 1 与轮齿 2 接触时,从端面看是点接触,从空间看是线接触,称为齿轮高副。对应的运动副符号如图 2.4(b)所示。图 2.4(c)所示滚子 1 与凸轮 2 接触时,从端面看是点接触,从空间看是线接触,称为凸轮高副。对应的运动副符号如图 2.4(d)所示。

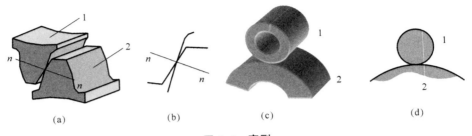

图 2.4　高副

3.运动副元素

在研究运动副时,经常涉及两构件在运动副处的表面形状。把两构件在运动副处的点、线、面接触部分称为运动副元素。

如图 2.2(a)所示转动副中,轴 1 的外圆柱面是轴 1 上的运动副元素,轴承座 2 的内圆柱面是轴承座 2 的运动副元素。图 2.3(a)所示移动副中,运动副元素为接触平面,图 2.3(b)所示移动副中,运动副元素为圆柱面。图 2.4(a)所示轮齿 1、2 形成的运动副中,各自的轮廓曲线是轮齿的运动副元素。图 2.4(c)所示凸轮高副中,各自的轮廓线则是相应的运动副元素。因此,高副的运动简图一般用其对应的曲线表示。在单一构件的运动副连接处,经常使用运动副元素表示。

2.2.3　运动链

若干个构件通过运动副的连接而构成的相对可动的系统称为运动链。如果组成运动链的各构件组成一个首末封闭的系统,该系统称为闭式运动链,或简称闭链,如图 2.5 所示。各种机械中,闭链采用较多。如果组成运动链的构件不能组成一个首末封闭的系统,则称为开式运动链,或简称开链,如图 2.6 所示。

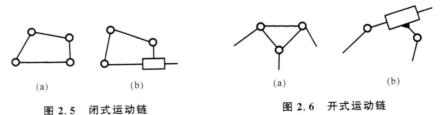

图 2.5　闭式运动链　　　　　图 2.6　开式运动链

2.2.4　机构

在运动链中,若把某一构件固定,该构件就成为机架,则该运动链便成为机构。一般情况下,机械是安装在地面上的,那么机架相对地面是固定不动的;如果机械是安装在汽车、轮船、飞机等运动物体上,那么机架相对于该运动物体是固定不动的。在机构中除机架外,如果给运动链中一个或几个构件以确定运动规律时,其余构件都能得到确定的相对运动。机构中,按已知运动规律运动的构件称为主动件,通常主动件也是驱动力作用的构件,即原动件,其余活动构件称为从动件或从动件系统。从动件的运动规律取决于原动件的运动规律和机构的结构及构件的尺寸。具备机架、原动件和从动件系统的运动链称为机构。机构还可以根据各构件的运动空间分为平面机构和空间机构。

2.3　机构运动简图

2.3.1　机构运动简图

为了便于对机构进行运动及动力分析,我们可以抛开与运动无关的构件和运动副的复杂结构形状,按一定比例画出各运动副的相对位置,用简单的线条、滑块和运动副的规定符号来表示构件和运动副,画出能准确表达机构运动特性的简单图形,这样的图形称为机构运动简图。如果仅以构件和运动副代号来表示机构而不按比例绘制,这种图形称为机构示意图。平面机构运动简图中构件和运动副的表示方法见表 2.1。

表 2.1　常用构件及运动副表示方法

名　　称	符　　号	名　　称	符　　号
轴、杆、连杆等构件		轴、杆的固定支座(机架)	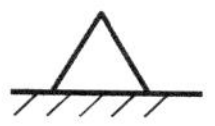
杆的固定连接 		二副构件 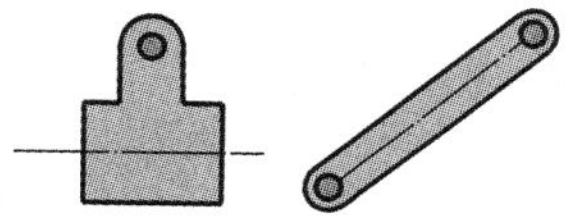	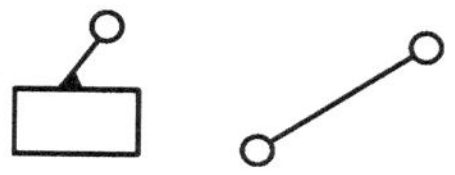
三副构件 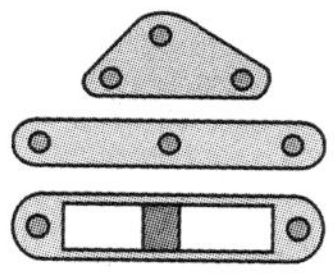	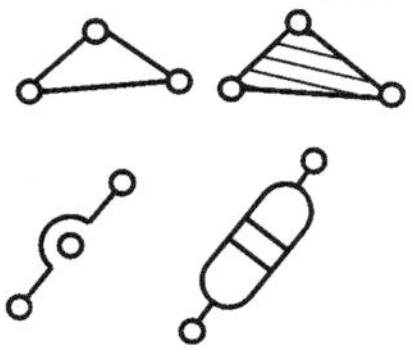	电动机 	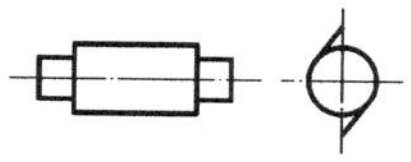
带传动 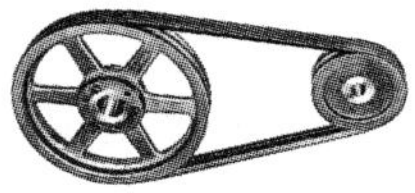	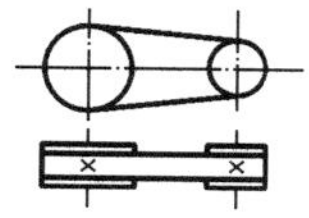	链传动 	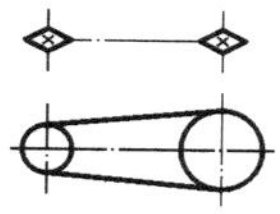
外啮合圆柱齿轮机构 	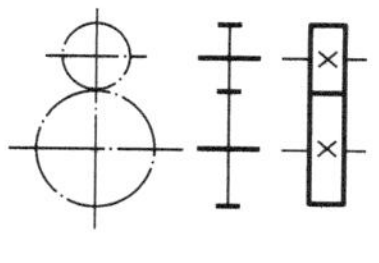	齿轮齿条机构 	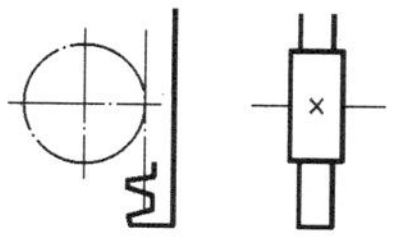
内啮合圆柱齿轮机构 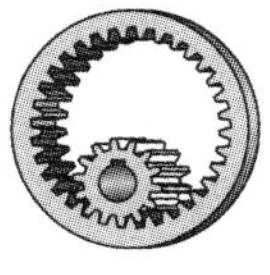	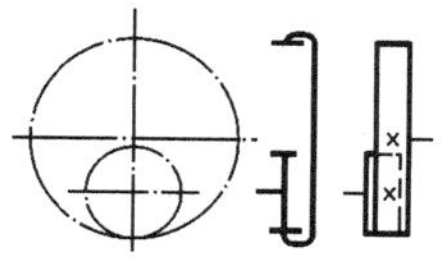	锥齿轮传动 	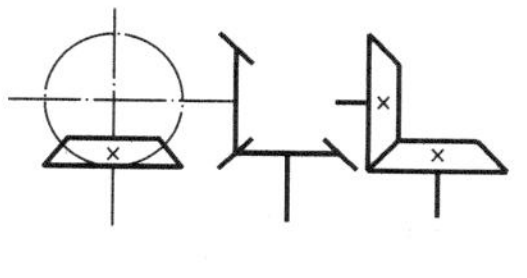

名　　称	符　　号	名　　称	符　　号
蜗杆传动 	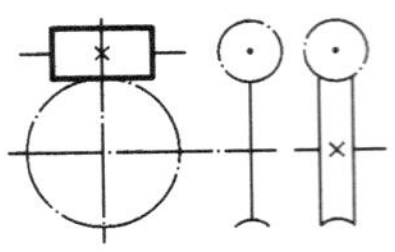	棘轮机构 	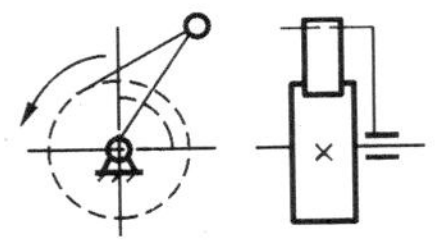
凸轮机构 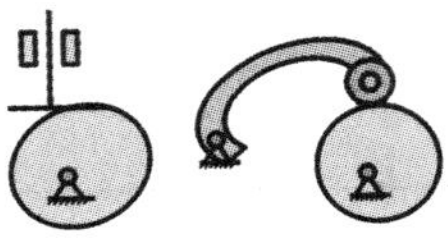	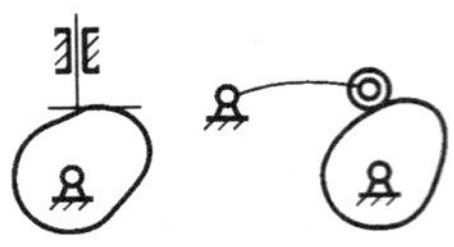	联轴器 	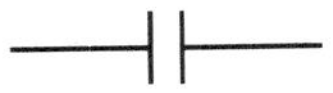

机构运动简图所反映的主要信息是:机构中构件的数目、运动副的类型和数目、各运动副的相对位置(即运动尺寸)。而对于构件的外形、断面尺寸、组成构件的零件数目及连接方式,在画机构运动简图时均不予考虑。

2.3.2　机构运动简图的画法

(1) 启动机器,仔细观察机器的运动和组成情况,找出机架、原动件和从动件。

(2) 从主动件开始,按照运动传递的顺序,仔细观察各相邻构件之间的相对运动性质,从而确定运动副的类型和数目。

(3) 合理选择视图平面,一般选择大多数构件所在平面为投影面。对平面机构,需选择与各构件的运动平面相平行的平面作为视图平面。

(4) 适当选择比例尺。为了能用机构运动简图对机构进行结构、运动和动力分析,必须把机构中与运动有关的尺寸按比例绘制。长度比例尺 μ_1 定义为

$$\mu_1 = \frac{\text{实际尺寸(m)}}{\text{图上尺寸(mm)}}$$

即机构运动简图上每毫米线段所代表的实际长度的米数。按机构实际尺寸及图样大小确定 μ_1,注明在图样上。然后把在实际机构上量出的各运动副之间的相对位置尺寸,按长度比例尺换算成简图上的尺寸,再按传递运动的顺序用运动副和构件的表示符号画出整个机构的运动简图。

【例 2.1】　画出图 2.7(a)所示牛头刨床的机构运动简图。

【解】　图 2.7(a)所示牛头刨床由齿轮 1、齿轮 2、滑块 3、摆杆 4、连杆 5、滑枕 6 和机架 7、8 组成,各构件间的连接关系如下。

齿轮 1、2 与机架 7 在 O_1、O_2 处以转动副连接,两齿轮以高副连接。齿轮 2 和滑块 3 在 A 处以转动副连接,滑块 3 与摆杆 4 以移动副连接,摆杆 4 分别与机架 7 和连杆 5 以转动副 B、C 连接,连杆 5 与滑枕 6 以转动副 D 连接,滑枕 6 与机架 8 在 E、E' 以移动副连接。分别测量齿轮节圆半径、O_1O_2、O_2A、O_2B、BC、CD 的长度以及滑枕导路方向与 B 点的距离,选择视图平面和比例尺,画出机构运动简图如图 2.7(b)所示。

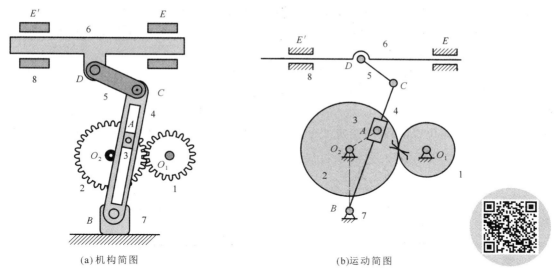

(a) 机构简图　　　　　　　　　　　(b) 运动简图

图 2.7　牛头刨床机构

图 2.7 动画

2.4　平面机构自由度的计算

2.4.1　机构自由度计算公式

1. 构件的自由度

构件的自由度是指自由运动的构件所具有的独立运动的数目。在平面内做自由运动的构件具有三个独立的相对运动;在空间中做自由运动的构件具有六个独立的相对运动。

2. 运动副约束

构件之间用运动副连接后,其相对运动就会受到约束。把这种运动副对构件运动产生的约束称为运动副约束。

3. 平面机构的自由度与计算

平面机构的自由度就是机构相对机架的自由度。设某机构有 n 个活动构件(机架除外),则它们总共有 $3n$ 个自由度。当用运动副将各构件连接起来组成机构后,便给它们之间的相对运动加入一定数量的约束。因为每一个平面低副引入两个约束,使构件失去两个自由度,每一个平面高副引入一个约束,使构件失去一个自由度,如果该机构由 P_L 个低副和 P_H 个高副连接而成,则机构中的 P_L 个低副和 P_H 个高副共引入($2P_L + P_H$)个约束,使机构减少了同样数目的自由度。于是平面机构的自由度为

$$F = 3n - 2P_L - P_H \tag{2.1}$$

式(2.1)即计算平面机构自由度的一般公式。

2.4.2　机构具有确定运动的条件

机构具有的确定运动是指:当给定机构原动件一个运动时,该机构中的其余运动构件也都随之做相应的确定运动。

图 2.8(a)所示的四杆机构中,机构自由度为 1,给定 1 个原动件,则该机构有确定运动。如给定构件一个角位移 φ,则其余构件的位置都是完全确定的,原动件 AB 运动到 AB',则该机构由 $ABCD$ 位置运动到唯一的位置 $AB'C'D$。

图 2.8(b)所示的五杆机构中,其自由度为 2。若 AB 为原动件,其与 AE 的夹角为 φ 时,其余构件的位置并不能确定。很明显,当原动件占据位置 AB 时,其余构件既可分别占据位置 BC、CD、DE,也可占据位置 BC'、$C'D'$、$D'E$,还可以占据其他位置。但若再给定一个原动件,如构件 DE 的角位置,即同时给定 2 个原动件,则不难看出该五杆机构中各构件的运动便完全确定了。

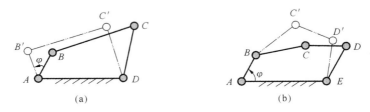

图 2.8 机构具有确定运动的条件

从以上两例可看出,只有当给定的原动件数目与机构的自由度数目相等时,机构才具有确定的运动。

如果机构的自由度大于 1,能否具有确定运动,取决于原动件数是否等于自由度数。当自由度等于或小于 1 时,该机构已蜕变为桁架,不再为机构了。

2.4.3 计算机构自由度时的注意事项

在应用平面机构自由度计算公式时,要注意以下一些特殊情况。

1. 复合铰链

两个以上构件在同一处以转动副相连接,就构成了复合铰链。如图 2.9(a)所示,有三个构件在一起以转动副相连接而构成复合铰链。从图 2.9(b)可以看出,三个构件组成两个转动副。同理,若有 m 个构件组成复合铰链,实际构成的转动副数为 $(m-1)$ 个。所以,在计算机构自由度时应注意复合铰链中转动副数目的计算。在多个构件组成的转动副中,有机架、杆件、滑块或齿轮等构件时,应仔细查看,特别是对图 2.10 所示的几种情况要特别注意。

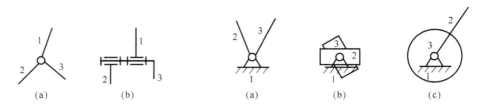

图 2.9 复合铰链　　　　**图 2.10 复合铰链的几种情况**

2. 局部自由度

机构中某构件具有的与整个机构运动无关的自由度称为局部自由度。在计算机构自由度时应将局部自由度去除。如图 2.11(a)所示的滚子直动从动件盘状凸轮机构,$n=3$,$P_L=3$,$P_H=1$,其自由度为

$$F = 3n - 2P_L - P_H = 3 \times 3 - 2 \times 3 - 1 = 2$$

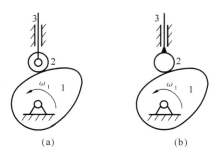

图 2.11　局部自由度

由图 2.11(a)可见,滚子 2 绕其自身轴线的转动并不影响凸轮 1 和从动件 3 的运动,它就是一个局部自由度,计算该机构自由度时应将其去除。此时相当于将滚子 2 与从动件 3 固接成一个构件,如图 2.11(b)所示。显然,此时计算该机构的自由度时:$n=2$,$P_L=2$,$P_H=1$;则机构的自由度为 $F=3n-2P_L-P_H=3\times2-2\times2-1=1$。但是,从工程实际出发,为了改善从动件和凸轮的受力情况,这种滚子的转动往往是必不可少的。

3.虚约束

在机构中,某些约束往往与其他约束重复,对机构中构件间的相对运动不起约束作用。这种对机构运动不起限制作用的约束称为虚约束。在计算机构自由度时应把它除去不计。如图 2.12(a)所示的机车车轮联动机构,在该机构中 $AB\underline{\underline{=}}CD\underline{\underline{=}}EF$,其 $n=4$,$P_L=6$,$P_H=0$,则自由度为 $F=3n-2P_L-P_H=3\times4-2\times6-0=0$。这与实际情况是不符的。这是因为此机构中存在着对运动不起限制作用的虚约束。即构件 4(具有 3 个自由度)、两个转动副 E、F(引入 4 个约束),结果总共多了一个对机构运动不起限制作用的虚约束。若把虚约束除去,使机构如图 2.12(b)所示,该机构自由度为 $F=3n-2P_L-P_H=3\times3-2\times4-0=1$,与实际情况就符合了。但应注意构件 4 是在 $AB\underline{\underline{=}}CD\underline{\underline{=}}EF$ 的条件下,对机构才不起约束作用。一旦条件破坏,构件 4 就起约束作用,此时机构的自由度为零,机构为刚性桁架。所以,判断机构是否有虚约束,要注意机构的几何条件。

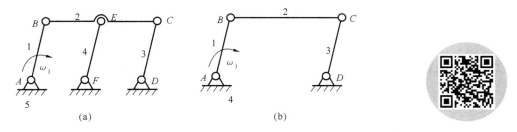

图 2.12　虚约束

图 2.12 动画

虚约束常发生在下列场合。

(1) 两个构件间有多个运动副。如两个构件组成多个移动副,且移动副的导路中心线平行或重合,此时只有一个移动副起约束作用,其余都是虚约束,如图 2.13(a)、(b)中的 A 或 B。

两个构件组成多个转动副,且转动轴线重合,则只有一个转动副起约束作用,其余都是虚约束,如图 2.14 中的 A 或 B。

两个构件组成多个高副,且高副接触点处的公法线重合,则只有一个高副起限制作用,其余为虚约束,如图 2.15 中的 A 或 B。

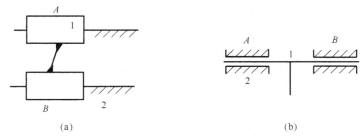

图 2.13　移动副中的虚约束

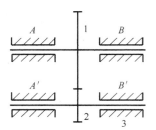

图 2.14　转动副中的虚约束

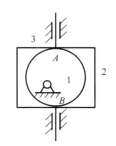

图 2.15　高副中的虚约束

（2）机构在运动过程中,如果某两构件上两点之间的距离始终保持不变,这时连接两点的一个构件和两个转动副形成的约束也是虚约束。如图 2.16 所示,该机构在整个运动过程中,E、F 两个转动副之间的距离始终保持不变,则构件 4 和转动副 E、F 形成的约束是虚约束。

（3）机构中对运动无关的对称部分也存在虚约束。如图 2.17 所示的机构,轮 2、2′对称布置在构件 1、3 之间,从传递运动的观点分析,只要有一个构件 2,机构就有确定的相对运动,而与之对称布置的构件 2′引入的约束是虚约束。

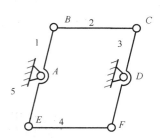

图 2.16　两点距离始终不变

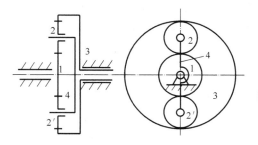

图 2.17　对称结构中的虚约束

图 2.17 动画

（4）机构中连接构件与被连接构件上连接点的轨迹重合,此时也存在虚约束。如图 2.12(a)中的 E 点。拆开 E 点转动副,因该机构 $AB\underline{\underline{\parallel}}CD\underline{\underline{\parallel}}EF$,故 BC 杆做平动,即 BC 杆上各点的运动轨迹均为圆心在 AD 线上,半径为 AB 的圆周。显然 BC 杆上的 E_2 点的运动轨迹是以 F 为圆心,以 $EF(EF=AB)$ 为半径的圆周。对构件 4 上的 E_4 点,其运动轨迹显然是以 F 为圆心,以 $EF(EF=AB)$ 为半径的圆周,即构件 2 上的 E_2 点和构件 4 上的 E_4 点轨迹重合,

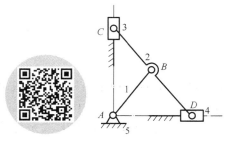

图 2.18 动画　　图 2.18　椭圆仪机构

构件 4 和 E、F 点两转动副引入一个虚约束。

　　图 2.18 所示为一椭圆仪机构,机构中的 $AB=BC=BD$,$AC \perp AD(\angle CAD=90°)$。拆出滑块 3,滑块 3 上的 C_3 点的运动轨迹是垂直于 AD 的一条直线;对构件 2 上的 C_2 点的轨迹,因为机构特殊几何尺寸条件的存在,机构无论运动到哪个位置,$\triangle ACD$ 始终为一直角三角形,即 $AC \perp AD$,这就证明了构件 2 上的 C_2 点与构件 3 上的 C_3 点的轨迹重合,故会引入一个虚约束。

　　由以上分析可见,机构中的虚约束都是在一些特殊几何条件下产生的,这些条件对机构中零件的加工和机构的装配提出了较高的要求。如果这些几何条件不能满足,虚约束就会变成真实约束,而影响机构的运动。但在各种实际机构中,为了改善构件的受力情况,增加机构的强度和刚度,虚约束又是必不可少的。

　　【例 2.2】　试计算图 2.19 所示机构的自由度。若有复合铰链、局部自由度、虚约束须指出。

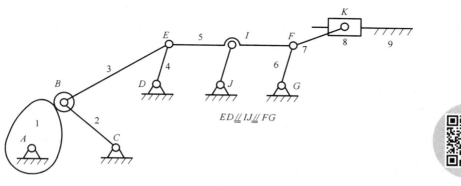

图 2.19　凸轮连杆机构　　　　　　　　　　图 2.19 动画

　　【解】　(1) B 点处由滚子、构件 2、构件 3 共同组成两个转动副,其中有一个是局部自由度。

　　(2) E、F 两点处有复合铰链。

　　(3) IJ 构件与 I、J 两点处的两个转动副形成一个虚约束。

　　因为　　　　　　　　　　$n=8,\quad P_{\mathrm{L}}=11,\quad P_{\mathrm{H}}=1$

所以　　　　　　　　$F=3n-2P_{\mathrm{L}}-P_{\mathrm{H}}=3 \times 8-2 \times 11-1=1$

2.5　平面机构的组成原理和结构分析

2.5.1　平面机构中的高副低代

1.高副低代概念

　　为了便于对含有高副的平面机构进行结构、运动和动力分析,可以将机构中的高副根据一定条件用虚拟的低副来等效替代,这种以低副代替高副的方法称为高副低代。

2.高副低代的条件

　　进行高副低代应满足的条件是:

　　(1) 代替前后机构的自由度数量必须相同;

　　(2) 代替前后机构的瞬时速度和瞬时加速度必须相同。

为了满足第一个条件,由前述可知,一个平面高副具有一个约束,而一个平面低副具有两个约束,显然不能简单地用一个低副来代替一个高副。为了保证代替前后运动副提供的约束不变,可用一个构件、两个低副来代替一个高副。因为两者提供的约束数均为1,这样就满足了代替前后机构自由度数量必须相同的条件。

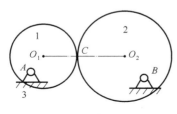

图 2.20　高副机构

为了满足第二个条件,现以图 2.20 所示的高副机构为例来说明。该机构中构件 1 和构件 2 在 C 点构成高副,两构件圆心分别为 O_1 和 O_2,也是两曲线在接触点的曲率中心。当机构运动时,两构件的接触点始终为两圆弧的接触点,而 O_1、O_2 两点的连线即两圆弧接触点的公法线,且 O_1 与 O_2 两点的距离始终不变。因此我们可以在 O_1、O_2 间加上一个构件,且在 O_1、O_2 点分别与构件 1、2 构成转动副的情况下,即可用铰链四杆机构 AO_1O_2B 来代替原机构,两者的运动完全相同,这就满足了高副低代的第二个条件。

3. 高副低代的方法

根据以上分析,高副低代的方法就是用一个虚拟构件分别在高副两构件接触点处的曲率中心与高副两构件用转动副相连接即可。

当高副两曲线为非圆曲线时,由于两曲线轮廓上各点的曲率半径不同,在不同瞬时时刻,随着接触点 C 位置的变化,其低副替代机构也随之变化,不同瞬时有不同的低副替代机构,所以高副低代只是瞬时替代。当高副两曲线之一为一直线时,因其曲率中心在无穷远,此时虚拟构件这一端的转动副将转化为移动副。又当高副两元素之一为一点时,点的曲率中心即为该点,此时虚拟构件这一端的转动副就在该点。以上几种情况的高副低代法如图 2.21 所示。

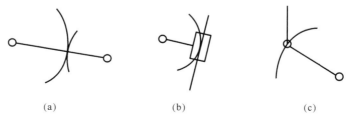

(a)　　　　　　　　　(b)　　　　　　　　　(c)

图 2.21　高副低代

2.5.2　平面机构的组成原理

1. 平面机构的结构分类

机构由原动件、从动件系统和机架三部分组成。根据机构具有确定运动的条件可知机构从动件系统的自由度数量应为零,而这个自由度为零的从动件系统,有时还可以拆成若干个不可再拆的自由度为零的构件组,这种构件组称为基本杆组,简称杆组。由于机构中的高副均可用低副替代,于是杆组的自由度为

$$F = 3n - 2P_L = 0$$

$$P_L = \frac{3}{2}n$$

因 P_L、n 均为正整数,所以它们二者的关系为

$$n = 2, 4, 6, \cdots$$

$$P_{\mathrm{L}} = 3,6,9,\cdots$$

显然,最简单的杆组为 $n=2$, $P_{\mathrm{L}}=3$,称为Ⅱ级杆组。Ⅱ级杆组可以有五种不同类型,分别如图 2.22 所示。Ⅱ级杆组是应用最多的杆组。

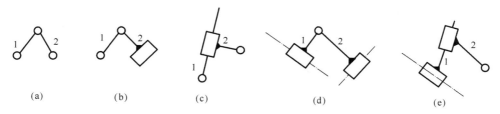

图 2.22　Ⅱ级杆组

在结构比较复杂的机构中,还可能有其他的高级基本杆组。如图 2.23(a)、(b)、(c)所示的三种形式,均由四个构件六个低副组成,而且都有一个包含三个低副的构件,称为Ⅲ级基本杆组。比Ⅲ级基本杆组更高级的基本杆组也有,但应用比较少。在同一机构中可以包含不同级别的基本杆组,如果杆组中的最高级别为Ⅱ级基本杆组,那么此机构称为Ⅱ级机构;如果杆组中的最高级别为Ⅲ级基本杆组,那么此机构称为Ⅲ级机构,依此类推。可见,机构的级别由从动件系统中基本杆组的最高级别来确定。

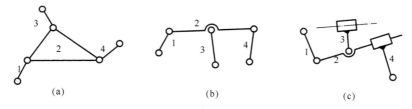

图 2.23　Ⅲ级基本杆组

2. 机构的组成原理

根据上述分析可知,任何一个机构都是由若干个自由度为零的基本杆组依次连接到原动件和机架上所组成的。

图 2.24(e)所示的牛头刨床主运动机构就是在图 2.24(a)所示的原动件和机架上连接不同的Ⅱ级基本杆组所构成的。

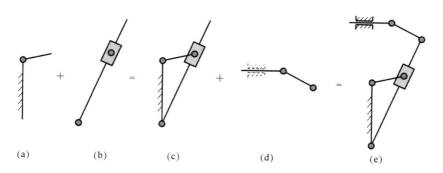

图 2.24　牛头刨床主运动机构的组合过程

2.5.3　平面机构的结构分析

为了对平面机构进行结构分析,可以用拆杆组的方式来进行。具体步骤为:

（1）除去机构中的局部自由度和虚约束；

（2）若有高副，用低副替代；

（3）计算机构自由度，给定与自由度数量相等的原动件；

（4）拆杆组。从远离原动件的部分开始拆，先试拆Ⅱ级基本杆组，若拆不出Ⅱ级基本杆组，则试拆高一级杆组。拆出一个杆组后，当试拆下一个杆组时，仍应从Ⅱ级基本杆组试拆，重复上述过程，直至剩下原动件和机架为止；

（5）根据拆出杆组的最高级别确定机构的级别。如图 2.25 所示。

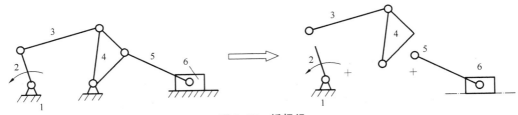

图 2.25　拆杆组

知 识 拓 展

机器人机构

机器人机构是目前较为常用的一类机构，它的类型十分丰富。既有传统的串联式关节型机器人（工业机器人的典型类型），又有多分支的并联机器人；既有纯刚性体机器人，又有利用关节或肢体柔性的机器人。

从机构的角度，很难给机器人一个明确的定义，不过从机构学角度，可以将大多数机器人定义为由一组通过运动副连接而成的刚性连杆（即机构中的构件）构成的特殊机构。机器人的驱动副处安装有驱动器，机器人的末端安装有末端执行器。机器人的分类如下：

（1）根据结构特征，机器人可分为串联（serial）机器人、并联（parallel）机器人、混联（hybrid）机器人（又称串并联机器人）等。早期的 PUMA 机器人、SCARA 机器人等都是串联机器人，而 DELTA 机器人、Z3 机器人等则属于并联机器人。与串联机器人相比，并联机器人具有高刚度、高负载（惯性比）等优点、空间相对较小、结构较为复杂。TRICEPT 机械手模块则是一种典型的混联机器人。

（2）根据运动特性，机器人可分为平面机器人（实现平面运动）、球面机器人（实现球面运动）、空间机器人（实现空间运动）。平面机器人多由平面连杆机构组成，运动副多为转动副和移动副；球面机器人由球面机构组成；除此之外的机器人机构都为空间机器人机构。

机器人还可以分为平移运动机构机器人、转动运动机构机器人和混合运动机构机器人。

（3）根据运动功能，机器人可分为定位机器人和调姿机器人。传统意义上，前者通常称为机械臂，后者通常称为机械腕。如 PUMA 机器人的前 3 个关节用于控制机械手的位置，另外的 3 个关节用于控制机械手的姿态。机器人末端的位置与姿态共同构成了机器人的位形空间。

（4）根据工作空间的几何特征（只针对 3DOF 机械臂），机器人可分为直角坐标机器人、圆柱坐标机器人、球面坐标机器人及关节式机器人等。

（5）根据驱动方式，机器人可分为欠驱动机器人、冗余驱动机器人等。

（6）根据移动性，机器人可分为平台式（又称固定式）机器人和移动机器人。目前典型的移动机器人包括步行机器人（如类人机器人等仿生机器人）、轮式机器人、履带式机器人等。

（7）根据构件（或关节）有无柔性，机器人可分为刚性体机器人和柔性体机器人。柔性体机器人机构是一类典型的柔性体机构，具体表现为柔性铰链机构、分布柔度机构等不同形式。

（8）可实现结构重组或构态变化的机构称为可重构机器人，典型的可重构机器人如变胞机构。

习　　题

2.1　机构的组成要素有哪些？

2.2　什么是构件？构件与零件有何区别？试举例说明。

2.3　"构件是由多个零件组成的""一个零件不能成为构件"的说法是否正确？

2.4　什么是运动副？平面运动副有哪些常用类型？

2.5　机构运动简图有什么用途？它着重表达机构的哪些特征？

2.6　绘制机构运动简图的步骤是什么？应注意哪些事项？

2.7　什么是自由度？什么是约束？自由度、约束、运动副之间存在什么关系？

2.8　什么是运动链？平面运动链的自由度如何计算？运动链成为机构的条件是什么？

2.9　当一个运动链中的原动件数目与其自由度数目不一致时，会出现什么情况？

2.10　在计算运动链的自由度时，应注意哪些事项？

2.11　何谓机构的组成原理？何谓基本杆组？它具有什么特性？

2.12　如何确定机构的级别？影响机构级别变化的因素是什么？为什么？

2.13　画出题 2.13 图所示机构的机构运动简图并计算自由度。

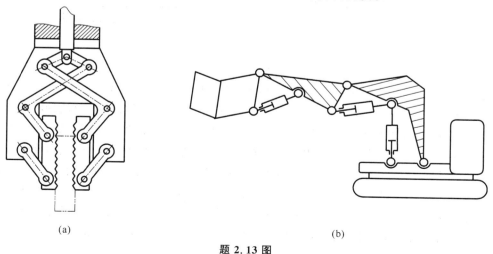

(a)　　　　　　　　　　　　　　　　　　(b)

题 2.13 图

2.14 计算题 2.14 图所示机构自由度。若有复合铰链、局部自由度、虚约束需指出。

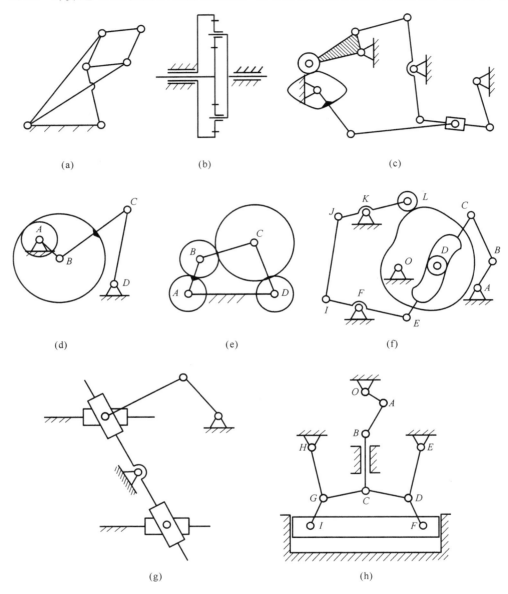

题 2.14 图

2.15 题 2.15 图所示为简易冲床的初拟结构设计方案。设计者的思路是:动力由齿轮 1 输入,带动齿轮 2 连续转动,使固连于轮 2 的凸轮 2′绕定轴 A 转动,借助从动推杆 3 使冲头 4 上下往复运动,从而实现冲压目的。试绘出该方案的运动简图,并分析这种构件的组合是否可以成为机构。如果不可以,请在保持原动件运动方式不变的情况下,提出修改方案。

2.16 题 2.16 图所示为一小型压力机结构简图。图中齿轮 1 与偏心轮 1′为同一构件,绕固定轴心 O 连续转动。在齿轮 5 上开有凸轮凹槽,摆杆 4 上的滚子 6 嵌在凹槽中,从而使摆杆 4 绕 C 轴上下摆动;同时,又通过偏心轮 1′、连杆 2、滑杆 3 使 C 轴上下移动;最后,通过在摆杆 4 叉槽中的滑块 7 和铰链 G 使冲头 8 实现冲压运动。试绘制其机构运动简图,并计算其自由度。

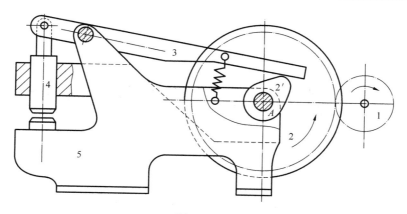

题 2.15 图

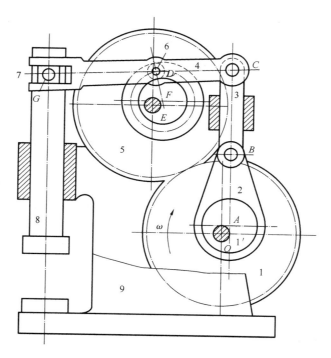

题 2.16 图

第 3 章　平面机构的运动分析

3.1　机构运动分析的目的和方法

机构的运动分析是在已知机构各构件的运动尺寸及原动件运动规律的条件下,对机构从动件上的某点进行位移(角位移)、速度(角速度)和加速度(角加速度)分析。这些分析无论是对了解现有机械的运动性能,还是对设计新机械都是十分必要的。运动分析是进行机构综合的重要步骤之一,通过运动分析可以进一步计算构件的惯性力,了解机械的受力情况和研究机械的动力性能。因此,机构的运动分析是对机构进行受力分析的基础和必要的前提。

运动分析有图解法和解析法两种,图解法的特点是直观、易懂,但精度不高;解析法的特点是能够将机构放在直角坐标系下,将已知的和未知的运动量之间的关系用数学式表达出来,然后求解。解析法可以获得很高的计算精度,进而可以精确地知道机构在整个运动循环中的运动特性,并能绘出其运动线图。随着计算机的普及和发展,解析法已逐渐推广,并用于生产实际中。在本章学习过程中首先讲解图解法,再讲解解析法,以求对问题的理解。

3.2　速度瞬心法

3.2.1　速度瞬心

1.速度瞬心的概念

互做平行平面运动的两构件,其瞬时等速重合点称为该两构件的速度瞬心,简称瞬心。若该点上的绝对速度为零,则该点的瞬心称为绝对瞬心;若该点上的绝对速度不为零,则该点的瞬心称为相对瞬心。一般用符号 P_{ij} 表示构件 i 和构件 j 的瞬心。

如图 3.1 所示,1、2 构件互做平行平面运动,在该瞬时,1、2 构件上 A、B 各点的相对速度是绕 P_{12} 这一瞬时重合点运动的,P_{12} 即为 1、2 构件的瞬心。若 1、2 构件都在运动,则此时的 P_{12} 点是相对瞬心;若 1、2 构件中有一个构件固定,则此时的 P_{12} 即为绝对瞬心。所以判断做平行平面运动两构件某一瞬心点是否为绝对瞬心,主要看两构件中是否有一个为固

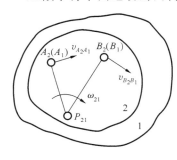

图 3.1　瞬心 P_{12}

定构件。

2. 机构中瞬心的数目

根据瞬心的定义和表示方法,可见 P_{ij} 亦是 P_{ji},与构件 i、j 排列的次序无关。若机构中有 N 个构件(包括机架在内),每两个构件存在一个瞬心,则机构中总的瞬心数目 K 的求解是一个组合问题。机构中总的瞬心数目为

$$K = C_N^2 = \frac{N(N-1)}{2} \tag{3.1}$$

3.2.2　机构中瞬心位置的确定

可以把两构件形成的瞬心分为两种:一种是两个构件之间直接用运动副连接时的瞬心;另外一种是两个构件之间不直接用运动副连接时的瞬心。下面分别讨论如何确定这两种瞬心的位置。

1. 两个构件用运动副连接时瞬心位置的确定

1) 两个构件用转动副连接时的瞬心位置

图 3.2(a)、(b)所示的构件 1 与构件 2 由转动副连接,显然,铰链中心点就是两个构件的瞬时等速重合点,即瞬心 P_{12}。

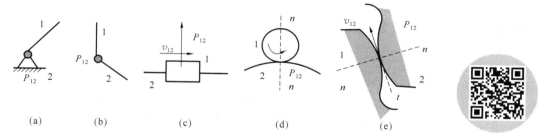

图 3.2　两构件用运动副连接时的瞬心位置

图 3.2(a)~(c)动画

2) 两个构件用移动副连接时的瞬心位置

图 3.2(c)所示的构件 1 与构件 2 的相对移动速度方向与导路方向平行,故它们的瞬心 P_{12} 位于垂直于移动副导路方向的无穷远处。

3) 两个构件用平面高副连接时的瞬心位置

平面高副分为纯滚动高副和滚动兼滑动的高副。图 3.2(d)所示为纯滚动高副,两构件在接触点处的相对速度为零。该接触点即为瞬心 P_{12}。

图 3.2(e)中,构件 1 与构件 2 之间组成高副,高副廓线在接触点处的相对速度为 v_{12},其方向沿高副廓线在接触点处的切线方向。而瞬心则位于过接触点且与 v_{12} 方向相垂直的法线 n—n 上。至于 P_{12} 位于法线上的哪一点,还需要由其他条件来确定。

2. 无运动副连接的两构件之间瞬心位置的确定

两构件之间没有运动副连接时,其瞬心位置可用三心定理来确定。

三心定理:三个互做平行平面运动的构件共有三个瞬心,且这三个瞬心必在一条直线上。

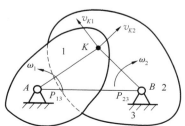

图 3.3　三心定理的证明

如图 3.3 所示,设构件 1、2、3 彼此间互做平行平面运动,总的瞬心数目为 3,其中 P_{13}、P_{23} 分别处于转动副 A、B 处。根据三心定理,P_{12} 的位置应在 P_{13}、P_{23} 两点所在的连线上,即 AB 所在的直线上。下面利用反证法证明,若 P_{12} 不在 AB 线上不成立,则定理正确。

(1) 若设 P_{12} 在 K 点,如图 3.3 所示。由于构件 1,2 分别绕 A、B 两点转动,若 $v_{K1}=v_{K2}$,但由于方向不一致,两者速度不相等。所以 P_{12} 必定不在 K 点。

(2) 若 $v_{K1}=v_{K2}$,要使两速度相等,则只有方向一致才成立;若使方向一致,K 点就必须落在 AB 的连线上。所以得证 P_{12} 必在 $P_{13}P_{23}$ 的连线上。

【例 3.1】 图 3.4 为一平面四杆机构,确定机构图示位置的全部瞬心。

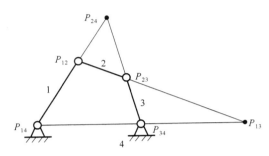

图 3.4 四杆机构的瞬心

【解】 机构的全部瞬心数目为

$$K = \frac{4 \times 3}{2} = 6$$

P_{14}、P_{12}、P_{23}、P_{34} 可由直接构成运动副的两构件的瞬心法直接确定。P_{24} 根据三心定理来确定,若选择 2、1、4 和 2、3、4 两组构件,可见 P_{24} 在 $P_{12}P_{14}$ 连线上,也在 $P_{23}P_{34}$ 连线上,这两条直线的交点即为 P_{24};同理可求 P_{13},P_{13} 位于 $P_{14}P_{34}$ 与 $P_{12}P_{23}$ 两条直线的交点处。

3.2.3 瞬心法在机构速度分析中的应用

【例 3.2】 已知如图 3.5 所示机构的位置、尺寸和原动件 1 的角速度 ω_1。比例尺为 μ_1 $\left(\mu_1 = \dfrac{\text{实际尺寸(m)}}{\text{图上尺寸(mm)}}\right)$。求:构件 1、3 的传动比 i_{13} 及构件 3 的角速度 ω_3。

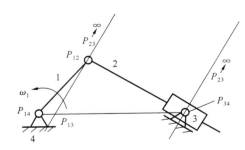

图 3.5 摇块机构

【解】 已知构件 1 的运动,求构件 3 的运动,应将机构中的 P_{13} 瞬心求出。利用三心定理画出 P_{13} 的位置。

$$v_{P_{13}} = \omega_1 \cdot P_{13}P_{14} \cdot \mu_1 = \omega_3 \cdot P_{13}P_{34} \cdot \mu_1$$

$$i_{13} = \frac{\omega_1}{\omega_3} = \frac{P_{13}P_{34}}{P_{13}P_{14}}$$

则

$$\omega_3 = \frac{P_{13}P_{14}}{P_{13}P_{34}} \cdot \omega_1 \quad （顺时针方向）$$

【例 3.3】 已知：如图 3.6 所示凸轮机构的位置、尺寸和原动件 1 的角速度 ω_1，比例尺为 $\mu_1\left(\mu_1 = \dfrac{实际尺寸（m）}{图上尺寸（mm）}\right)$。求：从动件 2 的速度 v_2。

【解】 已知构件 1 的运动速度，求构件 2 的速度，应将机构中两构件的瞬心 P_{12} 求出。根据三心定理画出 P_{12} 的位置。

$$v_{P_{12}} = v_2 = \omega_1 \cdot P_{13}P_{12} \cdot \mu_1$$

如上所述，速度瞬心只能用来求解机构中某点或某构件的速度和角速度，若要求解机构中的加速度，则需用其他方法。

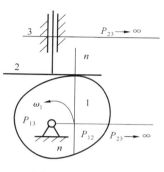

图 3.6　凸轮机构

3.3　矢量方程图解法

矢量方程图解法所依据的基本原理是理论力学中所介绍的刚体平面运动中的运动合成原理。在对机构进行运动分析时，需先根据运动合成原理列出机构运动的矢量方程，然后再按方程作图求解。下面针对机构运动分析中常见的两种不同情况，举例说明矢量方程图解法的应用。

3.3.1　同一构件上两点间的速度和加速度分析

【例 3.4】 在图 3.7(a)所示的铰链四杆机构中，已知机构的位置、各构件长度及曲柄 1 的角速度 ω_1 为常数。求：连杆 2 的角速度 ω_2、角加速度 α_2 及其上两点 C 和 E 的速度和加速度，构件 3 的角速度 ω_3 及角加速度 α_3。

【解】 首先选取长度比例尺 μ_l，画出机构位置图。

1）速度分析

由已知条件可求得 B 点的速度为 $v_B = \omega_1 l_{AB}$。根据运动合成原理可知，连杆 2 上任一点（如点 C 或点 E）的运动可认为是随基点 B 做平动（牵连运动）与绕基点 B 做转动（相对运动）的合成，故点 C 的速度 $\boldsymbol{v}_C$ 为

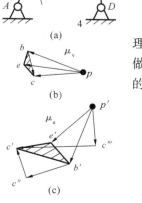

图 3.7　铰链四杆机构

$$
\begin{array}{ccccc}
\boldsymbol{v}_C & = & \boldsymbol{v}_B & + & \boldsymbol{v}_{CB} \\
\end{array}
$$

方向：　　$\perp CD$　　$\perp AB$　　$\perp BC$　　　　(3.2)

大小：　　?　　　$l_{AB}\omega_1$　　　?

式(3.2)中含有两个未知量，可通过画矢量封闭图求解。

选定速度比例尺 $\mu_v\left(\mu_v = \dfrac{实际速度（m/s）}{图上尺寸（mm）}\right)$，取 p 点（绝对速度为零的点）。$\overline{pb}$ 代表 $\boldsymbol{v}_B$ 矢量，方向垂直于 AB，$\overline{pb} = l_{AB} \cdot \omega_1 / \mu_v$。过

点 b 作垂直于 BC 的直线,代表 v_{CB} 的方向线,过点 p 作垂直于 CD 的直线,代表 v_C 的方向线,上述两方向线的交点即为点 c。$\overrightarrow{bc}$ 代表 v_{CB},$\overrightarrow{pc}$ 代表 v_C,如图 3.7(b)所示。所以 $v_C = \overrightarrow{pc} \cdot \mu_v$ 的方向如图中 $\overrightarrow{pc}$ 所示的方向。

同理,E 点也可根据基点法列出如下方程

$$v_E \quad = \quad v_B \quad + \quad v_{EB}$$

方向: 　　　　　　　　? 　　　 $\perp AB$ 　　 $\perp EB$ 　　　　　(3.3)

大小: 　　　　　　　　? 　　　 $l_{AB}\omega_1$ 　　　 ?

式(3.3)中有三个未知量不可解,故需通过构件 2 中的 E、C 两点列方程

$$v_E \quad = \quad v_C \quad + \quad v_{EC}$$

方向: 　　　　　　　　? 　　　　 $\vee$ 　　　 $\perp EC$ 　　　　　(3.4)

大小: 　　　　　　　　? 　　　　 $\vee$ 　　　　 ?

式(3.4)中也有三个未知量不可解。但若将式(3.3)与式(3.4)联立便可画图求解。

$$v_E \quad = \quad v_C \quad + \quad v_{EC} \quad = \quad v_B \quad + \quad v_{EB}$$

方向: 　　　 ? 　　 $\vee$ 　 $\perp EC$ 　 $\vee$ 　 $\perp EB$ 　　(3.5)

大小: 　　　 ? 　　 $\vee$ 　 ? 　　 $\vee$ 　 ?

在根据式(3.2)所画的速度图上,v_B 和 v_C 已在图中画出,过点 b 作垂直于 EB 的直线,过点 c 作垂直于 EC 的直线,两线的交点即点 e,$\overrightarrow{pe}$ 即表示点 E 的速度大小。

故

$$v_E = \overrightarrow{pe} \cdot \mu_v$$

则构件 2、3 的角速度分别为

$$\omega_2 = \frac{v_{CB}}{l_{BC}} = \frac{\overrightarrow{bc} \cdot \mu_v}{l_{BC}} \quad (\text{顺时针方向})$$

$$\omega_3 = \frac{v_C}{l_{CD}} = \frac{\overrightarrow{pc} \cdot \mu_v}{l_{CD}} \quad (\text{逆时针方向})$$

对照图 3.7(a)、(b)可看出,在速度多边形中代表各相对速度的向量 $\overrightarrow{bc}$、$\overrightarrow{ec}$ 和 $\overrightarrow{be}$ 分别垂直于机构运动简图中的 BC、EC 和 BE。因此,$\triangle bce \backsim \triangle BCE$,且两三角形顶角字母 b、c、e 和 B、C、E 的顺序相同,均为顺时针方向,将速度图中的 $\triangle bce$ 称为结构图中 $\triangle BCE$ 的影像。由上可见,当已知某一构件上两点的运动时,要求该构件上其他任一点的运动,便可利用影像关系求解,这一原理称为影像原理。可以证明在同一构件上已知两点的加速度,要求该构件上任一点的加速度时,也有同样的加速度三角形与结构三角形相似的情况,便可以用影像关系求解。

速度和加速度影像原理:① 在同一构件上,若已知该构件上两点的速度和加速度,求该构件上其他任一点的运动时可用影像关系求解;② 速度和加速度图形上的字母绕行顺序应与结构图中字母的绕行顺序一致。

2) 加速度分析

由已知条件可求得点 B 的加速度为 $a_B = \omega_1^2 l_{AB}$。根据运动合成原理可知,点 C 的加速度为

$$a_C^n \quad + \quad a_C^\tau \quad = \quad a_B \quad + \quad a_{CB}^n \quad + \quad a_{CB}^\tau$$

方向: 　$C{\rightarrow}D$ 　 $\perp CD$ 　 $B{\rightarrow}A$ 　 $C{\rightarrow}B$ 　 $\perp CB$ 　(3.6)

大小: 　$l_{CD}\omega_3^2$ 　 ? 　 $l_{AB}\omega_1^2$ 　 $l_{CB}\omega_2^2$ 　 ?

式(3.6)中含有两个未知量,可通过画矢量多边形求解。

选定加速度比例尺 $\mu_a \left(\mu_a = \dfrac{\text{实际加速度}(\mathrm{m/s^2})}{\text{图上尺寸}(\mathrm{mm})} \right)$，取点 p'（绝对加速度为零的点）。根据式（3.6）画加速度矢量多边形，如图 3.7(c) 所示，$\overrightarrow{p'b'}$ 代表 a_B 矢量，方向由 B 指向 A，$p'b' = l_{AB} \cdot \omega_1^2 / \mu_a$，过点 b' 画线段 $b'c''$，方向由 C 指向 B，$b'c'' = l_{BC} \cdot \omega_2^2 / \mu_a$；过点 c'' 作垂直于 BC 的方向线；过点 p' 画线段 $p'c'''$，方向由 C 指向 D，$p'c''' = l_{CD} \cdot \omega_3^2 / \mu_a$，过点 c''' 作垂直于 CD 的方向线；a_{CB}^τ 与 a_C^τ 两条方向线的交点即为点 c'，这时点 C 的绝对加速度可用 $\overrightarrow{p'c'}$ 表示。将点 c'、b' 连线，得相对加速度 a_{CB}。根据影像原理可求出构件 2 上与点 E 的加速度相对应的点 e'，如图 3.7(c) 所示。

故
$$a_C = p'c' \cdot \mu_a, \quad a_E = p'e' \cdot \mu_a$$

$$\alpha_2 = \frac{a_{CB}^\tau}{l_{BC}} = \frac{c'c'' \cdot \mu_a}{l_{BC}} \quad （逆时针方向）$$

$$\alpha_3 = \frac{a_C^\tau}{l_{CD}} = \frac{c'c''' \cdot \mu_a}{l_{CD}} \quad （逆时针方向）$$

3.3.2　两构件瞬时重合点间的速度和加速度分析

【例 3.5】　如图 3.8 所示的导杆机构，已知机构的位置、各构件长度及曲柄 1 的等角速度 ω_1。求导杆 3 的角速度 ω_3 和角加速度 α_3。

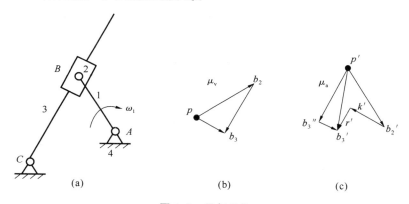

图 3.8　导杆机构

【解】　根据长度比例尺 μ_l 画出机构位置图。

1）速度分析

分析点 B，构件 1 与 2 是铰链连接，故 $v_{B_1} = v_{B_2}$；构件 2 与 3 是移动副连接，$v_{B_2} \neq v_{B_3}$，$\omega_2 = \omega_3$。根据点的复合运动，将点 B_3 作为动点，构件 2 为动系，方程如下

$$\begin{array}{cccccc} & v_{B_3} & = & v_{B_2} & + & v_{B_3 B_2} \\ \text{方向：} & \perp BC & & \perp AB & & /\!/ BC \\ \text{大小：} & ? & & l_{AB}\omega_1 & & ? \end{array} \qquad (3.7)$$

式中有两个未知量，可画图求解。选速度比例尺 μ_v，取点 p，根据矢量方程（3.7），先画 $\overrightarrow{pb_2}$（$pb_2 = l_{AB} \cdot \omega_1 / \mu_v$），方向 $\perp AB$；过点 b_2 作 $/\!/ BC$ 的方向线 $b_2 b_3$，代表 $v_{B_3 B_2}$ 方位；过点 p 作 $\perp BC$ 的方向线 pb_3，代表 v_{B_3} 方位，$b_2 b_3$ 与 pb_3 两方向线的交点即为点 b_3，向量 $\overrightarrow{pb_3}$ 即代表 v_{B_3}。

故
$$\omega_3 = \frac{v_{B_3}}{l_{B_3 C}} = \frac{pb_3 \cdot \mu_v}{l_{B_3 C}} \quad （顺时针）$$

2）加速度分析

$$\boldsymbol{a}_{B_3}^{n} \quad + \quad \boldsymbol{a}_{B_3}^{\tau} \quad = \quad \boldsymbol{a}_{B_2} \quad + \quad \boldsymbol{a}_{B_3 B_2}^{k} \quad + \quad \boldsymbol{a}_{B_3 B_2}^{r}$$

方向： $\qquad B{\to}C \quad \perp BC \quad B{\to}A \quad \perp BC \quad /\!/ BC$ 　　　　　(3.8)

大小： $\qquad l_{BC}\omega_3^2 \qquad ? \qquad l_{AB}\omega_1^2 \qquad 2\omega_2 v_{B_3 B_2} \qquad ?$

式(3.8)中有两个未知量，可画图求解。选加速度比例尺 μ_{a}，取点 p'，根据矢量方程(3.8)，先画 $\overrightarrow{p'b_2}$（$p'b_2'=l_{AB}\cdot\omega_1^2/\mu_{\mathrm{a}}$），方向 $B{\to}A$；过点 b_2' 画 $b_2'k'$ 代表 $\boldsymbol{a}_{B_3 B_2}^{k}$，过点 k' 作 $k'b_3'$ 方位线，方向平行于 BC，代表 $\boldsymbol{a}_{B_3 B_2}^{r}$ 的方位线；过点 p' 作 $p'b_3''$ 代表 $\boldsymbol{a}_{B_3}^{n}$，过点 b_3'' 作 $b_3''b_3'$ 线，代表 $\boldsymbol{a}_{B_3}^{\tau}$ 方位线。$k'b_3'$、$b_3''b_3'$ 两线交点为点 b_3'。

故 $\qquad\qquad \alpha_3 = \dfrac{\boldsymbol{a}_{B_3}^{\tau}}{l_{BC}} = \dfrac{b_3''b_3' \cdot \mu_{\mathrm{a}}}{l_{BC}}$ 　　（顺时针方向）

科氏加速度 $\boldsymbol{a}_{B_3 B_2}^{k}$ 的求解

$$\boldsymbol{a}_{B_3 B_2}^{k} = 2\boldsymbol{\omega}_2 \times \boldsymbol{v}_{B_3 B_2}$$

大小：$|\boldsymbol{a}_{B_3 B_2}^{k}| = 2\omega_2 v_{B_3 B_2} \cdot \sin\theta$，由于 $\boldsymbol{v}_{B_3 B_2}$ 在纸面内，ω_2 的方向垂直纸面，所以 $\theta=90°$，即 $|\boldsymbol{a}_{B_3 B_2}^{k}| = 2\omega_2 v_{B_3 B_2} \cdot \sin 90°=2\omega_2 v_{B_3 B_2}$；方向：将 $\boldsymbol{v}_{B_3 B_2}$ 顺着 ω_2 的方向转 $90°$。

以上简要介绍了矢量方程图解法对机构进行运动分析的过程，从求解过程看，此种方法只能求解机构的某一位置上的速度和加速度，若要求解整个运动循环中各个任意位置上的运动，此法则显得慢而繁杂，且精度不高。而解析法则能弥补这些不足。

3.4　解　析　法

用解析法作机构的运动分析，首先要建立机构的位置方程式，然后将位置方程式对时间求一阶和二阶导数，即可求得机构的速度和加速度方程，进而解出所需位移、速度和加速度，完成机构的运动分析。根据建立位置方程所采用的数学工具不同，解析法分为多种，这里介绍几种比较容易掌握且便于应用的方法：矢量法、复数法和矩阵法。

3.4.1　矢量法

用矢量法建立机构位置方程时，需要将构件用矢量来表示，并作出机构的封闭矢量多边形。如图 3.9 所示，先建立一直角坐标系。设构件 1 的长度为 l_1，其方位角为 θ_1，则构件的杆矢量 $l_1=\overrightarrow{AB}$。机构中其余构件均可表示成相应的杆矢量，$l_2=\overrightarrow{BC}$，$l_3=\overrightarrow{DC}$，$l_4=\overrightarrow{AD}$，这样机构各杆矢量组成的一个封闭矢量方程，即

$$l_1 + l_2 = l_3 + l_4 \qquad\qquad (3.9)$$

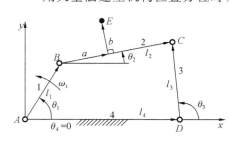

图 3.9　铰链四杆机构

1. 位置分析

将式(3.9)分别向 x 轴和 y 轴投影得

$$\left.\begin{array}{l} l_1\cos\theta_1 + l_2\cos\theta_2 = l_4 + l_3\cos\theta_3 \\ l_1\sin\theta_1 + l_2\sin\theta_2 = l_3\sin\theta_3 \end{array}\right\} \qquad (3.10)$$

经移项、两端平方相加并整理得

$$A\sin\theta_3 + B\cos\theta_3 = C \tag{3.11}$$

其中：

$$A = 2l_1 l_3 \sin\theta_1$$

$$B = 2l_3 (l_1 \cos\theta_1 - l_4)$$

$$C = l_2^2 - l_1^2 - l_3^2 - l_4^2 + 2l_1 l_4 \cos\theta_1$$

令 $x = \tan\dfrac{\theta_3}{2}$，则 $\sin\theta_3 = \dfrac{2x}{1+x^2}$，$\cos\theta_3 = \dfrac{1-x^2}{1+x^2}$，式(3.11)化为二次方程

$$(B-C)x^2 - 2Ax - (B+C) = 0$$

解之得

$$\theta_3 = 2\arctan\frac{A \pm \sqrt{A^2 + B^2 - C^2}}{B - C} \tag{3.12}$$

式(3.12)中 θ_3 有两个值，说明在满足相同杆长的条件下，机构有两种装配方案，如图 3.9 所示。当 B、C、D 为顺时针方向排列时，θ_3 按式(3.12)取"－"计算，当 B、C、D 为逆时针方向排列时，θ_3 按式(3.12)取"＋"计算。一般将式(3.12)改写成下述形式

$$\theta_3 = 2\arctan\frac{A + M\sqrt{A^2 + B^2 - C^2}}{B - C}$$

此时，当 B、C、D 为顺时针方向排列时，$M = -1$；当 B、C、D 为逆时针方向排列时，$M = +1$。

构件 2 的角位移由式(3.10)求得

$$\theta_2 = \arctan\frac{l_3 \sin\theta_3 - l_1 \sin\theta_1}{l_4 + l_3 \cos\theta_3 - l_1 \cos\theta_1} \tag{3.13}$$

2. 速度分析

将式(3.10)对时间求导数，得

$$\left.\begin{array}{l} -l_1\omega_1\sin\theta_1 - l_2\omega_2\sin\theta_2 = -l_3\omega_3\sin\theta_3 \\ l_1\omega_1\cos\theta_1 + l_2\omega_2\cos\theta_2 = l_3\omega_3\cos\theta_3 \end{array}\right\} \tag{3.14}$$

消去 ω_2，得

$$\omega_3 = \omega_1 \frac{l_1 \sin(\theta_1 - \theta_2)}{l_3 \sin(\theta_3 - \theta_2)} \tag{3.15}$$

消去 ω_3，得

$$\omega_2 = -\omega_1 \frac{l_1 \sin(\theta_1 - \theta_3)}{l_2 \sin(\theta_2 - \theta_3)} \tag{3.16}$$

角速度为正表示逆时针方向，角速度为负表示顺时针方向。

3. 加速度分析

将式(3.14)对时间求导数得

$$\left.\begin{array}{l} -l_1\omega_1^2\cos\theta_1 - l_2\alpha_2\sin\theta_2 - l_2\omega_2^2\cos\theta_2 = -l_3\alpha_3\sin\theta_3 - l_3\omega_3^2\cos\theta_3 \\ -l_1\omega_1^2\sin\theta_1 + l_2\alpha_2\cos\theta_2 - l_2\omega_2^2\sin\theta_2 = l_3\alpha_3\cos\theta_3 - l_3\omega_3^2\sin\theta_3 \end{array}\right\} \tag{3.17}$$

解得

$$\alpha_3 = \frac{l_2\omega_2^2 + l_1\omega_1^2\cos(\theta_1 - \theta_2) - l_3\omega_3^2\cos(\theta_3 - \theta_2)}{l_3\sin(\theta_3 - \theta_2)} \tag{3.18}$$

$$\alpha_2 = \frac{l_3\omega_3^2 - l_1\omega_1^2\cos(\theta_1-\theta_3) - l_2\omega_2^2\cos(\theta_2-\theta_3)}{l_2\sin(\theta_2-\theta_3)} \tag{3.19}$$

角加速度的正负号可表明角速度的变化趋势,角加速度与角速度同号时表示加速;反之表示减速。

3.4.2 复数法

如图 3.9 所示,将各杆矢量用指数形式的复数来表示,即 $l = le^{i\theta}$,l 为杆长,θ 为方位角。则式(3.9)表示为矢量形式为

$$l_1 e^{i\theta_1} + l_2 e^{i\theta_2} = l_3 e^{i\theta_3} + l_4 \tag{3.20}$$

1. 位置分析

应用欧拉公式 $e^{i\theta} = \cos\theta + i\sin\theta$ 将式(3.20)转换得

$$l_1(\cos\theta_1 + i\sin\theta_1) + l_2(\cos\theta_2 + i\sin\theta_2) = l_3(\cos\theta_3 + i\sin\theta_3) + l_4$$

将上式中的实部与虚部分离后得

$$\left.\begin{array}{l} l_1\cos\theta_1 + l_2\cos\theta_2 = l_3\cos\theta_3 + l_4 \\ l_1\sin\theta_1 + l_2\sin\theta_2 = l_3\sin\theta_3 \end{array}\right\} \tag{3.21}$$

解此方程即可求得两个未知方向角 θ_2 和 θ_3。

2. 速度分析

将式(3.21)对时间 t 求导数,可得

$$\left.\begin{array}{l} -l_1\omega_1\sin\theta_1 - l_2\omega_2\sin\theta_2 = -l_3\omega_3\sin\theta_3 \\ l_1\omega_1\cos\theta_1 + l_2\omega_2\cos\theta_2 = l_3\omega_3\cos\theta_3 \end{array}\right\} \tag{3.22}$$

解此方程即可求得两个未知角速度 ω_2 和 ω_3。

3. 加速度分析

将式(3.22)对时间 t 求导数,可得

$$\left.\begin{array}{l} l_1\omega_1^2\cos\theta_1 + l_2\omega_2^2\cos\theta_2 + l_2\alpha_2\sin\theta_2 = l_3\omega_3^2\cos\theta_3 + l_3\alpha_3\sin\theta_3 \\ -l_1\omega_1^2\sin\theta_1 - l_2\omega_2^2\sin\theta_2 + l_2\alpha_2\cos\theta_2 = -l_3\omega_3^2\sin\theta_3 + l_3\alpha_3\cos\theta_3 \end{array}\right\} \tag{3.23}$$

解此方程即可求得两个未知角加速度 α_2 和 α_3。

3.4.3 矩阵法

仍以图 3.9 所示的四杆机构为例来说明矩阵法作平面运动分析的方法。

1. 位置分析

将式(3.10)改写成方程左边仅含未知量项的形式,即得

$$\left.\begin{array}{l} l_2\cos\theta_2 - l_3\cos\theta_3 = l_4 - l_1\cos\theta_1 \\ l_2\sin\theta_2 - l_3\sin\theta_3 = -l_1\sin\theta_1 \end{array}\right\} \tag{3.24}$$

解此方程即可求得两个未知方向角 θ_2 和 θ_3。

2. 速度分析

将式(3.24)对时间 t 求导,可得

$$\left.\begin{array}{l} -l_2\omega_2\sin\theta_2 + l_3\omega_3\sin\theta_3 = \omega_1 l_1\sin\theta_1 \\ l_2\omega_2\cos\theta_2 - l_3\omega_3\cos\theta_3 = -\omega_1 l_1\cos\theta_1 \end{array}\right\} \tag{3.25}$$

解之可得两个未知角速度 ω_2 和 ω_3。式(3.25)可写成矩阵形式

$$\begin{bmatrix} -l_2\sin\theta_2 & l_3\sin\theta_3 \\ l_2\cos\theta_2 & -l_3\cos\theta_3 \end{bmatrix}\begin{bmatrix} \omega_2 \\ \omega_3 \end{bmatrix}=\omega_1\begin{bmatrix} l_1\sin\theta_1 \\ -l_1\cos\theta_1 \end{bmatrix} \tag{3.26}$$

此式即该机构的速度分析关系式。

3. 加速度分析

将式(3.25)对时间 t 求导,写成矩阵的形式,可得机构的加速度分析关系式为

$$\begin{bmatrix} -l_2\sin\theta_2 & l_3\sin\theta_3 \\ l_2\cos\theta_2 & -l_3\cos\theta_3 \end{bmatrix}\begin{bmatrix} \alpha_2 \\ \alpha_3 \end{bmatrix}=-\begin{bmatrix} -\omega_2 l_2\cos\theta_2 & \omega_3 l_3\cos\theta_3 \\ -\omega_2 l_2\sin\theta_2 & \omega_3 l_3\sin\theta_3 \end{bmatrix}\begin{bmatrix} \omega_2 \\ \omega_3 \end{bmatrix}+\omega_1\begin{bmatrix} \omega_1 l_1\sin\theta_1 \\ \omega_1 l_1\cos\theta_1 \end{bmatrix} \tag{3.27}$$

由上式可求得两个未知角加速度 α_2 和 α_3。

若还需求连杆上任一点 E 的位置、速度和加速度时,可由下列各式直接求得

$$\left.\begin{matrix} x_E = l_1\cos\theta_1 + a\cos\theta_2 + b\cos(90°+\theta_2) \\ y_E = l_1\sin\theta_1 + a\sin\theta_2 + b\sin(90°+\theta_2) \end{matrix}\right\} \tag{3.28}$$

$$\begin{bmatrix} v_{p_x} \\ v_{p_y} \end{bmatrix}=\begin{bmatrix} \dot{x}_E \\ \dot{y}_E \end{bmatrix}=\begin{bmatrix} -l_1\sin\theta_1 & -a\sin\theta_2 - b\sin(90°+\theta_2) \\ l_1\cos\theta_1 & a\cos\theta_2 + b\cos(90°+\theta_2) \end{bmatrix}\begin{bmatrix} \omega_1 \\ \omega_2 \end{bmatrix} \tag{3.29}$$

$$\begin{bmatrix} a_{p_x} \\ a_{p_y} \end{bmatrix}=\begin{bmatrix} \ddot{x}_E \\ \ddot{y}_E \end{bmatrix}=\begin{bmatrix} -l_1\sin\theta_1 & -a\sin\theta_2 - b\sin(90°+\theta_2) \\ l_1\cos\theta_1 & a\cos\theta_2 + b\cos(90°+\theta_2) \end{bmatrix}\begin{bmatrix} 0 \\ \alpha_2 \end{bmatrix}$$
$$-\begin{bmatrix} l_1\cos\theta_1 & a\cos\theta_2 + b\cos(90°+\theta_2) \\ l_1\sin\theta_1 & a\sin\theta_2 + b\sin(90°+\theta_2) \end{bmatrix}\begin{bmatrix} \omega_1^2 \\ \omega_2^2 \end{bmatrix} \tag{3.30}$$

在矩阵法中,为了便于书写和记忆,速度分析关系式可表示为

$$[A]\{\omega\}=\omega_1\{B\} \tag{3.31}$$

式中: $[A]$——机构从动件的位置参数矩阵;

　　　　$\{\omega\}$——机构从动件的速度列阵;

　　　　$\{B\}$——机构原动件的位置参数列阵;

　　　　ω_1——机构原动件的速度。

机构的加速度分析关系式可表示为

$$[A]\{\alpha\}=-[\dot{A}]\{\omega\}+\omega_1\{\dot{B}\} \tag{3.32}$$

式中: $\{\alpha\}$——机构从动件的加速度列阵。

$[\dot{A}]$ 的计算式为
$$[\dot{A}]=\frac{\mathrm{d}[A]}{\mathrm{d}t}$$

$\{\dot{B}\}$ 的计算式为
$$\{\dot{B}\}=\frac{\mathrm{d}\{B\}}{\mathrm{d}t}$$

通过上述对四杆机构运动的分析过程可见,用解析法作机构运动分析的关键是位置方程的建立和求解。至于其速度和加速度分析只不过是对其位置方程做进一步的数学运算而已。位置方程的求解需解非线性方程组,难度较大,而速度方程和加速度方程的求解,则只需解线性方程组,相对而言较容易。上述分析方法对于复杂的机构同样适用。

3.4.4　典型平面四杆机构的运动线图分析

机构进行运动学分析就是为了能够深入掌握常用机构的运动特性,以便应用时能正确

选用满足要求的机构。下面通过三种典型四杆机构的速度及加速度线图（见图3.10）来分析其输出速度变化规律的特点。

（1）三种机构具有相同的行程速比系数 $K=1.414$，主动件均为曲柄，且其长度与角速度相等。每个机构的具体尺寸如下所述。

① 曲柄摇杆机构：曲柄长 $a=50$ mm，连杆长 $b=200$ mm，摇杆长 $c=300$ mm，机架长 $d=210$ mm。

② 摆动导杆机构：曲柄长 $a=50$ mm，机架长 $d=210$ mm。

③ 偏置式曲柄滑块机构：曲柄长 $a=5$ mm，连杆长 $b=23$ mm，偏距 $e=170$ mm。

一般主要从以下几点进行比较：

① 单程曲线对极值点坐标轴的对称性。由图3.10可见，摆动导杆机构的运动线图为对称性曲线，表明在一个行程中的加、减速时间相等，速度、加速度变化对称。曲柄摇杆机构的摇杆运动线图的对称性最差，加速段时间短，平均加速度值较大，减速段的时间约为加速段的1.6倍。曲柄滑块机构的滑块运动线图的对称性介于两者之间，加速段的时间为减速段的1.22倍。

② 极值两端一定范围内的速度变化大小表明其近似等速的性能。

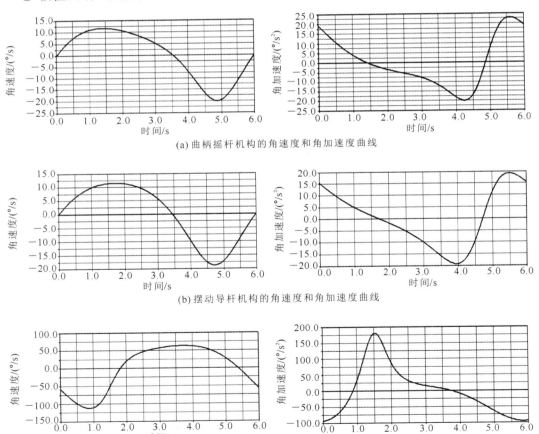

(a) 曲柄摇杆机构的角速度和角加速度曲线

(b) 摆动导杆机构的角速度和角加速度曲线

(c) 曲柄滑块机构的角速度和角加速度曲线

图3.10　典型机构的角速度和角加速度曲线图

通过计算速度不均匀系数 $\delta = \dfrac{\omega_{max} - \omega_{min}}{(\omega_{max} + \omega_{min})/2}$，描述其在一定范围内的速度波动。通过分析，在极值两边各 $0.05s$ 的同一时间段内，曲柄摇杆机构的速度波动为 0.2，摆动导杆机构的为 0.09，曲柄滑块机构的为 0.08。曲柄摇杆机构的速度波动最大，速度最不均匀。

③ 根据速度极值出现的位置可宏观地了解其曲线的变化情况。若以慢行程的极值出现点为准，曲柄摇杆机构的慢行程极值靠近起点，出现在行程起点约 1.38 s 处；导杆机构的慢行程极值出现在 1.9 s 处；而曲柄滑块机构的慢行程极值偏后，出现于行程起点约 3.7 s 处。

④ 机构正、反行程的最大速度与最大加速度。现对比摇杆与导杆的输出（滑块为移动运动，不便比较）。正行程摇杆的最大角速度为 11.7 °/s，导杆的最大角速度为 11.5 °/s；反行程摇杆的最大角速度为 20 °/s，导杆的最大角速度为 18.7 °/s。摇杆的值均大于导杆。两者的反行程与正行程最大角速度比大致相同，均约为 1.7 倍，而曲柄滑块机构反行程的最大速度约为正行程的 1.8 倍。

曲柄摇杆机构的正加速度极值为导杆机构的 1.194 倍，负加速度极值为导杆机构的 1.038 倍。导杆机构正、负加速度极值大小相等，而曲柄摇杆机构的正加速度极值明显大于负加速度极值。其中，偏置式曲柄滑块机构的正、负加速度极值差异最为显著。

曲柄摇杆机构的角速度、角加速度极值均大于导杆机构的，除去由于结构不同，运动传递规律不同的根本原因外，还可以直接由它们输出杆的摆角大小不同来判定。在行程速比系数 K、曲柄长度相同的条件下，摇杆的摆角为 27.78°，而导杆的摆角为 27.54°。

通过上述分析比较，在行程速比系数、曲柄长度及输入角速度均相同的情况下，输出运动的平稳性以曲柄摇杆机构最好，导杆机构最差；摇杆可以获得比导杆更高的输出速度，得到更大的摆角。而从加速度的极值及变化率来看，以摇杆机构最大，其动力学性能（主要指其振动力）较差。

（2）具有相同的曲柄长度、输入角速度和相对机架垂线作对称摆动的输出摆角，以及摇杆长度与导杆的最大长度（即曲柄与机架长度之和）相等的两种机构的运动特性进行分析比较。其尺寸参数如下所述。

① 曲柄摇杆机构：曲柄长 $a = 100$ mm，连杆长 $b = 420$ mm，摇杆长 $c = 300$ mm，机架长 $d = 280$ mm；

② 导杆机构：曲柄长 $a = 100$ mm，机架长 $d = 200$ mm，输出摆角均为 $\psi = 60°$。

曲柄摇杆和摆动导杆的运动线图如图 3.11 所示。

通过分析可知摆动导杆机构的行程速比系数 $K = 2$，而曲柄摇杆机构的行程速比系数 $K = 1.36$，极位夹角 $\theta = 27.28°$，小于摆动导杆机构。它们的角位移、角速度、角加速度曲线如图 3.11 所示，摆动导杆机构正行程的最大角速度为 20 °/s，小于曲柄摇杆机构的 25 °/s；反行程的最大角速度为 60 °/s，大于曲柄摇杆机构的 46 °/s。两种机构的正加速度极值几乎相同，而摆动导杆机构的负加速度极值明显大于曲柄摇杆机构的，相差将近一倍。

通过以上两个具有可比性的常用四杆机构运动特性的分析对比，我们对常用四杆机构的运动特征有了一个定量、定性的了解，为正确选用以及根据工作要求评价其运动特性打下了一定的基础。

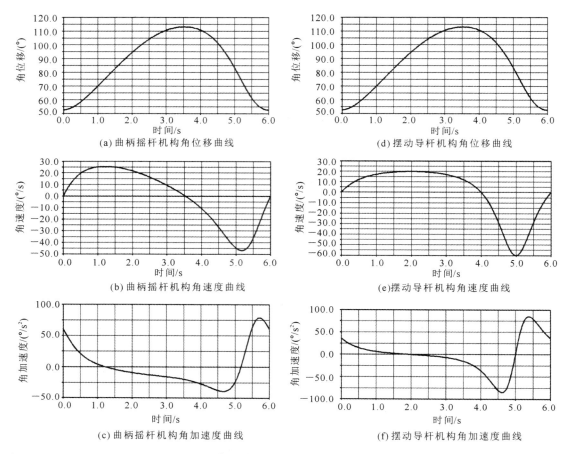

图 3.11　曲柄摇杆和摆动导杆机构的运动线图

知 识 拓 展

机器设计中对加速度特性的要求

　　机器中所有的构件均具有质量,且在变速运动中产生的加速度会引起惯性力。这些惯性力将在机器内部的运动副中产生附加的动载荷和对零部件产生附加的动态应力。所以在设计高速机器时必须对其加速度有一定的限制,即机器的零部件对加速度的耐力有一定的要求。这一要求在机器设计时,通常用减小零部件的运动加速度或质量,或采用高强度材料等办法来加以解决。

　　对于载人机器的设计,除了机器的零部件对加速度的耐力要求之外,还要考虑人对加速度的耐力要求。人们都有这样的感受:即身体对速度并不敏感,但对加速度却非常敏感。如乘坐飞机时,即使飞行速度很快,只要飞行速度稳定,人们对高速的感觉不敏感,但人们却能感觉到由于大气紊流、飞机起飞或降落所引起的速度变化。如果加速度过大,人们就会感觉不舒服。因为加速度变化在人身体上引起的惯性力的变化,使血液在体内沿与加速度相反的方向运动,并滞后于人体的运动,这会导致大脑缺血或充血,从而引起头晕或视网膜变红等症状,若持续足够长的时间,甚至还会导致死亡。因此,在设计载人装置时,必须知道人体所能忍受的最大加速度的大小。

人体所能忍受的最大加速度的大小通常是以重力加速度 g 来衡量的,以其倍数来表示。如 $1g$ 的加速度是我们重量的基准,$2g$ 就会感觉重量加倍,$6g$ 的加速度会使人的手臂运动非常困难。人体对加速度的耐力不仅与加速度相对于人体的方向、加速度的大小以及加速度持续的时间有关,而且也与人的年龄段和健康状况以及身体素质等条件有关。要获取与人体因素有关的加速度数据资料,一是可查阅有关人体工程学或专门的设计资料,如军事专业人员耐外界环境条件等所提供的数据;二是可通过日常经历的加速度的一些感受或经验来积累一些数据。如汽车缓慢加速时的加速度为 $0.1g$,汽车猛烈加速时的加速度为 $0.3g$,汽车紧急刹车时的加速度为 $0.7g$,汽车快速转弯时的加速度为 $0.8g$ 等。

习　　　题

3.1　何谓速度瞬心? 相对瞬心与绝对瞬心有何异同?

3.2　当两构件不直接组成运动副时,如何确定瞬心位置?

3.3　试求题 3.3 图所示各机构在图示位置时全部瞬心的位置。

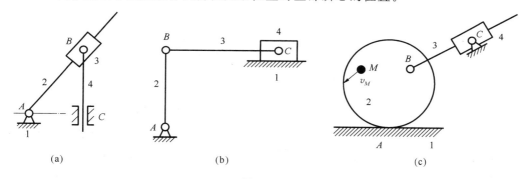

(a)　　　　　　　　　　(b)　　　　　　　　　　(c)

题 3.3 图

3.4　求下列机构在题 3.4 图所示位置时全部速度瞬心的位置和构件 1、3 的角速比 ω_1/ω_3。

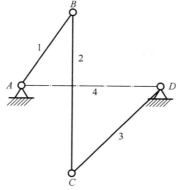

题 3.4 图

3.5　在题 3.5 图所示的各机构中,设已知各构件的尺寸,原动件 1 以等角速度 ω_1 顺时针方向转动,试用图解法求机构在图示位置时构件 3 上点 C 的速度及加速度(比例尺任选)。

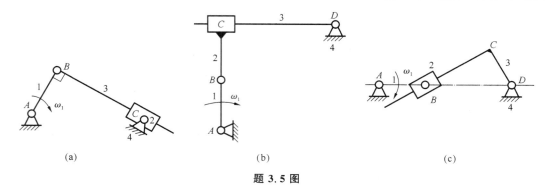

(a)　　　　　　　　　　(b)　　　　　　　　　　(c)

题 3.5 图

3.6　在题 3.6 图所示的曲柄滑块机构中,已知 $l_{AB}=100$ mm,$l_{BC}=330$ mm,$n_1=1500$ r/min,方向如图所示。试用解析法求当曲柄转动一周过程中,滑块 3 的位移、速度和加速度曲线。

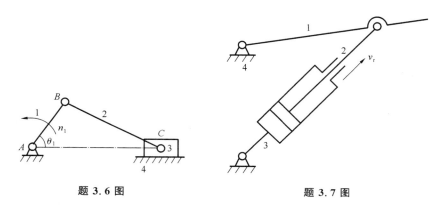

题 3.6 图　　　　　　　　　　题 3.7 图

3.7　在题 3.7 图所示的液压缸机构中,已知 l_4 和 l_1,柱塞 2 在压力油进入液压缸时的均匀外伸速度 v_r 已知。试用解析法求摇臂 1 和液压缸 3 的角速度及角加速度的表达式。

3.8　题 3.8 图所示机构为干草压缩机中的六杆机构,已知各构件长度为 $l_{AB}=600$ mm,$l_{OA}=150$ mm,$l_{BC}=120$ mm,$l_{BD}=500$ mm,$l_{CE}=600$ mm,$x_D=400$ mm,$y_D=500$ mm,$y_E=600$ mm,$\omega_1=10$ rad/s。求构件 5 上点 E 在一个运动循环中的位移、速度和加速度。

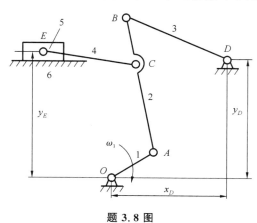

题 3.8 图

第4章 平面机构的力分析

4.1 机构力分析的任务和方法

由于作用在机构上的力不仅影响机械的运动和动力性能，而且也是决定机械强度设计和机构形式的重要依据，所以不论是设计新机械，还是为了合理地使用现有机械，都必须对机械的受力情况进行分析。

机构力分析的主要任务如下。

(1) 确定运动副中的总反力。运动副总反力是运动副两元素接触处彼此作用的正压力和摩擦力的合力。它对于整个机械来说是内力，而对于一个机构来说是外力。这些力的大小和性质，对于计算各构件的强度及刚度、运动副中的摩擦及磨损、确定机械的效率以及研究机械的动力性能等一系列问题，都是极为重要的资料。

(2) 确定机械上的平衡力或平衡力矩。平衡力是指机械在已知外力作用下，为了使机构能按给定的运动规律运动，必须加在机械上的未知外力。机械平衡力的确定，对于设计新机械或为了充分挖掘现有机械的生产潜力都是十分必要的。例如，根据机械的生产阻力确定所需原动机的最小功率，或根据原动机的功率确定机械所能克服的最大生产阻力等问题，都需要求机械的平衡力。

机构力分析的方法通常有图解法和解析法。图解法形象、直观，但精度较低，不便于进行机构在一个运动循环中的力分析。而解析法精度高，而且便于进行整个运动循环中的力分析，绘出受力线图，但直观性较差。本章将对这两种方法分别予以介绍。

4.2 不考虑摩擦时平面机构的动态静力分析

在对现有机械进行力分析时，对于低速机械，由于惯性力小，其影响常略去不计，此时只需对机械作静力分析；对于高速及重型机械，因其惯性力很大，必须考虑惯性力。这时需对机械作动态静力分析（即将惯性力视为一般外加于对应构件上的力，再按静力分析的方法进行分析）。

在作动态静力分析之前，需先确定各构件的惯性力。但在设计新机械时，因各构件的结构尺寸、材料、质量及转动惯量尚不知，因而无法确定惯性力。在此情况下，一般先对机构作静力分析及静强度计算，初步确定各构件的尺寸，然后再对机构进行动态静力分析及强度计算，并据此对各构件尺寸作必要修正，重复上述分析及计算过程，直到获得可以接受的设计为止。

4.2.1　构件组的静定条件

为了能以静力学方法将构件组中所有力的未知数确定出来,则构件组必须满足静定条件,即构件组所列出的独立的平衡方程数目应等于构件组中所有力的未知要素的数目。而构件组是不是静定的,则与构件组中含有的运动副的类型、数目,以及构件的数目有关。

在不考虑摩擦时,转动副中的反力 F_R 通过转动副的中心时其大小和方向未知(见图 4.1(a));移动副中的反力 F_R 沿导路法线方向,作用点位置和大小未知(见图 4.1(b));平面高副中的反力 F_R 作用于高副两元素接触点处的公法线上,仅大小未知(见图 4.1(c))。所以,若在构件组中共有 p_L 个低副和 p_H 个高副,则共有 $2p_L + p_H$ 个力的未知数。若该构件组中共有 n 个构件,对每个构件都可列出 3 个独立的力平衡方程式,故共有 $3n$ 个独立的力平衡方程式。因此构件组的静定条件为

$$3n = 2p_L + p_H$$

当构件组中仅有低副时,上式则为

$$3n = 2p_L$$

上式与基本杆组的条件相同,即基本杆组都满足静定条件。

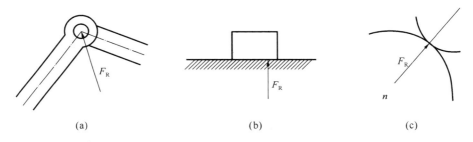

　　　　(a)　　　　　　　　　　　(b)　　　　　　　　　　　(c)

图 4.1　反力作用点位置

4.2.2　用图解法作机构的动态静力分析

进行机构动态静力分析的步骤是,先求出各构件的惯性力,并把它们视为外力加于产生惯性力的构件上,再根据静定条件将机构分解为若干个构件组和平衡力作用的构件。而力分析的顺序一般是从外力全部已知的构件组开始,逐步推算到平衡力(为未知外力)作用的构件。下面用一实例来具体说明。

【例 4.1】　在图 4.2 所示的行星轮系中,已知各轮的齿数和模数,且啮合角等于分度圆上压力角 α,设轮 1 为主动件,以等角速度顺时针转动,其上作用有驱动力矩 M_1,从动件行星架 H 的角速度为 ω_H。求作用在从动件上的阻力矩 M_H 及各运动副中的反力。

【解】　(1)作该机构的运动简图并计算各轮尺寸,选取比例尺 μ_l 作机构运动简图如图 4.2 所示。

(2)确定各运动副反力及阻力矩 M_H,由于本机构中的构件 1、2 都含有高副,单独取示力体时未知数少于低副数量。故可根据已知驱动力矩 M_1 作用的构件 1 开始,然后逐步求解。

①　取轮 1 为示力体,求运动副反力 F_{21} 和 F_{31}。因反力 F_{21} 的作用线为轮 1、2 的啮合线,由 $\sum M_A = 0$ 得

$$F_{21} r_{b1} = M_1$$

所以 $\boldsymbol{F}_{21}$ 的大小为 $F_{21}=\dfrac{M_1}{r_{b1}}=\dfrac{M_1}{r_1\cos\alpha}$,方向如图 4.2(a)指向左下方。式中 r_{b1} 为齿轮 1 的基圆半径,r_1 为齿轮 1 的分度圆半径。又由 $\sum\boldsymbol{F}=0$ 得

$$\boldsymbol{F}_{31}=-\boldsymbol{F}_{21}$$

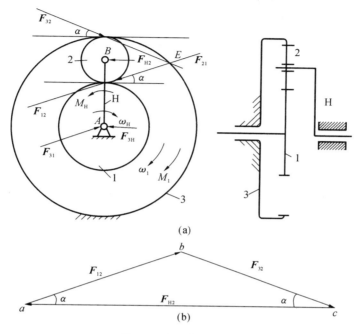

图 4.2 行星轮系结构

② 取行星轮 2 为示力体,求运动副反力 $\boldsymbol{F}_{32}$ 和 $\boldsymbol{F}_{H2}$。因轮 2 共作用有三力,由 $\sum\boldsymbol{F}=0$ 得

$$\boldsymbol{F}_{12}+\boldsymbol{F}_{32}+\boldsymbol{F}_{H2}=0$$

其中 $\boldsymbol{F}_{12}=-\boldsymbol{F}_{21}$,$\boldsymbol{F}_{32}$ 的作用线为轮 2、3 的啮合线,方向已知,且和 $\boldsymbol{F}_{21}$ 的作用线交于点 E,故 $\boldsymbol{F}_{H2}$ 的作用线必通过 B、E 连线。力矢量图如图 4.2(b)所示,可知 $\boldsymbol{F}_{32}$ 和 $\boldsymbol{F}_{12}$ 的大小相等,$\boldsymbol{F}_{32}$ 的方向如图 4.2(b)所示指向右下方。$\boldsymbol{F}_{H2}$ 的大小为

$$\boldsymbol{F}_{H2}=2\boldsymbol{F}_{12}\cos\alpha$$

其方向为水平向左。

(3)取行星架 H 为示力体,求运动副反力 $\boldsymbol{F}_{3H}$ 和平衡力矩 M_H。因已知 $\boldsymbol{F}_{H2}$,由 $\sum\boldsymbol{F}=0$ 得

$$\boldsymbol{F}_{3H}=-\boldsymbol{F}_{2H}=\boldsymbol{F}_{H2}$$

又由 $\sum M_A=0$ 得

$$M_H=-\boldsymbol{F}_{2H}l_{AB}=-\boldsymbol{F}_{2H}(r_1+r_2)$$

其方向为逆时针,式中 l_{AB} 为行星架上两轴线间的距离,即轮 1 和轮 2 的分度圆半径之和。

【例 4.2】 图 4.3(a)所示为一四杆机构,设已知各构件的尺寸,曲柄 1 绕其转动中心 A 的转动惯量为 J_A(质心 S_1 与点 A 重合),连杆 2 的重力为 G_2(质心 S_2 在 BC 的 1/2 处),转动惯量为 J_{S2},滑块 3 的重力为 G_3(质心 S_3 在 C 处)。原动件 1 以角速度 ω_1 和角加速度 α_1

逆时针方向旋转,作用于滑块 3 上的阻力为 F_r,各运动副的摩擦忽略不计。求机构在图示位置时各运动副中的反力以及需加在构件 1 上的平衡力矩 M_b。

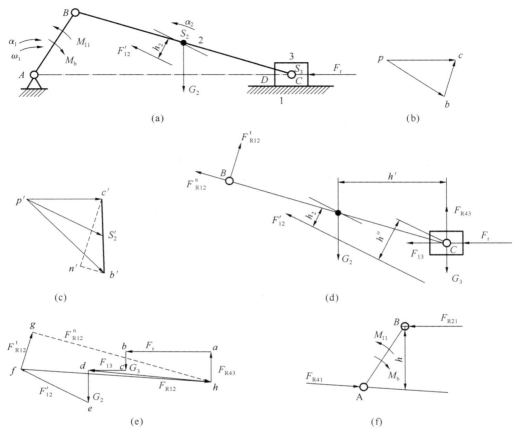

图 4.3

【**解**】 （1）作机构运动简图并对机构进行运动分析。

选定长度比例尺 μ_l、速度比例尺 μ_v 和加速度比例尺 μ_a。作出机构的运动简图、速度和加速度多边形,分别如图 4.3(a)、(b)、(c)所示。

（2）确定各构件的惯性力和惯性力偶矩。

作用在构件 1 上的惯性力偶矩为

$$M_{I1} = J_A \alpha_1 \quad （逆时针方向）$$

作用在连杆 2 上的惯性力为

$$\boldsymbol{F}_{I2} = m_2 \boldsymbol{a}_{S2} = (G_2/g)\mu_a \overline{p's_2'} \quad （方向与 \boldsymbol{a}_{S2} 的方向相反）$$

惯性力偶矩为

$$M_{I2} = J_{S2}\alpha_2 = \frac{J_{S2}a_{CB}^t}{l_{BC}} = \frac{J_{S2}\mu_a \overline{n'c'}}{l_{BC}} \quad （顺时针方向）$$

总惯性力 $\boldsymbol{F}_{I2}'(=\boldsymbol{F}_{I2})$ 偏离质心 S_2 的距离为 $h_2 = M_{I2}/\boldsymbol{F}_{I2}$,其对 S_2 之矩的方向与 α_2 的方向相反。

作用在滑块 3 上的惯性力为

$$\boldsymbol{F}_{I3} = m_3 a_{S3} = (G_3/g)\mu_a \overline{p'c'} \quad （方向与 \boldsymbol{a}_C 的方向相反）$$

（3）作动态静力分析。

按静定条件将机构分解为一个基本杆组 2、3 和作用有未知平衡力的构件 1，先从杆组 2、3 开始分析。取杆组 2、3 为分离体，如图 4.3(d) 所示。其上作用有重力 G_2 和 G_3、惯性力 F'_{I2} 和 F_{I3}、生产阻力 F_r 以及待求的运动副反力 F_{R12} 和 F_{R43}。因不计摩擦力，F_{R12} 过转动副 B 的中心，为解题方便，将 F_{R12} 分解为沿杆 BC 的法向分力 F^n_{R12} 和垂直于 BC 的切向分力 F^t_{R12}，F_{R43} 过转动副 C 的中心并垂直于移动副导路。将构件 2 对点 C 取矩，由 $\sum M_C = 0$，可得 $F^t_{R12} = (G_2 h' - F'_{I2} h'')/l_{BC}$，再根据整个构件组的平衡条件得

$$F_{R43} + F_r + G_3 + F_{I3} + G_2 + F'_{I2} + F^t_{R12} + F^n_{R12} = \mathbf{0}$$

上式中只有 F_{R43} 和 F^n_{R12} 的大小未知，故可用图解法求解（见图 4.3(e)）。选定比例尺 μ_F。从点 a 开始依次作矢量 $\vec{ab}$、$\vec{bc}$、$\vec{cd}$、$\vec{de}$、$\vec{ef}$ 和 $\vec{fg}$ 分别代表力 F_r、G_3、F_{I3}、G_2、F'_{I2} 和 F^t_{R12}，然后再分别由点 a 和点 g 作直线 ah 和 gh 分别平行于 F_{R43} 和 F^n_{R12}，两直线交于点 h，则矢量 $\vec{ah}$ 和 $\vec{fh}$ 分别代表 F_{R43} 和 F^n_{R12}，即

$$F_{R43} = \mu_F \vec{ah}, \quad F_{R12} = \mu_F \vec{fh}$$

为了求得 F_{R23}，可以构件 3 为分离体，再根据力平衡条件，即 $F_{R43} + F_r + G_3 + F_{I3} + F_{R23} = \mathbf{0}$，并由图 4.3(e) 可知，矢量 $\vec{dh}$ 即代表 F_{R23}，则

$$F_{R23} = \mu_F \vec{dh}$$

再取构件 1 为分离体（见图 4.3(f)），其上作用有运动副反力 F_{R21} 和待求的运动副反力 F_{R41}，惯性力偶矩 M_{I1} 及平衡力矩 M_b。将杆 1 对点 A 取矩，有

$$M_b = M_{I1} + F_{R21} h \quad （顺时针方向）$$

由杆 1 的力的平衡条件，有

$$F_{R41} = -F_{R21}$$

作动态静力分析时一般可不考虑构件的重力和摩擦力，所得结果大都能满足工程问题的需要。但对于高速、精密和大动力传动机械，因摩擦对机械性能有较大影响，故此时必须计及摩擦力。

4.2.3　用解析法作机构的动态静力分析

在实际工作中，力分析的图解法已能满足工程需要。不过，图解法精度毕竟不高，特别是需要求机构一系列位置的力分析时，图解过程相当烦琐。所以随着对机构力分析精度要求的提高和计算技术的发展，机构动态静力分析的解析法也随之发展起来。

机构力分析的解析法很多，其共同点是根据力的平衡列出各力之间的关系式，再求解。下面介绍两种方法：矢量方程解析法和矩阵法。

1. 矢量方程解析法

机构力分析中的矢量分析方法与机构运动分析中的矢量分析方法极为相似，从数学的观点来说两者没有本质性的区别，所不同之处，一个是从运动观点来建立矢量方程；一个是根据力的平衡条件来建立矢量方程。所以在上一章中的矢量关系式在此同样有效，此外再补充以下关系。

在图 4.4 中，设作用在构件上的任一点 A 上的力为 F，当该力对构件上另一任意点 O 取矩时，则该力矩的矢量表示形式为

$$M_O = r \times F \tag{4.1}$$

因 $M_O = rF\sin\alpha$，而 $\boldsymbol{r}^{\mathrm{t}} \cdot \boldsymbol{F} = rF\cos(90° - \alpha) = rF\sin\alpha$，故力矩 $\boldsymbol{M}_O$ 的大小可写为

$$\boldsymbol{M}_O = \boldsymbol{r}^{\mathrm{t}} \cdot \boldsymbol{F} \tag{4.2}$$

现以图 4.5 所示的四杆机构为例，用矢量方程法对其进行受力分析。设力 $\boldsymbol{F}$ 为作用在构件 2 上点 E 处的已知外力(包括惯性力)。M_r 为作用在构件 3 上的已知生产阻力矩。现在需要确定各运动副中的反力以及需要加在主动件 1 上的平衡力矩 M_b。

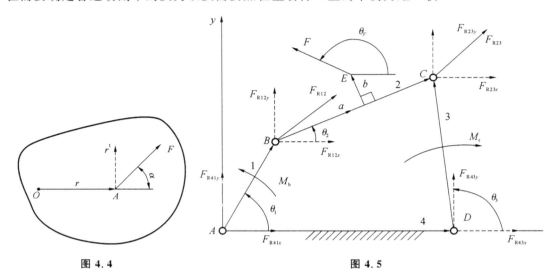

图 4.4 图 4.5

首先建立一直角坐标系，并将各构件的杆矢量及方位角示出，如图 4.5 所示。为便于列出力方程和求解，规定将各运动副中的反力统一表示为 $\boldsymbol{F}_{Rij}$ 的形式，即表示构件 i 作用于构件 j 上的反力，其规定 $i < j$，而构件 j 作用于构件 i 上的反力 $\boldsymbol{F}_{Rji}$ 则用 $-\boldsymbol{F}_{Rij}$ 表示。然后再将各运动副中的反力分解为沿两坐标轴的两个分力，即

$$\boldsymbol{F}_{RA} = \boldsymbol{F}_{R14} = -\boldsymbol{F}_{R41} = \boldsymbol{F}_{R14x}\boldsymbol{i} + \boldsymbol{F}_{R14y}\boldsymbol{j}$$

$$\boldsymbol{F}_{RB} = \boldsymbol{F}_{R12} = -\boldsymbol{F}_{R21} = \boldsymbol{F}_{R12x}\boldsymbol{i} + \boldsymbol{F}_{R12y}\boldsymbol{j}$$

$$\boldsymbol{F}_{RC} = \boldsymbol{F}_{R23} = -\boldsymbol{F}_{R32} = \boldsymbol{F}_{R23x}\boldsymbol{i} + \boldsymbol{F}_{R23y}\boldsymbol{j}$$

$$\boldsymbol{F}_{RD} = \boldsymbol{F}_{R34} = -\boldsymbol{F}_{R43} = \boldsymbol{F}_{R34x}\boldsymbol{i} + \boldsymbol{F}_{R34y}\boldsymbol{j}$$

在进行力分析时，一般是先求出运动副反力，然后求平衡力或平衡力矩。在求运动副反力时，应当正确地拟定求解步骤，其关键是判断出"首解运动副"，也就是先求出"首解副"中的反力。"首解副"中的反力一旦求出，其他运动副中的反力也就不难求出了。而机构中"首解运动副"的条件应当是：组成该运动副的两个构件上所作用的外力和外力矩均为已知。因此，在图 4.5 所示的四杆机构中，运动副 C 应为"首解副"。对该机构的受力分析如下。

(1) 求 $\boldsymbol{F}_{RC}$(即 $\boldsymbol{F}_{R23}$)。取构件 3 为分离体，并将该构件上的诸力对点 D 取矩(规定力矩的方向逆时针方向为正，顺时针方向为负)，则根据 $\sum \boldsymbol{M}_D = 0$，得

$$\boldsymbol{l}_3^{\mathrm{t}} \cdot \boldsymbol{F}_{R23} - M_r = l_3 \boldsymbol{e}_3^{\mathrm{t}} \cdot (\boldsymbol{F}_{R23x}\boldsymbol{i} + \boldsymbol{F}_{R23y}\boldsymbol{j}) - M_r$$

$$= -l_3 \boldsymbol{F}_{R23x}\sin\theta_3 + l_3 \boldsymbol{F}_{R23y}\cos\theta_3 - M_r = 0 \tag{4.3a}$$

同理，取构件 2 为分离体，并将诸力对点 B 取矩，则根据 $\sum \boldsymbol{M}_B = 0$，得

$$\boldsymbol{l}_2^{\mathrm{t}} \cdot \boldsymbol{F}_{R32} + (\boldsymbol{a}^{\mathrm{t}} + \boldsymbol{b}^{\mathrm{t}}) \cdot \boldsymbol{F} = -l_2 \boldsymbol{e}_2^{\mathrm{t}} \cdot (\boldsymbol{F}_{R23x}\boldsymbol{i} + \boldsymbol{F}_{R23y}\boldsymbol{j}) + (a\boldsymbol{e}_a^{\mathrm{t}} + b\boldsymbol{e}_b^{\mathrm{t}}) \cdot \boldsymbol{F}$$

$$= l_2 \boldsymbol{F}_{R23x}\sin\theta_2 - l_2 \boldsymbol{F}_{R23y}\cos\theta_2 - aF\sin(\theta_2 - \theta_F) - bF\cos(\theta_2 - \theta_F)$$

$$= 0 \tag{4.3b}$$

由式(4.3a)、(4.3b)可得

$$F_{R23x} = \frac{1}{\sin(\theta_2 - \theta_3)}\left\{\frac{M_r\cos\theta_2}{l_3} + \frac{F\cos\theta_3}{l_2}\left[a\sin(\theta_2 - \theta_F) + b\cos(\theta_2 - \theta_F)\right]\right\}$$

$$F_{R23y} = \frac{1}{\sin(\theta_2 - \theta_3)}\left\{\frac{M_r\sin\theta_2}{l_3} + \frac{F\sin\theta_3}{l_2}\left[a\sin(\theta_2 - \theta_F) + b\cos(\theta_2 - \theta_F)\right]\right\}$$

(2) 求 F_{RD}(即 F_{R43})。根据构件 3 上诸力平衡条件 $\sum F = 0$,得

$$F_{R43} = -F_{R23}$$

(3) 求 F_{RB}(即 F_{R12})。根据构件 2 上诸力平衡条件 $\sum F = 0$,得

$$F_{R12} + F_{R32} + F = 0$$

分别用 i 及 j 点积上式,可求得

$$F_{R12x} = F_{R23x} - F\cos\theta_F, \quad F_{R12y} = F_{R23y} - F\sin\theta_F, \quad F_{R12} = F_{R12x}i + F_{R12y}j$$

(4) 求 F_{RA}(即 F_{R41})。根据构件 1 的平衡条件 $\sum F = 0$,得

$$F_{R41} = F_{R12}$$

而

$$M_b = l_1^t \cdot F_{R12} = l_1 e_1^t \cdot (F_{R21x}i + F_{R21y}j) = -l_1 F_{R21x}\sin\theta_1 + l_1 F_{R21y}\cos\theta_1$$

上述方法不难推广应用于多杆机构。

2. 矩阵法

如图 4.6 所示,作用于构件上任一点 E 上的力 F_E 对该构件上另一点 O 之矩(规定逆时针方向为正),可表示为下列形式

$$M_O = (y_O - y_E)F_{Ex} + (x_E - x_O)F_{Ey}$$

式中:x_E,y_E 为力作用点 E 的坐标,而 x_O,y_O 为取矩点 O 的坐标。

如图 4.7 所示为一四杆机构,图中 F_1、F_2 及 F_3 分别为作用于各构件质心 S_1、S_2 和 S_3 处的已知外力(包括惯性力),M_1、M_2 和 M_3 分别为作用于各构件上的已知外力偶矩(包括关系力偶矩)。另外,在从动件上还受有一个已知的生产阻力偶矩 M_r。现在需要确定各运动副中的反力及需加在原动件上的平衡力偶矩 M_b。

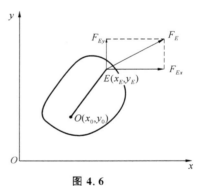

图 4.6

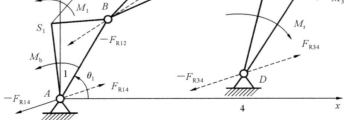

图 4.7

首先建立一直角坐标系,将各力都分解为沿两坐标轴的两个分力,再分别就各构件列出它们的力平衡方程式。为便于列出矩阵方程,规定将各运动副中的反力统一表示为 $\boldsymbol{F}_{Rij}$ 的形式,表示构件 i 作用于构件 j 上的反力,且规定 $i < j$,而构件 j 作用于构件 i 上的反力 $\boldsymbol{F}_{Rji}$ 则用 $-\boldsymbol{F}_{Rij}$ 表示。于是,在图 4.7 中,对于构件 1 可分别根据 $\sum \boldsymbol{M}_A = 0$、$\sum \boldsymbol{F}_x = 0$ 及 $\sum \boldsymbol{F}_y = 0$,列出三个力平衡方程,并将含有待求要素的项写在等号左边,故有

$$-(y_A - y_B)\boldsymbol{F}_{R12x} - (x_B - x_A)\boldsymbol{F}_{R12y} + M_b = -(y_A - y_{S1})\boldsymbol{F}_{1x} - (x_{S1} - x_A)\boldsymbol{F}_{1y} - M_1$$

$$-\boldsymbol{F}_{R14x} - \boldsymbol{F}_{R12x} = -\boldsymbol{F}_{1x}, \quad -\boldsymbol{F}_{R14y} - \boldsymbol{F}_{R12y} = -\boldsymbol{F}_{1y}$$

同理,对于构件 2、3 也可列出类似的力平衡方程式

$$-(y_B - y_C)\boldsymbol{F}_{R23x} - (x_C - x_B)\boldsymbol{F}_{R23y} = -(y_B - y_{S2})\boldsymbol{F}_{2x} - (x_{S2} - x_B)\boldsymbol{F}_{2y} - M_2$$

$$\boldsymbol{F}_{R12x} - \boldsymbol{F}_{R23x} = -\boldsymbol{F}_{2x}, \quad \boldsymbol{F}_{R12y} - \boldsymbol{F}_{R23y} = -\boldsymbol{F}_{2y}$$

$$-(y_C - y_D)\boldsymbol{F}_{R34x} - (x_D - x_C)\boldsymbol{F}_{R34y} = -(y_C - y_{S3})\boldsymbol{F}_{3x} - (x_{S3} - x_C)\boldsymbol{F}_{3y} - M_3 + M_r$$

$$\boldsymbol{F}_{R23x} - \boldsymbol{F}_{R34x} = -\boldsymbol{F}_{3x}, \quad \boldsymbol{F}_{R23y} - \boldsymbol{F}_{R34y} = -\boldsymbol{F}_{3y}$$

以上共列出了九个方程式,故可解出上述各运动副反力和平衡力的九个力的未知要素。又因为以上九式为一线性方程组,因此可按构件 1、2、3 上待定的未知力的次序整理成式(4.4a)的矩阵形式。

$$
\begin{array}{l}
\text{构件1} \\
\\
\\
\text{构件2} \\
\\
\\
\text{构件3} \\
\\
\end{array}
\left[
\begin{array}{ccccccccc}
1 & 0 & 0 & y_B - y_A & x_A - x_B & & & & \\
0 & -1 & 0 & -1 & 0 & & & & \\
0 & 0 & -1 & 0 & -1 & & 0 & & \\
& & 0 & 0 & y_C - y_B & x_B - x_C & & & \\
& & 1 & 0 & -1 & 0 & & & \\
& & 0 & 1 & 0 & -1 & & & \\
& & 0 & & & y_D - y_C & x_C - x_D & & \\
& & & & 1 & 0 & -1 & 0 & \\
& & & & 0 & 1 & 0 & -1 &
\end{array}
\right]
\left[
\begin{array}{c}
M_b \\
F_{R14x} \\
F_{R14y} \\
F_{R12x} \\
F_{R12y} \\
F_{R23x} \\
F_{R23y} \\
F_{R34x} \\
F_{R34y}
\end{array}
\right]
$$

$$\text{(4.4a)}$$

$$
=
\left[
\begin{array}{ccccccccc}
-1 & y_{S1} - y_A & x_A - x_{S1} & & & & & & \\
0 & -1 & 0 & & & 0 & & & \\
0 & 0 & -1 & & & & & & \\
& & & -1 & y_{S2} - y_B & x_B - x_{S2} & & & \\
& & & 0 & -1 & 0 & & & \\
& & & 0 & 0 & -1 & & & \\
& & & & & & -1 & y_{S3} - y_C & x_C - x_{S3} \\
& & 0 & & & & 0 & -1 & 0 \\
& & & & & & 0 & 0 & -1
\end{array}
\right]
\left[
\begin{array}{c}
M_1 \\
F_{1x} \\
F_{1y} \\
M_2 \\
F_{2x} \\
F_{2y} \\
M_3 - M_r \\
F_{3x} \\
F_{3y}
\end{array}
\right]
$$

式(4.4a)为图 4.7 所示四杆机构的动态静力分析的矩阵方程。应用它来求出所有运动副中的反力 $\boldsymbol{F}_{Rij}$ 和平衡力矩 M_b。

矩阵(4.4a)还可简化为以下形式

$$[C]\{F_R\} = [D]\{F\} \tag{4.4b}$$

式中： $\{F\}$、$\{F_R\}$——已知力和未知力的列阵;

　　　　$[D]$、$[C]$——已知力和未知力的系数矩阵。

对于各种具体结构,都不难按顺序写出机构每一活动件的力平衡方程式,然后整理成一个线性方程组,并写成矩阵形式。利用上述的矩阵可同时求出各运动副中的反力和所需的

平衡力,不必按静定杆组逐一推算,而矩阵方程的求解,现已有标准程序可以利用。

4.3　考虑摩擦时平面机构的受力分析

运动副中的摩擦力是一种有害阻力,它会使机械的效率降低;使运动副元素受到磨损,因而降低零件的强度、精度和工作寿命;使零件受热膨胀,导致机械运转不灵活,甚至卡死,并使机械润滑情况恶化。但某些情况下机械中的摩擦又是有用的,如带传动装置、摩擦离合器和制动器等却是利用摩擦工作的。因此为了减小摩擦的不利影响,充分发挥摩擦的有用性,必须对运动副中的摩擦加以分析。

4.3.1　运动副中的力分析

1. 移动副中的力分析

1) 移动副中摩擦力的确定

如图 4.8(a)所示,滑块 1 与水平平台 2 构成移动副。设作用在滑块 1 上的铅垂载荷为 G,平台 2 作用在滑块 1 上的法向反力为 F_{N21},当滑块 1 在水平力 F 的作用下等速向右移动时,滑块 1 受到平台作用的摩擦力 F_{f21} 的大小为

$$F_{f21} = fF_{N21} \tag{4.5a}$$

其方向与滑块 1 相对于平台 2 的速度 v_{12} 的方向相反。式中 f 为摩擦因数。

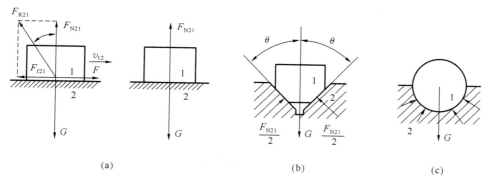

图 4.8

两接触面间摩擦力的大小与接触面的几何形状有关,若两构件沿单一平面接触(见图 4.8(a)),因 $F_{N21}=G$,故 $F_{f21}=fF_{N21}=fG$。若两构件沿一槽型角为 2θ 的槽面接触(见图 4.8(b)),因 $F_{N21}=G/\sin\theta$,故 $F_{f21}=fF_{N21}=fG/\sin\theta$。若两构件沿一半圆柱面接触(见图 4.8(c)),因接触面各点处的法向反力均沿径向,故法向反力的数量总和可表示为 kG,k 为与接触面情况有关的系数。当两接触面为点线接触时,$k\approx1$;当两接触面沿整个半圆周均匀接触时,$k=\pi/2$;其余情况下,k 介于上述两者之间,这时 $F_{f21}=fkG$。

为了简化计算,统一计算公式,不论运动副元素的几何形状如何,均将其摩擦力的计算式表示为

$$F_{f21} = fF_{N21} = f_v G \tag{4.5b}$$

式中:f_v 为当量摩擦因数。当运动副两元素为单一平面接触时,$f_v=f$;当运动副两元素为槽面接触时,$f_v=f/\sin\theta$;当运动副两元素为半圆柱面接触时,$f_v=kf(k=1\sim\pi/2)$。即在计算移动

副中的摩擦力时,不管运动副两元素的几何形状如何,只要引入相应的当量摩擦因数即可。

2) 移动副中总反力的确定

把运动副中的法向反力和摩擦力的合力称为运动副中的总反力。在图 4.8(a)中,平台 2 作用在滑块 1 上的总反力以 F_{R21} 表示,总反力与法向反力之间的夹角 φ 为摩擦角,即

$$\varphi = \operatorname{arctan} f \tag{4.6a}$$

考虑到移动副的几何形状对摩擦因数的影响,可统一用当量摩擦角表示,即

$$\varphi_{\mathrm{v}} = \operatorname{arctan} f_{\mathrm{v}} \tag{4.6b}$$

总反力的方向可如下确定:

(1) 总反力与法向反力倾斜一当量摩擦角 φ_{v};

(2) 总反力 F_{R21} 与法向反力倾斜的方向与构件 1 相对于构件 2 的速度 v_{12} 的方向相反。

例如在图 4.9(a)中,设滑块 1 置于升角为 α 的斜面 2 上,作用在滑块 1 上的铅垂载荷为 G,现需求使滑块 1 沿斜面 2 等速上升(通常称此行程为正行程)时所需的水平驱动力 F。

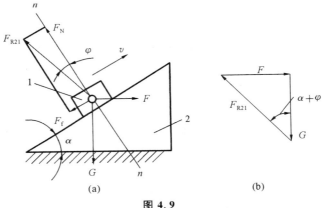

图 4.9

求解时,先根据上述方法作出总反力 F_{R21} 的方向,再根据滑块的力平衡条件,便不难求得

$$F = G \tan(\alpha + \varphi_{\mathrm{v}}) \tag{4.7}$$

若滑块 1 沿斜面 2 等速下滑(通常称此行程为反行程),作出总反力 F'_{R21} 的方向后(见图 4.10(a)),根据滑块的力平衡条件,即可求得要保持滑块 1 等速下滑的水平力为

$$F' = G \tan(\alpha - \varphi_{\mathrm{v}}) \tag{4.8}$$

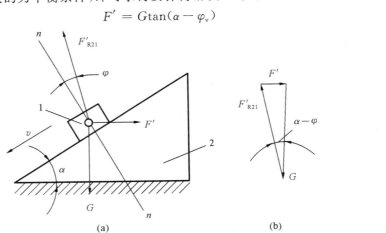

图 4.10

由上式可知,在反行程中 G 为驱动力,当 $\alpha > \varphi_v$ 时,F' 为正值,是阻止滑块 1 加速下滑的阻抗力;当 $\alpha < \varphi_v$ 时,F' 为负值,其方向与图示方向相反,F' 成为驱动力,可促使滑块 1 沿斜面 2 等速下滑。

2. 螺旋副中的力分析

如图 4.11 所示,由于螺杆 2 的螺纹可以假想成是由一斜面卷绕在圆柱体上形成的,故螺母 1 和螺杆 2 的螺纹之间的相互作用关系可以简化为滑块 1 沿斜面 2 滑动的关系。现若在螺母 1 上加一力矩 M,使螺母旋转并逆着其所受到的轴向力做等速轴向运动(对螺纹连接来说这时为拧紧螺母),这相当于在滑块 1 上加了一水平力 F,使其沿斜面 2 等速向上滑动,根据式(4.7),则有

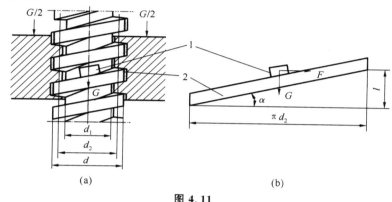

图 4.11

$$F = G \cdot \tan(\alpha + \varphi) \tag{4.9}$$

式中: α——螺纹在中径处的升角;

F——作用在螺纹中径(d_2)上的圆周力,故拧紧螺母时所需的力矩为

$$M = \frac{Fd_2}{2} = \frac{Gd_2\tan(\alpha+\varphi)}{2} \tag{4.10}$$

同理可求得放松螺母时所需的力矩为

$$M' = \frac{Gd_2\tan(\alpha-\varphi)}{2} \tag{4.11}$$

当 $\alpha > \varphi$ 时,M' 为正值,是阻止螺母加速松退的阻抗力矩;当 $\alpha < \varphi$ 时,M' 为负值,即 M' 反向,M' 成为放松螺母所需的驱动力矩。

若螺纹副为三角形螺纹(普通螺纹),如图 4.12 所示,只需在上式中用相应的当量摩擦角 $\varphi_v = \arctan f_v$ 代入即可。其中,当量摩擦因数 $f_v = f/\sin(90° - \beta)$,$\beta$ 为螺纹工作面的牙形斜角。

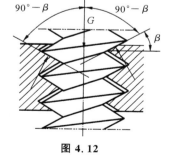

图 4.12

3. 转动副中的力分析

转动副中的摩擦分为两类:轴颈摩擦和轴端摩擦。

1) 轴颈的摩擦

机器中所有的转动轴都要支承在轴承中,轴放在轴承中的部分称为轴颈。如图 4.13 所示,轴颈与轴承构成转动副。当轴颈在轴承中回转时,由于两者接触面间受到径向载荷的作用,所以在接触面之间必将产生摩擦力来阻止其回转。下面就来讨论如何计算这个摩擦力对轴颈所形成的摩擦力矩,以及在考虑摩擦时转动副中总反力的方位的确定方法。

如图 4.14 所示,设轴颈 1 受到径向载荷 G 的作用,并且在驱动力矩 M_d 的作用下,在轴

承 2 中等速转动。此时转动副两元素间必将产生摩擦力来阻止轴颈相对于轴承的滑动。如前所述,轴承 2 对轴颈 1 的摩擦力 $F_{f21} = f_v G$。式中: $f_v = (1 \sim \pi/2)f$(对于配合紧密且未经跑合的转动副取较大值,而对于有较大间隙的转动副取较小值)。摩擦力 $\boldsymbol{F}_{f21}$ 对轴颈的摩擦力矩为

$$M_f = \boldsymbol{F}_{f21} r = f_v Gr \tag{4.12}$$

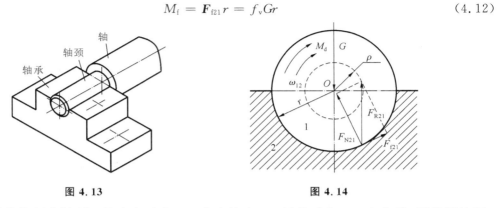

图 4.13　　　　　　　　　　图 4.14

如果将作用在轴颈上的法向反力 $\boldsymbol{F}_{N21}$ 和摩擦力 $\boldsymbol{F}_{f21}$ 用总反力 $\boldsymbol{F}_{R21}$ 来表示,则根据轴颈 1 的受力平衡条件可得 $\boldsymbol{G} = -\boldsymbol{F}_{R21}$,$M_d = -\boldsymbol{F}_{R21}\rho = -M_f$,故

$$M_f = f_v Gr = \boldsymbol{F}_{R21}\rho \tag{4.13}$$

式中: $\rho = f_v r$。

对于一个具体的轴颈,由于 f_v 及 r 均为定值,所以 ρ 为一固定长度。现以轴颈中心 O 为圆心,以 ρ 为半径作圆(图中虚线小圆所示),则此圆必为一定圆,称其为摩擦圆,ρ 称为摩擦圆半径。由图 4.14 可知,只要轴颈相对于轴承滑动,轴承对轴颈的总反力 $\boldsymbol{F}_{R21}$ 将始终切于摩擦圆。

在对机械进行受力分析时,转动副中的总反力的方位可根据如下三点来确定:

(1) 在不考虑摩擦的情况下,根据力的平衡条件,确定总反力的方向;

(2) 在计及摩擦时,总反力应与摩擦圆相切;

(3) 轴承 2 相对于轴颈 1 的总反力 $\boldsymbol{F}_{R21}$ 对于轴颈中心之矩的方向必与轴颈 1 相对于轴承 2 的相对角速度 ω_{12} 的方向相反。

【例 4.3】 图 4.15(a)所示为一四杆机构。曲柄 1 为主动件,在力矩 M_1 的作用下沿 ω_1 方向转动。试求转动副 B 和 C 中作用力的方向线的位置。图中虚线小圆为摩擦圆。不考虑构件的自重和惯性力。

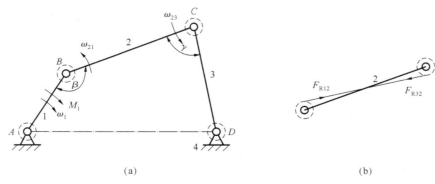

(a)　　　　　　　　　　(b)

图 4.15

【解】　在不计摩擦、自重和惯性力时,构件 2 为二力杆,各转动副中的作用力应通过轴颈中心。构件 2 在两力的作用下处于平衡,故此两力应大小相等、方向相反、作用在同一条直线上,作用线应与轴颈 B、C 的中心线重合。同时根据机构的运动情况可知,连杆 2 所受的力为压力。

在计及摩擦时,作用力应切于摩擦圆。因转动副 B 处的构件 2、1 之间的夹角 β 在逐渐变大,故构件 2 相对于构件 1 的相对角速度 ω_{21} 为逆时针方向,又由于连杆 2 受压,因此作用力 $\boldsymbol{F}_{R21}$ 应切于摩擦圆上方;而在转动副 C 处,构件 2、3 之间的夹角 γ 逐渐减小,故构件 2 相对于构件 3 的相对角速度 ω_{23} 为逆时针方向,因此作用力 $\boldsymbol{F}_{R32}$ 应切于摩擦圆下方。又因构件 2 在两力 $\boldsymbol{F}_{R21}$、$\boldsymbol{F}_{R32}$ 的作用下平衡,故此二力共线,即它们的作用线应同时切于 B 处摩擦圆的上方和 C 处摩擦圆的下方,如图 4.15(b)所示。

2)轴端的摩擦

轴用以支承轴向力的部分称为轴端(见图 4.16(a))。当轴端 1 在止推轴承 2 上旋转时,接触面间也将产生摩擦力。摩擦力对回转轴线之矩即摩擦力矩 M_f,其计算方法如下。

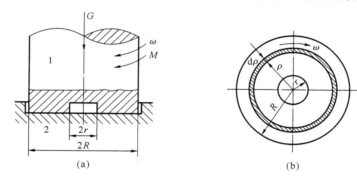

图 4.16

如图 4.16(b)所示,从轴端接触面上取出环形微面积 $ds = 2\pi\rho d\rho$,设 ds 上的压强 p 为常数,则环形微面积上受的正压力为 $dF_N = p ds$,摩擦力为 $dF_f = f dF_N = f p ds$,dF_f 对回转轴线的摩擦力矩 dM_f 为

$$dM_f = \rho dF_f = \rho f p ds$$

轴端所受的总摩擦力矩 M_f 为

$$M_f = \int_r^R \rho f p ds = 2\pi f \int_r^R p\rho^2 d\rho \tag{4.14}$$

式(4.14)的解可分为下述两种情况来讨论。

(1)新轴端。

对于新制成的轴端和轴承,或很少相对运动的轴端和轴承,轴端与轴承各处接触的紧密程度基本相同,这时可假定整个轴端接触面上的压强 p 处处相等,即 $p =$ 常数,则

$$M_f = \frac{2}{3} fG \frac{R^3 - r^3}{R^2 - r^2} \tag{4.15}$$

(2)跑合轴端。

工作一段时间的轴端称为跑合轴端。由于磨损的关系,这时轴端与轴承接触面各处的压强已不能再假定为处处相等。而较符合实际的假设是轴端和轴承接触面间处处等磨损,即近似符合 $p\rho =$ 常数的规律。于是可得

$$M_f = \frac{fG(R + r)}{2} \tag{4.16}$$

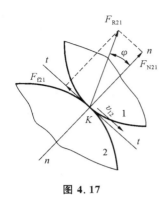

图 4.17

根据 $p\rho=$ 常数的关系,可知在轴端中心部分的压强非常大,极易压溃,故对于载荷较大的轴端常做成空心的,如图 4.16 (a)所示。

4.平面高副中总反力的确定

平面高副两元素之间的相对运动通常是滚动兼滑动。故有滚动摩擦力和滑动摩擦力。因滚动摩擦力比滑动摩擦力小得多,所以在对机构进行力分析时,一般只考虑滑动摩擦力。如图 4.17 所示,摩擦力和法向反力的合力即总反力 $\boldsymbol{F}_{R21}$ 的方向也与法向反力偏斜一摩擦角,偏斜的方向与构件 1 相对于构件 2 的速度 $\boldsymbol{v}_{12}$ 的方向相反。

4.3.2　机构的力分析

掌握了运动副中摩擦力和总反力的确定方法后,下面举例说明考虑摩擦时怎样对机构进行力分析。

【例 4.4】　图 4.18 所示为一曲柄滑块机构。设已知各构件的尺寸(包含转动副的半径 r),各运动副中的摩擦因数 f,作用在滑块上的水平阻力为 $\boldsymbol{F}_r$。试对该机构在图示位置时进行力分析(各构件的重力及惯性力均略去不计),并确定加于点 B 且和曲柄 AB 垂直的平衡力 $\boldsymbol{F}_b$ 的大小。

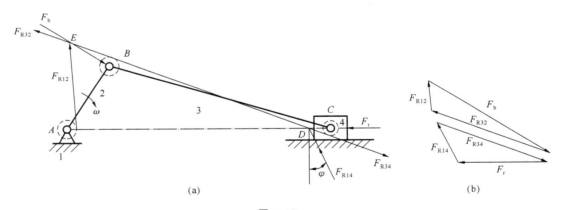

图 4.18

【解】　先根据已知条件作出各转动副中的摩擦圆(如图中虚线小圆所示)。由于连杆 3 为二力构件,可仿照例 4.3 求出 $\boldsymbol{F}_{R23}$ 和 $\boldsymbol{F}_{R43}$ 的实际作用线方位如图 4.18(b)所示。滑块 4 在力 $\boldsymbol{F}_{R34}$、$\boldsymbol{F}_{R14}$ 及 $\boldsymbol{F}_r$ 的作用下平衡,即

$$\boldsymbol{F}_{R34} + \boldsymbol{F}_{R14} + \boldsymbol{F}_r = 0$$

同时该三力应交于一点 D。曲柄 2 也受到三个力而平衡。即

$$\boldsymbol{F}_{R32} + \boldsymbol{F}_{R12} + \boldsymbol{F}_b = 0$$

因此,该三力应交于一点 E。

根据以上分析,可以用图解法求出各运动副中的反力及平衡力 $\boldsymbol{F}_b$(见图 4.18(b))。

在考虑摩擦进行机构力分析时,关键是确定运动副中总反力的方向。这一般都从二力构件做起。但在有些情况下,运动副中总反力的方向不能直接定出,因而无法求解。在此情况下,可以采用逐次逼近的方法,即首先完全不考虑摩擦确定出运动副中的反力,然后根据

这些反力(因为未考虑摩擦,所以这些反力实为正压力)求出各运动副中的摩擦力,并把这些摩擦力也作为已知外力,重做全部计算。为了求得更为精确的结果,还可重复上述步骤,直至求得满意的结果为止。

知 识 拓 展

平面机构力学分析演变

平面机构的力学分析最早可以追溯到 17 世纪,伽利略建立了力学分析平衡方程,用于分析物体的受力平衡条件,随后笛卡儿通过刚体力学研究,创建了向量分析方法,为机构力学的发展提供了数学工具。18 世纪初,欧拉利用已有的分析方法进一步发展了机械学,提出了刚体力学和平面机构的运动方程,在力学原理的发展中起到了关键作用。19 世纪中叶,随着刚体力学的逐渐完善,能够更精确地分析平面机构的运动和受力情况。20 世纪初,矢量法在机械工程中的应用成为一种流行的方法,简化了平面机构的力学分析,提高了效率。现如今,随着计算机技术的进步,现代的平面机构力学分析依赖于计算机辅助方法,如:有限元分析和多体动力学仿真。

习　　题

4.1　何谓机构的动态静力分析？对机构进行动态静力分析的步骤如何？

4.2　构件组的静定条件是什么？基本杆组都是静定杆组吗？

4.3　什么是当量摩擦因数？引入当量摩擦因数的目的是什么？

4.4　什么是摩擦角？如何利用摩擦角来确定移动副中总反力作用线的位置？

4.5　在题 4.5 图所示摆动导杆机构中,已知 $a=300$ mm,$\varphi_1=90°$,$\varphi_3=30°$,加于导杆上的力矩 $M_3=60$ N·m。求机构各运动副的反力及应加于曲柄 1 上的平衡力矩 M_b。

4.6　在题 4.6 图所示偏心凸轮机构中,已知 $R=60$ mm,$OA=30$ mm,且 OA 位于水平位置,外载荷 $F_2=1000$ N,$\beta=30°$。试求运动副反力和凸轮 1 上的平衡力矩 M_b。

4.7　在题 4.7 图所示机构中,已知 $l_{AB}=100$ mm,$h_1=120$ mm,$h_2=80$ mm,$\omega_1=15$ rad/s(为常数),滑块 2 和构件 3 的重力分别为 $Q_2=40$ N 和 $Q_3=90$ N,质心 S_2 和 S_3 的位置如图所示,加于构件 3 上的生产阻力 $F_r=500$ N,构件 1 的重力和惯性力略去不计。试用解析法求机构在 $\varphi_1=60°$、$150°$ 位置时的各运动副反力,以及需加于构件 1 上的平衡力偶矩 M_b。

4.8　题 4.8 图所示为一曲柄滑块机构的三个位置,F 为作用在活塞上的力,转动副 A 及 B 上所画的虚线小圆为摩擦圆。试确定在此三个位置时作用在连杆 AB 上的作用力的真实方向(构件重力及惯性力略去不计)。

4.9　题 4.9 图所示为一摆动推杆盘形凸轮机构,凸轮 1 沿逆时针方向回转,F 为作用在推杆 2 上的外载荷,图中虚线小圆为摩擦圆,试确定凸轮 1 及机架 3 作用给推杆 2 的总反力 F_{R12} 及 F_{R32} 的方位(不考虑构件的重力及惯性力)。

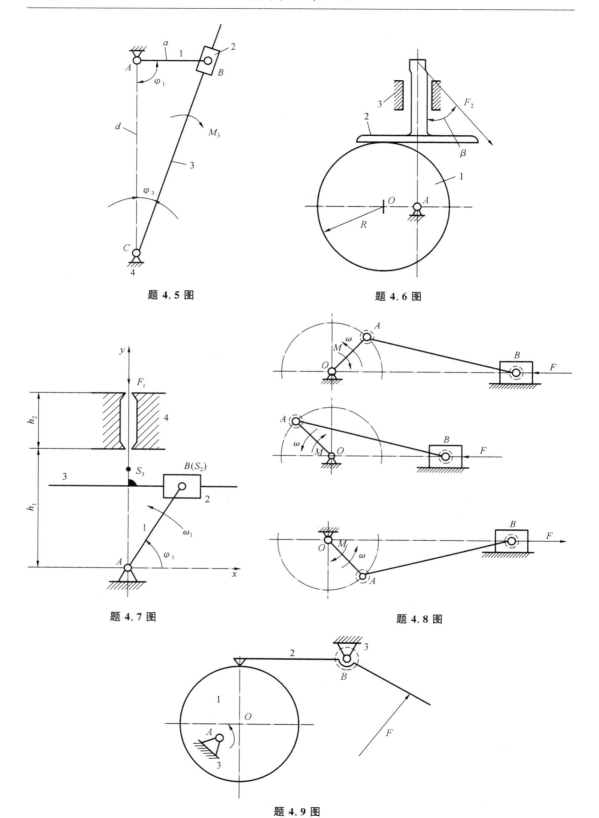

题 4.5 图　　　　　　　　　　题 4.6 图

题 4.7 图　　　　　　　　　　题 4.8 图

题 4.9 图

第5章 平面连杆机构及其设计

平面连杆机构是由许多构件通过低副连接组成的平面机构,故又称为低副机构。由于低副是面接触,因而具有耐磨损、加工制造容易、易于获得较高的制造精度等优点。此外各构件间的接触是靠运动副本身的几何封闭来实现的,因此平面连杆机构广泛地应用于各种机械和仪器仪表中。但平面连杆机构在具体的设计和应用中也有缺点,低副接触中存在间隙,若要增加构件和运动副数目,不但会使机构结构复杂,而且较多的低副会积累运动误差,使机构运动规律的偏差增加,同时计算也比其他机构困难和复杂。另外,机构高速运动时,机构中做平面复杂运动和往复运动的构件所产生的惯性力难以平衡,故将引起较大的振动和动载荷。但是随着设计方法的不断完善,计算机的广泛应用和制造工艺的不断提高,平面连杆机构的应用也更加广泛。

在平面连杆机构中,最基本的机构是平面四杆机构,多杆机构是在四杆机构的基础上产生的。本章主要介绍平面四杆机构。

5.1 平面四杆机构的基本形式、应用和演化

5.1.1 铰链四杆机构的基本形式

如图 5.1 所示的铰链四杆机构,构件 4 为机架,与机架相连的构件 1、3 称为连架杆,不与机架相连的构件 2 称为连杆。这四个构件相互之间都以转动副连接,因此称这种机构为铰链四杆机构。图中连架杆 1 可相对于机架 4 做整周转动,称为曲柄。连架杆 3 相对于机架 4 只能在一定的角度范围内做往复摆动,称为摇杆。

铰链四杆机构的基本形式按两连架杆的运动情况可分为:曲柄摇杆机构,双曲柄机构,双摇杆机构。

1. 曲柄摇杆机构

一个连架杆可做整周转动,另一个连架杆只能在一定角度范围内摆动的铰链四杆机构称为曲柄摇杆机构。这种机构被广泛地应用于生产实际和日常生活中。图 5.2 所示为用于雷达天线的俯仰角机构。在此机构中,曲柄是原动件,摇杆是执行构件,通过摇杆上转角的调整,达到接收最好信号的目的。图 5.3 所示为缝纫机脚踏板机构。在这个机构中,摇杆是原动件,曲柄是执行构件,通过曲柄的转动带动缝纫机头的运动。

2. 双曲柄机构

当两连架杆都做整周转动时,该铰链四杆机构称为双曲柄机构。此机构的特点是主动曲柄匀速转动,从动曲柄变速转动。如图 5.4 所示的惯性筛机构,正是利用双曲柄机构的特点而设计的。

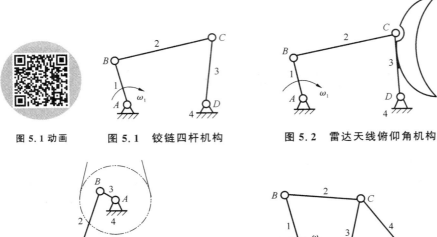

图 5.1 动画　　　图 5.1　铰链四杆机构　　　图 5.2　雷达天线俯仰角机构　　　图 5.2 动画

图 5.3　缝纫机脚踏板机构　　　图 5.4　惯性筛机构　　　图 5.4 动画

在双曲柄机构中,最常用的是平行四边形机构,即对边平行且相等的铰链四杆机构。在这种机构中两曲柄转向相同,角速度相等,如图 5.5(a)所示。这种机构在机车车轮的联动机构和摄影平台的升降机构中都得到应用,如图 5.5(b)、(c)所示。

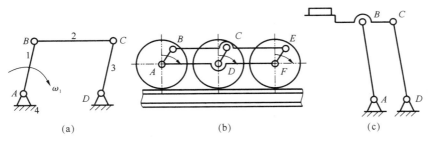

(a)　　　　　　　　　　(b)　　　　　　　　　　(c)

图 5.5　平行四边形机构　　　图 5.5(a)、(b)动画

在图 5.6(a)所示的双曲柄机构中,对边杆长相等,但并不平行,这种机构称为反平行四边形机构。此机构特点为主动曲柄匀速转动,从动曲柄变速转动,且两曲柄转向相反。利用这一特点,将此机构用在车门的开闭机构中,从而达到两扇车门同时敞开和关闭的目的,如图 5.6(b)所示。

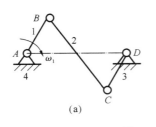

(a)　　　　　　　　　　　　　(b)

图 5.6　反平行四边形机构

3. 双摇杆机构

当铰链四杆机构中的两个连架杆都只能在一定角度范围内摆动时,该四杆机构为双摇杆机构。该四杆机构可实现两连架杆的某几个位置要求的运动。如汽车前轮的转向机构和飞机的起落架机构,如图 5.7 和图 5.8 所示。

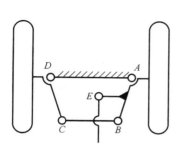

图 5.7 转向机构

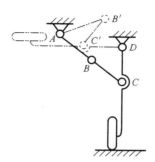

图 5.8 起落架机构

5.1.2 铰链四杆机构的演化

四杆机构的基本形式除了上述所提到的三种外,还有含有一个或两个移动副的四杆机构,这些四杆机构虽与铰链四杆机构不同,但其都可看作是由铰链四杆机构演化而来的。

1. 改变构件形状及相对尺寸的演化

如图 5.9(a)所示的铰链四杆机构,点 C 绕点 D 运动,运动轨迹为 β—β 弧线,当 CD 的杆长加大至无穷大时,点 C 的运动轨迹由 β—β 弧线变为 β—β 直线,此时点 D 相当于在无穷远处。这样转动副 C 转化为移动副,该机构就演化为图 5.9(b)所示的曲柄滑块机构。

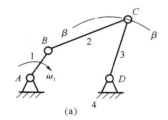

(a)

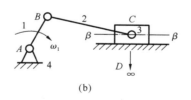

(b)

图 5.9 曲柄滑块机构演化过程

图 5.9(b)动画

当将图 5.10(a)所示的曲柄滑块机构的连杆长度 BC 增至无穷大时,点 B 相对于 C 所走的轨迹由 α—α 弧线变为 α—α 直线,这样将曲柄滑块机构演变成了双滑块机构,如图 5.10(b)所示,此机构也称为正弦机构。

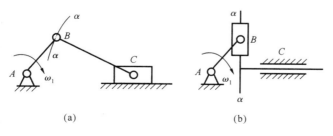

(a)   (b)

图 5.10 双滑块机构演化过程

图 5.10 动画

2. 扩大转动副

在图 5.11(a)所示的曲柄滑块机构中,若曲柄 AB 的尺寸较小,由于结构的需要常将曲柄做成如图 5.11(b)所示的偏心盘,其几何中心与回转中心不重合。这种机构称为偏心轮机构。此机构的性能与曲柄滑块机构完全相同。此机构可看作是将曲柄滑块机构的转动副 B 扩大后演化而成的。

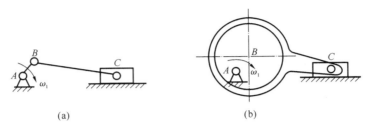

(a)   (b)

图 5.11　扩大转动副的演化

3. 取不同构件为机架

低副具有运动可逆性,在构件间相对运动不变的情况下,取不同构件为机架,可得到各种不同的机构。仍以图 5.12(a)所示的曲柄滑块机构为例,若固定构件 1,如图 5.12(b)所示,此机构即为导杆机构。当 $l_2 < l_1$ 时,此机构称为摆动导杆机构,如图 5.13 所示。当 $l_2 > l_1$ 时,此机构称为转动导杆机构。

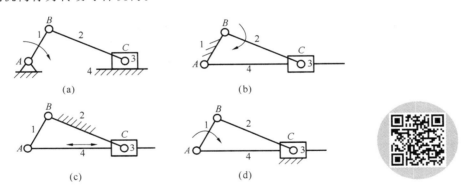

(a)   (b)

(c)   (d)

图 5.12　取不同构件为机架的机构

图 5.12(b)～(d)动画

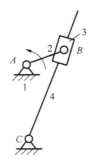

图 5.13　摆动导杆机构

图 5.13 动画

若固定构件 2,如图 5.12(c)所示,此机构即为曲柄摇块机构,如自卸车的车厢翻转机构,如图 5.14 所示。

若固定构件 3,如图 5.12(d)所示,此机构即为定块机构。压水井机构就是这一机构的实例,如图 5.15 所示。

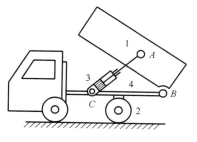

图 5.14 自卸车机构

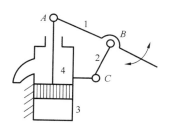

图 5.15 压水井机构

5.2 平面四杆机构的特性

5.2.1 铰链四杆机构曲柄存在条件

图 5.16 所示为铰链四杆机构,设各杆长为 a、b、c 和 d,a、c 为连架杆,d 为机架,若 a 为曲柄时,B 点必通过以点 A 为圆心、a 为半径的圆周上各点。现讨论使 a 成为曲柄的条件。

设 $a \leqslant d$,若 a 为曲柄,点 B 就应在以点 A 为圆心、以 AB 为半径的圆周上运动。机构在运动过程中就应保证 $\triangle BCD$ 始终存在。根据几何关系,有

$$\left.\begin{array}{l} b+c \geqslant \overline{BD} \\ b-c \leqslant \overline{BD} \\ c-b \leqslant \overline{BD} \end{array}\right\} \tag{5.1}$$

由于 BD 边在四杆机构运动中是变化的,$BD_{max}=a+d$,$BD_{min}=d-a$,代入式(5.1)并整理得

$$\left.\begin{array}{l} a+d \leqslant b+c \\ a+b \leqslant c+d \\ a+c \leqslant d+b \end{array}\right\} \tag{5.2}$$

将上述三式两两相加得

$$a \leqslant c, \quad a \leqslant d, \quad a \leqslant b$$

可见在曲柄摇杆机构中,曲柄应是最短杆。

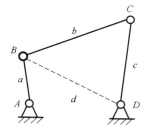

图 5.16 铰链四杆机构

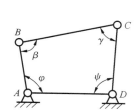

图 5.17 满足杆长条件的四杆机构

若设 $d \leqslant a$,根据上述推导过程同理可得

$$d \leqslant a, \quad d \leqslant b, \quad d \leqslant c$$

此时机架应是最短杆。

由上述讨论可得曲柄的存在条件:

(1) 连架杆和机架必有一杆是最短杆;

(2) 最短杆长度与最长杆长度之和小于或等于其余两杆长度之和。

上述两条件必须同时满足,机构中才有曲柄存在。而第二个条件是曲柄存在的必要条件,若不满足此条件,机构则没有曲柄存在。此条件也称为曲柄存在的杆长条件。

根据低副运动的可逆性,图 5.17 所示的曲柄摇杆机构满足杆长条件,由于 AB 是曲柄,点 B 可绕点 A 整周转动,所以 φ、β 角度均可在 $0°\sim360°$ 内变化,而 ψ、γ 只能在一定角度内变化。若此机构杆长不变,根据机架置换,取 AB 为机架,BC、AD 为连架杆,由于 φ 和 β 可在 $0°\sim360°$ 内变化,则两连架杆能整周转动,成为双曲柄机构;若取 CD 为机架,ψ、γ 只能在一定角度内变化,此时为双摇杆机构;若取 BC 为机架,β 可整周变化,γ 只能在一定角度内变化,故仍为曲柄摇杆机构。可见在满足杆长条件下,可获得什么样的机构,还要看固定哪个构件。由上述讨论可得下列推论。

(1) 当"最短杆长度加最长杆长度之和小于或等于其余两杆长度之和"时,固定最短杆的邻边,可得曲柄摇杆机构;固定最短杆,可得双曲柄机构;固定最短杆的对边,可得双摇杆机构。

(2) 当"最短杆长度加最长杆长度之和大于其余两杆长度之和"时,无论固定哪一个杆件,均为双摇杆机构。

5.2.2　急回特性

如图 5.18 所示为一曲柄摇杆机构。设 AB 为曲柄,是主动件,在其转动一周的过程中,有两次与连杆共线,这时摇杆分别处于两极限位置 C_1D 和 C_2D。曲柄摇杆机构所处的这两个位置称为极位。当机构处在极位时,对应曲柄的两位置线之间所夹的锐角 θ 称为极位夹角。摇杆在两极限位置之间的夹角称为摇杆的摆角,用 ψ 表示。

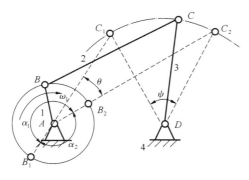

图 5.18　曲柄摇杆机构的极限位置

如图 5.18 所示,当曲柄以等角速度 ω_1 顺时针方向转动时,曲柄由 AB_1 转到 AB_2,转角为 $\alpha_1 = 180° + \theta$,所用时间为 t_1;曲柄由 AB_2 再转到 AB_1 时,转角为 $\alpha_2 = 180° - \theta$,所用时间为 t_2,由于 $\alpha_1 > \alpha_2$,所以 $t_1 > t_2$。与曲柄的运动相对应的摇杆运动分别为:摇杆由 C_1D 摆到 C_2D,摆角为 ψ,点 C 的平均速度为 $v_1 = \overset{\frown}{C_1 C_2}/t_1$;摇杆由 C_2D 再摆回到 C_1D 时,摆角为 ψ,点 C 的平均速度为 $v_2 = \overset{\frown}{C_1 C_2}/t_2$。由于 $t_1 > t_2$,所以 $v_2 > v_1$,摇杆的这种运动特性称为急回特性。

为了表明急回运动的相对程度,通常用行程速比系数 K 来衡量,即

$$K = \frac{v_2}{v_1} = \frac{\overset{\frown}{C_1 C_2}/t_2}{\overset{\frown}{C_1 C_2}/t_1} = \frac{t_1}{t_2} = \frac{\alpha_1}{\alpha_2} = \frac{180° + \theta}{180° - \theta} \tag{5.3}$$

在设计具有急回特性的四杆机构中,K 是一个设计参数,可以通过式(5.3)算出极位夹

角 θ，再进行设计。

$$\theta = 180° \frac{K-1}{K+1} \qquad (5.4)$$

由式(5.3)、式(5.4)可知，$K>1(\theta \neq 0)$，机构具有急回特性，K 值越大，说明急回特性越显著。在四杆机构中具有急回特性的机构还有偏心曲柄滑块机构(见图 5.19)和摆动导杆机构(见图 5.20)。四杆机构的这种急回特性用在各种机器中，可以节省机构空回行程的时间，以节省动力和提高生产效率。

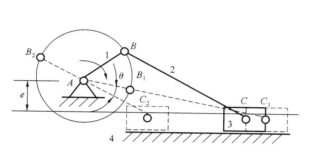

图 5.19　偏心曲柄滑块机构

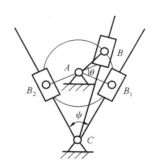

图 5.20　摆动导杆机构

【例 5.1】　已知铰链四杆机构的杆长 $l_1 = 35$ mm，$l_2 = 100$ mm，$l_3 = 90$ mm，$l_4 = 80$ mm，试确定该机构的行程速比系数，并用 Adams 软件进行仿真验证。

【解】　分析该曲柄摇杆机构，设曲柄和摇杆拉直共线时曲柄与水平方向的夹角为 φ_1、重叠共线时曲柄与水平方向的夹角为 φ_2，则根据余弦定理可得

$$\varphi_1 = \arccos\left[\frac{l_4^2 + (l_1+l_2)^2 - l_3^2}{2l_4(l_1+l_2)}\right], \qquad \varphi_2 = \arccos\left[\frac{l_4^2 + (l_2-l_1)^2 - l_3^2}{2l_4(l_2-l_1)}\right]$$

可计算出摇杆处于两极限位置时，曲柄的夹角为 36°，则

$$K = \frac{v_2}{v_1} = \frac{t_1}{t_2} = \frac{180° + \theta}{180° - \theta} = \frac{180° + 36°}{180° - 36°} = 1.5$$

由图 5.21 可以看出，构件 3 由正向最大转角到负向最大转角和由负向最大转角到正向最大转角的时间不同，这正体现了平面四杆机构的急回特性。摆回时间段为 $0 \sim 7.2$ s，摆出时间段为 $7.2 \sim 12$ s。故行程速比系数为

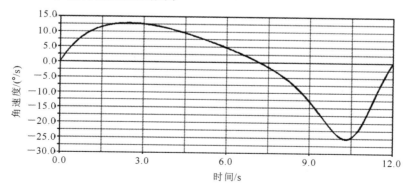

图 5.21　构件 3 的角速度

$$K = \frac{t_1}{t_2} = \frac{7.2}{4.8} = 1.5$$

由此可以看出，理论分析值和仿真模型计算值一致。

5.2.3　压力角和传动角

在如图 5.22 所示的四杆机构中,当不考虑各构件的重力、惯性力及运动副的摩擦力等的影响,且曲柄为主动件时,曲柄通过连杆将力 P 传给摇杆,力的方向就是连杆 BC 的方向,作用在从动件点 C 上力 P 的方向与该点的速度方向所夹的锐角称为压力角,用 α 表示。作用在摇杆点 C 上的力 P 可分解为两个分力 $P_t = P\cos\alpha$,$P_n = P\sin\alpha$。从图中可见,P_t 是真正推动摇杆运动的有效分力。P_n 是无用分力。所以在机构传递运动中 α 越小,P_t 越大,说明机构传力性能好。因此,压力角 α 的大小可反映力的有效利用程度,是用来判断机构工作性能的一个估量指标。

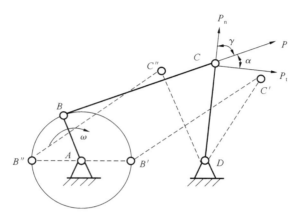

图 5.22　铰链四杆机构的压力角和传动角

在四杆机构运动的过程中,α 是变化的,若将 α_{max} 控制在许用的范围内,则机构各个位置的 α 都小于 α_{max},机构的传力性能就能得到保证。由于 α 在机构运动中不显见,而 α 的余角 γ 如图 5.22 所示,γ 角是机构在该位置时连杆与摇杆所夹锐角的对顶角,此角度的大小可以反映压力角 α 的大小。γ 角称为传动角,$\gamma = 90° - \alpha$。

如图 5.22 所示,α 越小,γ 越大,机构传力性能好。若用 γ 来衡量机构传力性能的好坏时,就应控制 γ_{min}。在机构中可见,$\angle BCD$ 所对的边 BD 越大,则 $\angle BCD$ 越大;反之,$\angle BCD$ 越小。所以最小传动角可能出现的位置是在曲柄与机架两次共线处。当曲柄与机架重叠共线时,见图 5.22 中的 $\angle B'C'D$,若 $\angle B'C'D$ 是锐角时,传动角为 $\angle B'C'D$,各杆长关系如式(5.5)所述。

$$\angle B'C'D = \arccos\frac{b^2 + c^2 - (d-a)^2}{2bc} \tag{5.5}$$

当曲柄与机架拉直共线时,见图 5.22 中的 $\angle B''C''D$,若 $\angle B''C''D$ 是钝角,传动角为 $\pi - \angle B''C''D$,各杆长关系如式(5.6)所述。

$$\angle B''C''D = \arccos\frac{b^2 + c^2 - (d+a)^2}{2bc} \tag{5.6}$$

在此两位置中最小的传动角即 γ_{min}。

一般取 $\gamma_{min} \geqslant 40°$,在传递大扭矩时,应使 $\gamma_{min} \geqslant 50°$。由式(5.5)和式(5.6)可见,$\gamma_{min}$ 与机构中各杆的长度有关,故可按给定的 γ_{min} 来设计四杆机构。

【例 5.2】　已知铰链四杆机构的杆长 $l_1 = 35$ mm,$l_2 = 100$ mm,$l_3 = 90$ mm,$l_4 = 80$ mm,试确定该机构在曲柄转角 $\varphi_1 = 30°$ 时的传动角及最小传动角,并用 Adams 软件进行仿真

验证。

【解】　设连杆与从动杆之间的夹角为 λ：

当曲柄转角 $\varphi_1 = 30°$ 时, $\lambda = \arccos\left(\dfrac{l_2^2 + l_3^2 - l_1^2 - l_4^2 + 2l_1 l_4 \cos\varphi_1}{2l_2 l_3}\right) = 31.64°$

当曲柄转角 $\varphi_1 = 0°$ 时, $\lambda_{\min} = \arccos\left(\dfrac{l_2^2 + l_3^2 - l_1^2 - l_4^2 + 2l_1 l_4}{2l_2 l_3}\right) = 26.74°$

当曲柄转角 $\varphi_1 = 180°$ 时, $\lambda_{\max} = \arccos\left(\dfrac{l_2^2 + l_3^2 - l_1^2 - l_4^2 - 2l_1 l_4}{2l_2 l_3}\right) = 74.29°$

由此可得该机构的传动角极值为 $\gamma_{\min} = 26.74°$, $\gamma_{\max} = 74.29°$。因此可以看出, $\gamma_{\min}$ 已经超出了正常值要求的范围。通过 Adams 软件进行仿真得到的传动角变化曲线如图 5.23 所示。

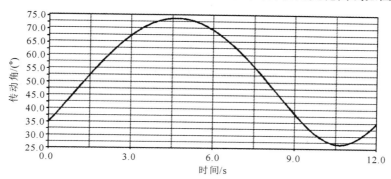

图 5.23　铰链四杆机构的传动角

5.2.4　死点位置

如图 5.24 所示的曲柄摇杆机构, 当摇杆为主动件时, 机构在曲柄与连杆共线位置上的运动被卡死。在此位置上 $\alpha = 90°$, $\gamma = 0°$。这时主动件 CD 通过连杆作用于从动件 AB 上的力恰好通过其回转中心, 此时推动 AB 的旋转力矩为零, 出现"顶死"现象, 机构在这个时候出现死点。即当往复运动的构件作为主动件时, 连杆与从动件共线的位置就是死点位置。在机械中要避免出现顶死或卡死的现象, 通常是增加输出构件的质量, 利用惯性通过死点。如在输出件上安装飞轮, 或利用结构错位排列方式越过死点。

但在工程实际中, 也常常利用死点位置来实现机械的工作要求。如在夹具设计中, 工件的夹紧机构就是利用机构的死点位置夹紧工件的, 如图 5.25 所示。又如图 5.8 所示的飞机起落架处于放机轮的位置, 即机构的死点位置。在该位置上, 机轮不能折回, 因此提高了起落架工作的可靠性。

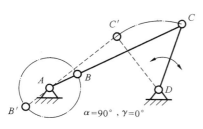

图 5.24　曲柄摇杆机构的死点位置

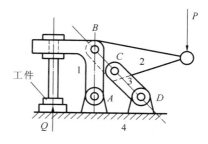

图 5.25　工件的夹紧机构

5.3　平面四杆机构的设计

5.3.1　平面四杆机构设计的基本问题

四杆机构的设计主要是实现机构的运动设计。设计的基本问题为：① 实现已知运动规律；② 满足连杆位置的设计；③ 满足两连架杆对应角位移的设计；④ 满足连杆上某点轨迹要求的设计。

设计四杆机构所用的方法为：图解法、解析法和实验法。

图解法：直观、清晰、简单，易理解，但精度不高。

解析法：精度高，计算准确，但对于实现精确点位及复杂运动规律时，求解方程困难，算法繁杂。对于机构设计的好坏，其评价方法有时也借助于优化设计方法。

实验法：通过现场试凑，或利用连杆曲线图谱进行设计。本节重点讲解图解法和解析法。

5.3.2　图解法设计四杆机构

1. 实现连杆位置的设计

对于实现连杆预定位置的设计可分为两类。一类是已知连杆的预定位置，而且已知连杆上的两个活动铰链点，需要求出两个固定铰链点的设计。这种类型的设计较简单。另一类是已知连杆的预定位置，已知两个固定铰链点，但未知连杆上的两个活动铰链点的设计(此类设计中，有时两个固定铰链点也未知)，此时设计四杆机构的问题将复杂些。下面进行分述。

1) 已知连杆的长度及预定位置的设计

如图 5.26 所示，已知连杆 BC 在机构的运动过程中占据 B_1C_1 和 B_2C_2 两位置，设计满足连杆这两个位置的四杆机构。

此类问题就是求两固定铰链点 A、D，由于 B、C 两点的运动轨迹是圆，该圆的中心就是固定的铰链点的位置。因此，A、D 应分别在 B_1B_2 和 C_1C_2 连线的垂直平分线 b_{12} 和 c_{12} 上。由于没有任何限制条件，A、D 可分别在 b_{12} 和 c_{12} 上任选，故有无穷多组解。

如图 5.27 所示，已知连杆 BC 在机构的运动过程中占据 B_1C_1、B_2C_2 和 B_3C_3 三个位置。设计满足连杆这三个位置的四杆机构。

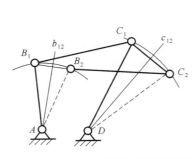

图 5.26　实现连杆两个位置的设计

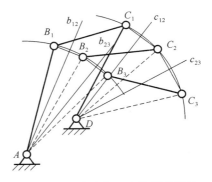

图 5.27　实现连杆三个位置的设计

　　当实现已知连杆的三个对应位置时，B_1、B_2、B_3 同在一个圆弧上，根据三点定圆的关系，可确定点 A，即点 A 应在 B_1B_2 和 B_2B_3 的垂直平分线 b_{12} 和 b_{23} 的交点上，且唯一确定。同理，点 D 在 C_1C_2 和 C_2C_3 的垂直平分线 c_{12} 和 c_{23} 的交点上。该设计有唯一解。

　　2）已知连杆平面位置及固定铰链点的设计

　　如图 5.28 所示，已知连杆平面上某线 MN 的两个位置 M_1N_1 和 M_2N_2，以及固定铰链点 A、D。设计满足连杆平面两个位置的四杆机构。

　　此类设计问题主要是求两个活动铰链点 B、C。按满足连杆长度预定位置设计的提示，可采用转化机架法进行设计。可以这样考虑：根据相对运动概念，设想连杆的某一位置为"机架"，机架为"连杆"，让原机架相对于连杆的某一位置做相对运动，即可仿照上述方法求得连杆上两活动铰链点 B、C。

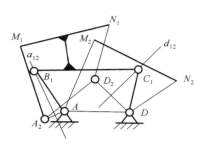

图 5.28　实现连杆平面位置的设计

　　根据上述已知条件，若将连杆的 M_1N_1 位置作为"机架"，AD 为"连杆"，这时要寻找 AD 相对于 M_1N_1 为"机架"、AD 为"连杆"的第二位置 A_2D_2。根据相对运动原理，刚化机构的第二个位置，作四边形 M_2N_2DA，并搬动这个四边形，将四边形 M_2N_2 的边与 M_1N_1 相重合，这时四边形 M_2N_2DA 的 AD 边所占据的位置，即 AD 作为"连杆"相对于 M_1N_1 这个"机架"的第二位置 A_2D_2。在图 5.28 中可见，四边形 M_2N_2DA 全等于四边形 $M_1N_1D_2A_2$。这时机构的相对位置就转化为以 M_1N_1 为"机架"，AD 为"连杆"，而"连杆"的第一位置是 AD，第二位置是 A_2D_2，这个相对位置就如上述已知连杆两个位置设计情况一样。点 B_1 可在 AA_2 连线的垂直平分线 a_{12} 上任意找，点 C_1 可在 DD_2 连线的垂直平分线 d_{12} 上任意找。有无穷多组解。

　　若已知连杆平面上某线 MN 的三个位置和机架 AD，求两活动铰链点 B、C 时，解法同上，但此时可求得唯一解。

　　3）已知连杆位置及连杆位置转角的设计

　　这类问题的设计应利用半角转动法设计。如图 5.29 所示，在已知的四杆机构中，连接 B_1B_2 和 C_1C_2，分别作其两连线的垂直平分线 b_{12} 和 c_{12}，由 b_{12} 和 c_{12} 两条线得一交点 R_{12}，可以将连杆平面看作是绕点 R_{12} 由位置 B_1C_1 转到位置 B_2C_2，则称 R_{12} 为转动极点。过转动极点可知

$$\angle B_1R_{12}B_2 = \angle C_1R_{12}C_2 = \theta_{12}$$
$$\angle AR_{12}B_2 = \angle AR_{12}B_1 = \theta_{12}/2$$
$$\angle DR_{12}C_2 = \angle DR_{12}C_1 = \theta_{12}/2$$

A、D 两点分别在 b_{12} 和 c_{12} 线上。而点 B_1 和点 C_1 分别在半角 $(-\theta_{12}/2)$ 的终线上。由此可见，若已知连杆平面上的任一线的某两个位置，都可以通过对应点连线，并作两相对应点连线的垂直平分线，其两垂直平分线的交点即连杆平面的转动极点。根据连杆平面的转角 θ_{12} 定出半角 $\theta_{12}/2$，过转动极点旋转半角 $\theta_{12}/2$。在半角 $(-\theta_{12}/2)$ 的始边线上可找固定铰链点，在半角 $(-\theta_{12}/2)$ 的终边线上可找活动铰链点，这种设计四杆机构的方法称为半角转动法。

　　已知如图 5.30 所示的连杆平面上 MN 线的两个位置 M_1N_1、M_2N_2，以及由 M_1N_1 转到 M_2N_2 的转角 θ_{12}。设计一铰链四杆机构满足连杆的这两个位置。

　　求解步骤为:连接 M_1M_2 作其垂直平分线 m_{12},连接 N_1N_2 作其垂直平分线 n_{12},m_{12} 与 n_{12} 交于 R_{12} 点。通过 θ_{12} 定出半角 $\theta_{12}/2$,过 R_{12} 旋转半角 $(-\theta_{12}/2)$,在半角 $(-\theta_{12}/2)$ 始边射线上分别找到 A、D 两点,在半角 $(-\theta_{12}/2)$ 终边射线上找到 B_1、C_1 点,连接 AB_1C_1D,即所要求的满足连杆第一位置的四杆机构。由于没有其他要求,则有无穷多组解。

　　若已知连杆平面的三个位置,可找到 θ_{12}、θ_{13},可定出两个转动极点 R_{12}、R_{13} 和两个半角 $\theta_{12}/2$、$\theta_{13}/2$。其解法同上,固定铰链点分别在半角 $(-\theta_{12}/2)$、$(-\theta_{13}/2)$ 始边射线的交点上,活动铰链点则在半角 $(-\theta_{12}/2)$、$(-\theta_{13}/2)$ 终边射线的交点上。若没有其他要求,也有无穷多组解,只有在特定要求下,才有唯一解。

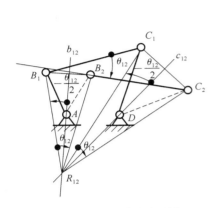

图 5.29　半角转动法设计

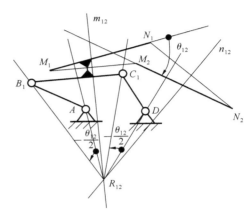

图 5.30　连杆平面两个位置的设计

　　2.实现两连架杆的对应角位移的设计

　　此类问题的设计,首先已知某一连架杆 AB 和机架 AD 的长度,以及另一连架杆 CD 上的某一标定线 ED,当连架杆 AB 转过 $\alpha_i(i=1,2,3,\cdots)$ 角度时,连架杆 CD 上的某一标定线 ED 对应转过 φ_i 角度,然后求满足上述条件的四杆机构。

　　如图 5.31 所示为设计两连架杆两对对应角位移的已知条件。在求解此类问题时,要寻找四杆机构的点 C,点 C 找到后,求出 BC 与 CD 的杆长,就将满足对应角位移的四杆机构设计出来了。

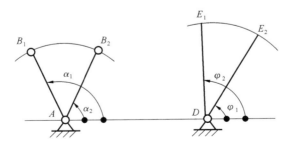

图 5.31　设计两连架杆两对对应角位移的已知条件

　　借助于相对运动原理,用转换机架法求解。将两个都在运动的连架杆转化为假想连杆和假想机架的运动,然后利用上述已知连杆长度和连杆位置的方法设计。对图 5.32 所示的已知机构进行分析,将 CD 看作机架,AB 看作连杆。连杆 AB 的点 B 绕机架 CD 的点 C 转动,点 A 绕点 D 转动;当已知 AB 的两位置 A_1B_1 和 A_2B_2 时,点 C 应在 B_1B_2 连线的垂直平分线上,点 D 在 A_1A_2 连线的垂直平分线上。

AD 为机架,满足两连架杆对应角位移,如图 5.33 所示,在 A、B、D 三点都已知的情况下,点 C 怎样确定呢? 将 C_1D 位置看作"机架",AB 看作"连杆",根据相对运动不变原则,刚化四边形 AB_2C_2D,使该四边形绕点 D 转动$(\varphi_1-\varphi_2)$角,四边形 AB_2C_2D 的 C_2D 与四边形 AB_1C_1D 的 C_1D 重合,四边形 AB_2C_2D 所占据的位置 $A'B_{2'}C_1D$ 中,$A'B_{2'}$ 即为"连杆"的第二位置,此时连接 B_1,$B_{2'}$,并作其垂直平分线 $b_{12'}$,则点 C_1 必在此线上。从转化过程看,若点 D 已知,AB 这一假想连杆的第二位置 A' 可以不找。所以可由刚化四边形 AB_2C_2D 转化为刚化三角形 B_2C_2D,根据前面的过程找到点 $B_{2'}$ 后即可求出点 C_1。

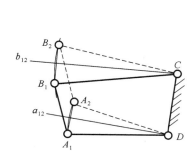

图 5.32 以 CD 为机架的四杆机构

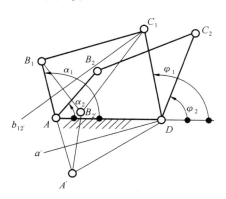

图 5.33 转换机架法

根据上述分析,在图 5.31 的设计中,将已知的连架杆看作假想连杆,将未知连架杆标定线的第一位置看作假想机架,将原机构的其他位置刚化,绕未知连架杆的固定铰链点转相应的角度,定出假想连杆的其他位置,这样求解四杆机构的方法同已知连杆位置一样,此法称为转换机架法,或称置换机架法。

1) 按两连架杆的两对对应角位移设计四杆机构

已知:连架杆 AB 杆长,机架 AD 杆长,连架杆 CD 上的一条标定线 ED,两连架杆对应角位移为 α_1、φ_1,α_2、φ_2,如图 5.34 所示。求:满足上述条件的四杆机构。

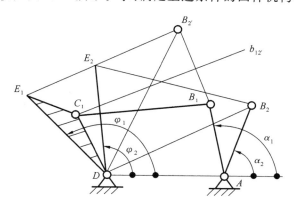

图 5.34 实现两连架杆两对对应角位移的设计

设计步骤为:将 E_1D 假想为机架,AB 假想为连杆,刚化$\triangle E_2B_2D$,将该三角形绕点 D 逆时针转动$(\varphi_1-\varphi_2)$角,找到点 $B_{2'}$,作 B_1、$B_{2'}$ 连线的垂直平分线 $b_{12'}$,点 C_1 应在 $b_{12'}$ 线上任意找。$l_{BC}=B_1C_1 \cdot \mu_1$,$l_{CD}=C_1D \cdot \mu_1$。因为点 C_1 是任意找的,所以有无穷多组解。

2）按两连架杆的三对对应角位移设计四杆机构

已知：连架杆 AB 和机架 AD 的长度，连架杆 CD 上的某一标定线 ED 的位置，两连架杆的对应角位移为 α_1、φ_1，α_2、φ_2，α_3、φ_3，如图 5.35 所示。求：满足条件的四杆机构。

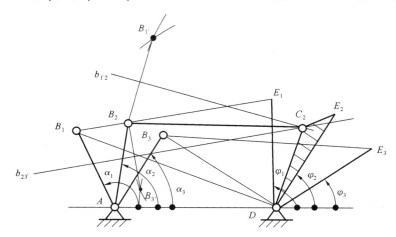

图 5.35   实现两连架杆三对对应角位移的设计

设计步骤：一般应将未知连架杆的第一位置假想为机架位置，但根据相对运动原理也可将未知连架杆的其他位置假想为机架位置来设计求解。将 E_2D 假想为机架，刚化 $\triangle B_1E_1D$ 和 $\triangle B_3E_3D$，使两三角形的 E_iD（$i=1,3$）边与 E_2D 重合，分别得到点 $B_{1'}$ 和 $B_{3'}$，分别连接 $B_{1'}B_2$ 和 $B_2B_{3'}$，作垂直平分线 $b_{1'2}$ 和 $b_{23'}$，$b_{1'2}$ 与 $b_{23'}$ 线的交点即点 C_2。$l_{BC}=B_2C_2\cdot\mu_1$，$l_{CD}=C_2D\cdot\mu_1$。有唯一解。

3.按给定的行程速比系数设计四杆机构

已知：曲柄摇杆机构的摇杆 CD 的长度及摇杆的摆角 ψ，行程速比系数 K。设计一曲柄摇杆机构。

此类设计问题可通过 K 求得角度 θ，$\theta=180°\dfrac{K-1}{K+1}$，由角度 θ 和上述的已知条件可将曲柄摇杆机构的极限位置画出。分析已知机构，曲柄摇杆机构在极限位置的几何图形如图 5.36 所示。设 $AB=a$，$BC=b$，$CD=c$，$AD=d$。由几何关系可知，$AC_1=b-a$，$AC_2=a+b$，所以 $AC_2-AC_1=2a$，$a=(AC_2-AC_1)/2$，$b=(AC_2+AC_1)/2$。由作图可知，$C_2E=AC_2-AC_1=2a$。可见，在上述已知的条件下，可以确定 D、C_1 和 C_2 点，由角度 θ 再将点 A 确定。点 A 确定后，AB 与 BC 的杆长都可求出。点 A 如何确定呢？根据已知 C_1C_2 这个定直线对应一定角 θ，很容易想到点 A 应在以 C_1C_2 为弦、以 θ 为圆周角的圆上。若找到点 A 轨迹圆，确定点 A 后，则四杆机构就可以设计出来了。

设计步骤：取长度比例尺 μ_1，任找点 D，如图 5.37 所示。根据已知条件画出 C_1D 和 C_2D 的位置。连接 C_1C_2，过点 C_1 作 $C_1N\perp C_1C_2$，过点 C_2 作射线 C_2M，C_2M 与 C_1C_2 线的夹角为 $90°-\theta$。C_1N 与 C_2M 的交点为 P，C_2P 即为点 A 所在轨迹圆的直径。作 $\triangle C_1C_2P$ 的外接圆 q，在圆 q 上任意找一点 A，连接 AC_1 和 AC_2，以点 A 为圆心、AC_1 为半径画弧交 AC_2 于点 E。再以点 A 为圆心、$EC_2/2$ 为半径画圆，此圆与 AC_1 的延长线交于点 B_1，与 AC_2 线交于点 B_2。所以 $l_{AB}=AB_1\cdot\mu_1$，$l_{BC}=B_2C_2\cdot\mu_1$，$l_{AD}=AD\cdot\mu_1$，如图 5.37 所示。由于点 A 在圆 q 中任选，所以有无穷多组解。但点 A 在圆 q 的 $\overset{\frown}{C_1C_2}$ 和 $\overset{\frown}{GH}$ 上不可取。

在此类设计问题中，若再给定某些条件，比如再给定曲柄长度或连杆长度时，点 A 则不能任意取,而有唯一解。若给定 γ_{min} 为设计条件,则有有限组解。若给定机架长,则应按几何极限位置求解。

对于具有急回特性的偏心曲柄滑块机构和摆动导杆机构等求解类似,故不赘述。

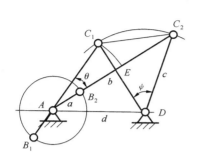

图 5.36　曲柄摇杆机构的极限位置

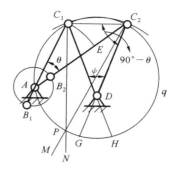

图 5.37　按给定行程速比系数设计曲柄摇杆机构

5.3.3　解析法设计四杆机构

用解析法设计四杆机构时,首先要根据运动参数与结构待定尺寸参数建立解析方程式,再通过解方程得出所需的机构尺寸参数。

1. 按两连架杆对应角位移设计四杆机构

如图 5.38 所示的铰链四杆机构,AB 杆为原动件,初始角为 α_0,CD 杆为从动件,初始角为 φ_0,α_i 与 φ_i 为两连架杆的对应位置($i=1,2,3\cdots$)。试设计此四杆机构。

将四杆的长度分别用 a、b、c、d 表示,为建立包括运动参数与结构参数的解析方程式,先建立直角坐标系 XAY,将机构的各构件看作矢量。根据矢量封闭形,写出下列方程

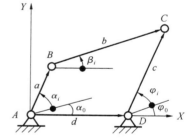

图 5.38　建立矢量方程

$$a + b = d + c \tag{5.7}$$

将矢量方程(5.7)向 X、Y 轴投影,得分量式为

$$a\cos(\alpha_i + \alpha_0) + b\cos\beta_i = d + c\cos(\varphi_i + \varphi_0) \tag{5.8}$$

$$a\sin(\alpha_i + \alpha_0) + b\sin\beta_i = c\sin(\varphi_i + \varphi_0) \tag{5.9}$$

在上两式中消去 β_i,并整理得

$$\cos(\alpha_i + \alpha_0) = P_0\cos(\varphi_i + \varphi_0) + P_1\cos\left[(\varphi_i + \varphi_0) - (\alpha_i + \alpha_0)\right] + P_2 \tag{5.10}$$

其中:

$$P_0 = \frac{c}{a}, \quad P_1 = -\frac{c}{d}, \quad P_2 = \frac{d^2 + c^2 + a^2 - b^2}{2ad}$$

在式(5.10)中包含有 P_0、P_1、P_2、α_0 及 φ_0 五个特定参数,根据解析式的可解条件,此四杆机构能精确满足两连架杆的五对对应角位移,但方程组是非线性方程,求解较繁。在一般情况下,α_0 和 φ_0 已知,若满足三对或小于三对对应角位移时,将式(5.10)展开后即得线性方程。满足三对对应角位移时有唯一解,小于三对时有无穷多组解。

当 $\alpha_0 = 0$,$\varphi_0 = 0$ 时,式(5.10)可写为

$$\cos\alpha_i = P_0\cos\varphi_i + P_1\cos(\varphi_i - \alpha_i) + P_2 \quad (i = 1,2,3,\cdots) \tag{5.11}$$

若已知 α_1、φ_1，α_2、φ_2，α_3、φ_3 和某一杆长时，将其代入式(5.11)，可求出其余三杆长度。

2. 按给定的行程速比系数设计四杆机构

已知曲柄摇杆机构中摇杆 CD 的长度和摆角 φ，行程速比系数 K 和曲柄 AB 的长度，求连杆 BC 和机架 AD 的长度。

在曲柄摇杆机构的极限位置上，由 $\triangle AC_2C_1$ 得

$$(a+b)^2 + (b-a)^2 - 2(a+b)(b-a)\cos\theta = \left(2c\sin\frac{\varphi}{2}\right)^2 \tag{5.12}$$

$$(b-a)^2 + \left(2c\sin\frac{\varphi}{2}\right)^2 - 2(b-a)\left(2c\sin\frac{\varphi}{2}\right)^2\cos\left[\beta + \frac{(180° - \varphi)}{2}\right] = (a+b)^2 \tag{5.13}$$

由 $\triangle AC_1D$ 得

$$d^2 = (b-a)^2 + c^2 - 2(b-a)c\cos\beta \tag{5.14}$$

联立式(5.12)、式(5.13)和式(5.14)可得

$$b = \sqrt{\frac{2c^2\sin^2\frac{\varphi}{2} - a^2(1+\cos\theta)}{1 - \cos\theta}} \tag{5.15}$$

$$\beta = \arccos\left[\frac{4c^2\sin^2\frac{\varphi}{2} + (b-a)^2 - (b+a)^2}{4c\sin\frac{\varphi}{2}(b-a)}\right] - \frac{180° - \varphi}{2} \tag{5.16}$$

$$d = \sqrt{(b-a)^2 + c^2 - 2(b-a)c\cos\beta} \tag{5.17}$$

若在此机构中其他已知条件不变，只将已知曲柄 AB 的长度换为已知连杆 BC 的长度，则式(5.12)、式(5.13)和式(5.14)仍存在，可联立求得 a、β、d。

知 识 拓 展

连杆机构的发展史

早在 15 世纪，意大利著名画家列奥纳多·达·芬奇就巧妙地利用了连杆、齿轮等机构来模拟鸟类的扑翼运动，从而进行了飞行器手稿设计。这一创新性的设计理念对后续飞行领域的研究产生了深远的影响及贡献。至 18 世纪末，英国工程师詹姆斯·瓦特在 1781 年设计的一种双作用蒸汽机中，成功应用了平面连杆机构将往复运动转化为旋转运动。这一技术的应用在当时具有重要的意义，推动了工业生产的进步。19 世纪末，随着工业革命的兴起，平面连杆机构在机械制造、纺织、食品加工等领域得到了广泛的应用。这些领域的技术发展催生了更多的应用场景和需求，进一步促进了连杆机构技术的进步。

在我国，有关机构方面的研发历史也源远流长。单就连杆机构方面来说，远在公元前 2600 多年便出现了利用杠杆原理的踏碓，这是人类历史上最初的连杆机构的应用实例。

　　而就目前已考证的发明创造里,四杆机构被广泛应用于水车、风车、纺织以及武器装备等多个领域的机械装置中。例如,周朝的鲁班创造了云梯、木鸢,进一步作出复杂的连杆机构。东汉发明家杜诗利用马排改进成功一种水排,用它来鼓风冶铁,把水排的旋转运动变为风箱的直线往复移动。魏末晋初(公元 260—270 年),文献记载了杜预总结我国劳动人民利用水排原理加工粮食的经验,发明了连机水碓。元代王祯在其所著的《农书》中附以图示对这一发明做了详细的说明(见图 5.39)。

　　值得一提的是,东汉时的张衡(公元 78—139 年)创造性地运用连杆机构的运动特性,发明了候风地动仪。即使在科技发达的今天,这一伟大发明所展现出的连杆机构的综合应用能力及巧妙的设计水平也让人惊叹。

　　其实,我们的祖先在连杆机构的应用和创新方面有着丰富的经验和许多巧妙的构思。然而,由于历史的变迁和

图 5.39　连机水碓

记载的缺失,很多宝贵的科技成果和智慧结晶都淹没在历史的长河之中了。古代科学技术成就的全貌尚待发掘考证。

习　　　题

　　5.1　题 5.1 图(a)所示为偏心轮式容积泵,题 5.1 图(b)所示为由四个四杆机构组成的转动翼板式容积泵。试绘出两种泵的机构运动简图,并说明它们各为何种四杆机构,为什么?

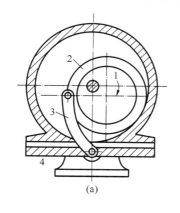

(a)

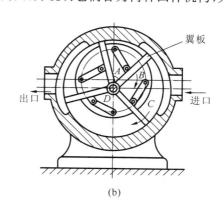

(b)

题 5.1 图

　　5.2　在题 5.2 图所示的铰链四杆机构中,已知 $b=50$ mm,$c=35$ mm,$d=30$ mm。

　　(1)若此机构为曲柄摇杆机构,且 AB 为曲柄,求 a 的取值范围;

　　(2)若此机构为双曲柄机构,求 a 的取值范围;

　　(3)若此机构为双摇杆机构,求 a 的取值范围。

题 5.2 图

5.3　题 5.3 图所示为插床的转动导杆机构,已知 $L_{AC}=500$ mm,$L_{CD}=400$ mm,行程速比系数 $K=1.6$,试求曲柄 AB 的长度 L_{AB} 和插刀 E 的行程 H。又若 $K=2$,则曲柄 AB 的长度应调整到何值? 此时的插刀 E 的行程 H 是否随之改变?

5.4　题 5.4 图所示为偏置摆动导杆机构,试作出其在图示位置时的传动角以及机构的最小传动角及其出现的位置,并确定机构为转动导杆机构的条件。

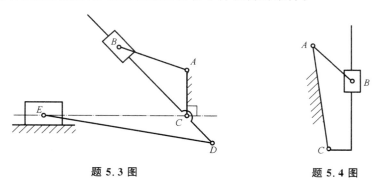

题 5.3 图　　　　　　　　　题 5.4 图

5.5　在题 5.5 图所示的连杆机构中,已知各构件的尺寸为:$L_{AB}=160$ mm,$L_{BC}=260$ mm,$L_{CD}=200$ mm,$L_{AD}=80$ mm;且构件 AB 为原动件,沿顺时针方向匀速回转。试确定:

(1) 四杆机构 $ABCD$ 的类型。

(2) 该四杆机构的最小传动角 $\gamma_{\min}$。

(3) 滑块 F 的行程速比系数 K。

5.6　题 5.6 图所示为一实验用小电炉的炉门装置,关闭时炉门位置为 E_1,开启时炉门位置为 E_2。试设计一个四杆机构来操作炉门的启闭(各有关尺寸见图)。开启时,炉门应向外开启,炉门与炉体不得发生干涉;而关闭时,炉门应有一个自动压向炉体的趋势。图中 S 为炉门质心位置,B、C 为两活动铰链所在位置。

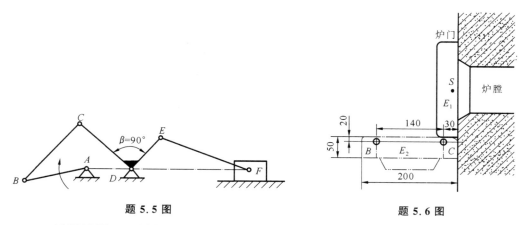

题 5.5 图　　　　　　　　　题 5.6 图

5.7　试设计题 5.7 图所示的对心曲柄滑块机构,要求滑块行程 $H=200$ mm,滑块的最大速度 $v_{C\max}$ 与曲柄销轴处的圆周速度 v_B 之比为 1.2,求曲柄和连杆的长度(提示:滑块的最大速度 $v_{C\max}$ 出现在曲柄和连杆的夹角为 90°时)。

5.8　题图 5.8 所示为公共汽车车门启闭机构。已知车门上铰链 C 沿水平直线移动,铰链 B 绕固定铰链 A 转动,车门关闭位置与开启位置夹角为 $\alpha=115°$,$AB_1 \parallel C_1C_2$,$L_{BC}=$

400 mm，$L_{C1C2}=550$ mm。试求构件 AB 的长度，验算最小传动角，并绘出在运动中车门所占据的空间（作为公共汽车的车门，要求其在启闭中所占据的空间越小越好）。

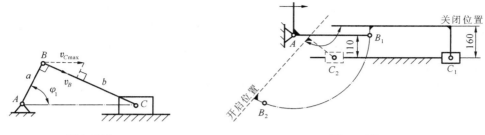

题 5.7 图　　　　　　　　　　　　　　　　题 5.8 图

5.9　题 5.9 图所示为一已知的曲柄摇杆机构，现要求用一连杆将摇杆 CD 和滑块 F 连接起来，使摇杆的三个已知位置 DC_1、DC_2、DC_3 和滑块的三个位置 F_1、F_2、F_3 相对应（图示尺寸系按比例绘出）。试确定此连杆的长度及其与摇杆 CD 铰接点的位置。

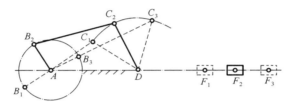

题 5.9 图

5.10　试设计题 5.10 图所示的六杆机构。当该机构原动件 1 自 y 轴顺时针方向转过 $\psi_{12}=60°$ 时，构件 3 顺时针方向转过 $\psi_{12}=45°$，恰与 X 轴重合。此时，滑块 6 自 E_1 点移动到 E_2 点，位移 $S_{12}=20$ mm。试确定铰链 B 及 C 的位置。

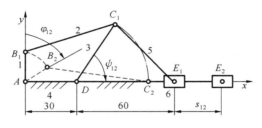

题 5.10 图

5.11　题 5.11 图所示为某仪表中采用的摇杆滑块机构，若已知滑块和摇杆的对应位置为 $s_1=36$ mm，$s_{12}=8$ mm，$s_{23}=9$ mm，$\varphi_{12}=25°$，$\varphi_{23}=35°$，摇杆的第 Ⅱ 位置在铅垂位置方向上。滑块上铰链取在点 B，偏距 $e=28$ mm。试确定曲柄和连杆的长度。

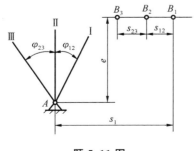

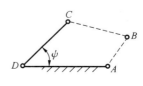

题 5.11 图　　　　　　　　　　　　题 5.12 图

5.12 如题 5.12 图所示,现欲设计一铰链四杆机构,设已知摇杆 CD 的长度为 $L_{CD} = 75\ \text{mm}$,行程速度变化系数 $K = 1.5$,机架 AD 的长度为 $L_{AD} = 100\ \text{mm}$,摇杆的一个极限位置与机架间的夹角为 $\psi = 45°$。试求曲柄的长度 L_{AB} 和连杆的长度 L_{BC}(有两组解)。

5.13 如题 5.13 图所示,设已知破碎机的行程速度变化系数 $K = 1.2$,颚板长度 $L_{CD} = 300\ \text{mm}$,颚板摆角 $\varphi = 35°$,曲柄长度 $L_{AB} = 80\ \text{mm}$。求连杆的长度,并验算最小传动角是否在允许的范围内。

5.14 题 5.14 图所示为一牛头刨床的主传动机构,已知 $L_{AB} = 75\ \text{mm}$,$L_{ED} = 100\ \text{mm}$,行程速度比系数 $K = 2$,刨头 5 的行程 $H = 300\ \text{mm}$。要求在整个行程中,刨头 5 有较小的压力角,试设计此机构。

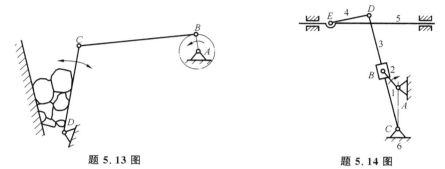

题 5.13 图　　　　　　　　　　题 5.14 图

5.15 如题 5.15 图所示为一双联齿轮变速装置,用拨叉 DE 操纵双联齿轮移动。现拟设计一四杆机构 $ABCD$ 操纵拨叉的摆动,已知条件是:机架 $L_{AD} = 100\ \text{mm}$,铰链 A、D 的位置如图所示,拨叉滑块行程为 30 mm,拨叉尺寸 $L_{ED} = L_{DC} = 40\ \text{mm}$,固定轴心 D 在拨叉滑块行程的垂直等分线上。又在此四杆机构 $ABCD$ 中,构件 AB 为手柄。当手柄 AB_1 垂直向上时,拨叉处于 E_1 的位置,当手柄 AB_1 逆时针方向转过 $\theta = 90°$ 处于水平位置 AB_2 时,拨叉处于 E_2 的位置。试设计此四杆机构。

5.16 题 5.16 图所示为 Y-52 插齿机的插削机构,已知 $L_{AD} = 200\ \text{mm}$,要求插刀的行程 $H = 80\ \text{mm}$,行程速比系数 $K = 1.5$。试确定各杆的尺寸(即构件 AB 的长度 L_{AB} 和扇形齿轮的分度圆半径 R)。

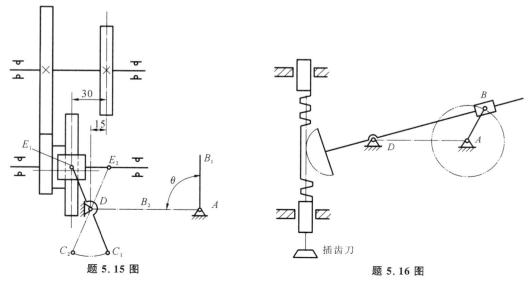

题 5.15 图　　　　　　　　　　题 5.16 图

5.17 题 5.17 图所示为某装配线需设计一输送工件的四杆机构,要求将工件从传递带 C_1 经图示中间位置输送到传送带 C_2 上。给定工件的三个方位为:$M_1(204,-30)$,$\theta_{21}=0°$;$M_2(144,80)$,$\theta_{22}=22°$;$M_3(34,100)$,$\theta_{23}=68°$;初步预选两个固定铰链的位置为 $A(0,0)$、$D(34,-83)$。试用解析法设计此四杆机构。

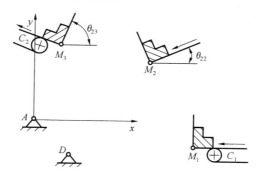

题 5.17 图

5.18 如题 5.18 图所示,要求四杆机构两连架杆的三组对应位置分别为 $\alpha_1=35°$,$\varphi_1=50°$;$\alpha_2=80°$,$\varphi_2=75°$;$\alpha_3=125°$,$\varphi_3=105°$,试用解析法设计此四杆机构。

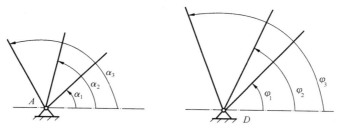

题 5.18 图

5.19 试用解析法设计一曲柄滑块机构,设已知滑块的行程速比系数 $K=1.5$,滑块的冲程 $H=50$ mm,偏距 $e=20$ mm,并求其最大压力角 $\alpha_{\max}$。

第6章 凸轮机构及其设计

6.1 凸轮机构的类型和应用

凸轮机构是实现机械自动化和半自动化中应用较广的一种机构,设计原理上凸轮与从动件是点、线接触,因此,凸轮机构被定义为高副机构。

6.1.1 组成和应用

如图 6.1 所示,构件 1 是凸轮,具有变化向径或凹槽(见图 6.3)的构件,通常是主动件,做等速转动或移动。构件 2 是从动件,由凸轮推动并按一定运动规律而运动的,通常是被动件,做往复的直线移动或摆动。构件 3 是机架。凸轮机构是由凸轮、从动件和机架这三个构件组成的高副机构。

如图 6.2 所示为内燃机配气凸轮机构,通过凸轮 1 准确地控制气阀 2 的启闭,以保证内燃机的正常运转,这种凸轮机构不仅要求从动件有一定的位移,而且为了得到良好的热力效应和动力条件,要求它按最佳运动规律启闭气阀。

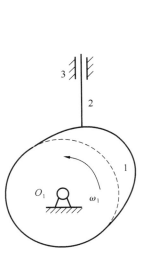

图 6.1 凸轮机构

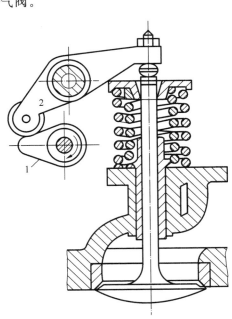

图 6.2 内燃机配气凸轮机构

图 6.3 所示为一自动机床的进刀机构,当具有凹槽的圆柱凸轮 1 回转时,其凹槽的侧面通过嵌于凹槽的滚子迫使从动件 2 绕点 O 做往复摆动,从而控制刀架的进退刀运动,其刀架的运动规律则取决于凸轮廓线的形状。

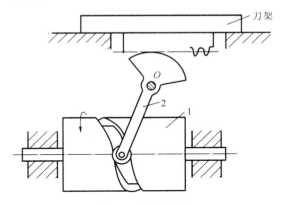

图 6.3　进刀机构

由上述可知,从动件的运动规律是由凸轮廓线决定的,所以说凸轮机构突出的优点是只要适当地确定凸轮廓线,就可以实现较复杂的运动规律。因此,凸轮机构具有结构简单、紧凑、运动可靠等优点,被广泛地应用到各种机械中,但由于是点、线接触,接触应力较大,易磨损,因此多用来实现载荷较小的运动控制或传递动力不大的场合。

6.1.2　凸轮机构的分类

凸轮机构的类型很多,通常按凸轮和从动件的形状和运动形式来分。

1. 按凸轮的形状分

(1) 盘形凸轮　如图 6.4(a)所示,这种凸轮是一个具有变化向径的盘形构件。此种凸轮的运动平面是与其轴线垂直的,其结构简单,应用广泛,但从动件的行程不能太大,否则将使凸轮径向尺寸变化过大,对凸轮机构的工作不利。

(2) 移动凸轮　如图 6.4(b)所示,这种凸轮可以看作是当盘形凸轮的变化向径趋于无穷大时的盘形凸轮。其相对于机架做直线运动,但有时也将此凸轮固定,使从动件相对于凸轮运动。

以上两种凸轮,由于凸轮与从动件的运动平面都在同一平面内,所以称为平面凸轮机构。

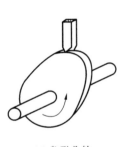
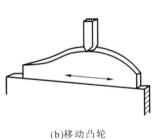
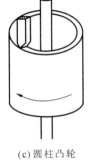

(a) 盘形凸轮　　　　　(b)移动凸轮　　　　　(c)圆柱凸轮

图 6.4　凸轮的形状　　　　　　　　　　　图 6.4 动画

（3）圆柱凸轮 如图6.4(c)所示，在圆柱面上具有曲线凹槽或在圆柱端面有曲线轮廓的构件。圆柱凸轮也可以看作是将移动凸轮绕在圆柱体上形成的，这种凸轮的运动平面与从动件运动平面不再平行或不在同一平面内，故此凸轮机构是空间凸轮机构。

空间凸轮还有圆锥凸轮和弧面凸轮等。

2. 按从动件的形状分

（1）尖顶从动件 如图6.5(a)所示，从动件与凸轮是点接触，这种从动件构造简单，能精确实现运动规律要求，但极易磨损，在实际生产中很少应用。所以只适用于传力不大和速度较低的场合。

（2）滚子从动件 如图6.5(b)所示，滚子从动件是将尖顶从动件的滑动摩擦改为滚动摩擦，故磨损情况得到改善，应用广泛，适用于中速中载。

（3）平底从动件 如图6.5(c)所示，平底从动件结构简单，且可以改善其与凸轮间的受力情况，直动平底从动件在传力的过程中压力角为常数，润滑条件好，磨损小，应用广，适用于高速机械。

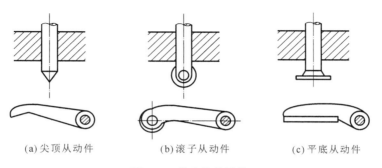

(a)尖顶从动件　　　　(b)滚子从动件　　　　(c)平底从动件

图 6.5　从动件的形状

3. 按凸轮与从动件的封闭方式分

为了使凸轮机构能够正常工作，必须创造条件保持凸轮廓线与从动件始终接触，这种形式称为封闭（或锁合）。

（1）力封闭 这种封闭方式是利用从动件的重力、弹簧力或其他外力使从动件与凸轮保持接触。如图6.6(a)所示。

（2）形封闭 这种封闭是依靠凸轮或从动件的特殊几何结构来保持两者始终接触。如图6.6(b)所示。

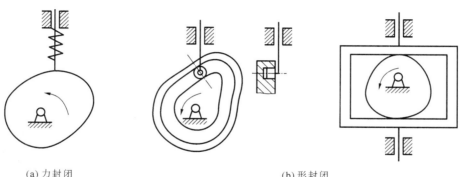

(a)力封闭　　　　　　　　　　　　(b)形封闭

图 6.6　凸轮与从动件的封闭方式

6.2　从动件的常用运动规律

从动件的运动规律决定着凸轮廓线的几何形状,设计凸轮机构时,首先应根据工作要求确定从动件的运动规律,然后按照所提出的运动规律设计凸轮廓线。下面以直动从动件盘形凸轮机构为例,说明从动件的运动规律与凸轮廓线之间的相互关系。

6.2.1　基本概念

凸轮基圆:如图 6.7 尖顶直动盘形凸轮机构所示。以凸轮轴心为圆心,以轮廓最小向径 r_0 为半径所画的圆称为基圆。在凸轮机构中,将尖顶从动件的尖顶走过的轨迹称为理论廓线,在理论廓线上最小向径所画的圆即为基圆。基圆半径用 r_0 表示。

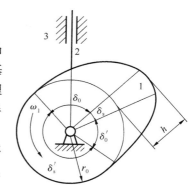

图 6.7　尖顶直动盘形凸轮机构

升程:从动件从最低位置移动到最高位置时的最大位移称为升程,用 h 表示。对于摆动从动件即为最大摆角,用 $\psi_{\max}$ 表示。

推程运动角:从动件从最低位置移到最高位置时凸轮的转角,用 δ_0 表示。

回程运动角:从动件从最高位置移到最低位置时凸轮的转角,用 δ_0' 表示。

远休止角:从动件在最高位置处静止不动时,凸轮的转角,用 δ_s 表示。

近休止角:从动件在最低位置处静止不动时,凸轮的转角,用 δ_s' 表示。

在平面凸轮机构中,根据从动件的运动情况与凸轮转角的对应,其从动件的运动形式有升—停—回—停型,升—停—回型,升—回—停型和升—回型,如图 6.8 所示。

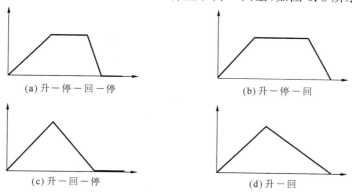

(a) 升—停—回—停	(b) 升—停—回
(c) 升—回—停	(d) 升—回

图 6.8　从动件的运动形式

从动件的运动规律是指在推程或回程过程中,从动件的位移 s、速度 v 和加速度 a 随时间 t 的变化规律。由于凸轮一般为等速转动,其转角 δ 与时间 t 成正比,所以凸轮机构从动件运动规律通常表示成 δ 的函数,即

$$s = f(\delta), \quad \frac{\mathrm{d}s}{\mathrm{d}\delta} = f'(\delta), \quad \frac{\mathrm{d}^2 s}{\mathrm{d}\delta^2} = f''(\delta) \tag{6.1}$$

此时,$\mathrm{d}s/\mathrm{d}\delta$ 和 $\mathrm{d}^2 s/\mathrm{d}\delta^2$ 称为类速度和类加速度。类速度与速度、类加速度与加速度的关

系如下:

$$\frac{ds}{d\delta} = \frac{\frac{ds}{dt}}{\frac{d\delta}{dt}} = \frac{v}{\omega} \tag{6.2}$$

$$\frac{d^2 s}{d\delta^2} = \frac{d\left(\frac{v}{\omega}\right)}{d\delta} = \frac{\frac{dv}{dt}}{\omega\frac{d\delta}{dt}} = \frac{a}{\omega^2} \tag{6.3}$$

6.2.2 从动件常用运动规律

1. 等速运动规律

等速运动通常指从动件的速度在运动过程中是常量。从动件在推程时,凸轮转过 δ_0 角,从动件等速上升到 h,即

$$\begin{cases} \frac{ds}{d\delta} = C_1 \\ s = \int \frac{ds}{d\delta}d\delta = C_1\delta + C_2 \\ \frac{d^2 s}{d\delta^2} = 0 \end{cases}$$

其中 C_1、C_2 为常数,应由边界条件定出。当 $\delta=0$ 时,$s=0$;当 $\delta=\delta_0$ 时,$s=h$。代入上式后,可得 $C_1=h/\delta_0$,$C_2=0$。推程段运动方程为

$$\begin{cases} s = \frac{h}{\delta_0}\delta \\ \frac{ds}{d\delta} = \frac{h}{\delta_0} \quad 0 \leqslant \delta \leqslant \delta_0 \\ \frac{d^2 s}{d\delta^2} = 0 \end{cases} \tag{6.4}$$

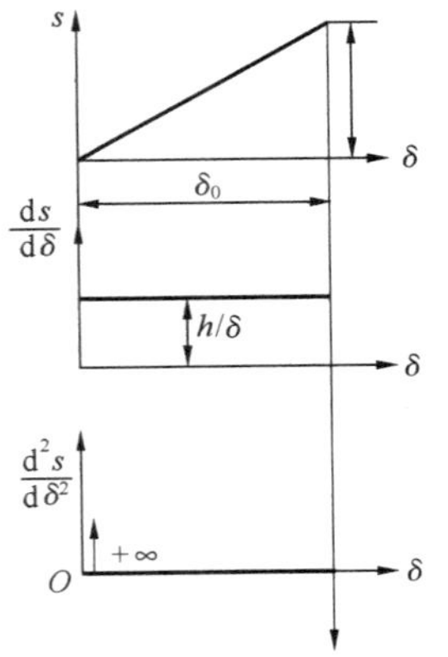

图 6.9 等速运动

图 6.9 所示为推程时从动件等速运动线图,由图可知,从动件在运动起始和终止瞬时,加速度有无限量的突变,所以理论上从动件将产生无穷大的惯性力,实际上由于材料有弹性变形等因素影响,不致达到无穷大,但仍将使凸轮机构受到极大的冲击,这种冲击称为刚性冲击。所以,等速运动规律只适用于低速运转的凸轮机构。

回程段运动方程的起始位置是在从动件的最高位移处,从动件由最高位置逐渐降到最低位置,但回程段从动件的位移仍是从最低位置算起,所以回程段运动方程表示的通式为

$$s_{回} = h - s_{升}, \quad \frac{ds}{d\delta_{回}} = -\frac{ds}{d\delta_{升}}, \quad \frac{d^2 s}{d\delta^2_{回}} = -\frac{d^2 s}{d\delta^2_{升}}$$

式中的 $s_{升}$、$\frac{ds}{d\delta_{升}}$、$\frac{d^2 s}{d\delta^2_{升}}$ 按相同的运动规律升程方程式确定。但其中 δ_0 用 δ_0' 代替,δ 用 $\delta-\delta_0-\delta_s$ 代替。等速运动规律回程段运动方程为

$$\begin{cases} s = h\left(1 - \dfrac{\delta - \delta_0 - \delta_s}{\delta_0'}\right) \\[3mm] \dfrac{\mathrm{d}s}{\mathrm{d}\delta} = -\dfrac{h}{\delta_0'} \quad \delta_0 + \delta_s \leqslant \delta \leqslant \delta_0 + \delta_s + \delta_0' \\[3mm] \dfrac{\mathrm{d}^2 s}{\mathrm{d}\delta^2} = 0 \end{cases} \tag{6.5}$$

2. 等加速等减速运动规律

等加速等减速运动通常指从动件的加速度是常量,且运动规律是由等加速和等减速两段组成,从动件行程前半段位移 $h/2$ 做等加速运动,后半段位移 $h/2$ 做等减速运动,且加速度绝对值相等(根据需要,前后两段加速度值也可以不等,此时前、后半段的行程也不等)。

在推程等加速段有

$$\begin{cases} \dfrac{\mathrm{d}^2 s}{\mathrm{d}\delta^2} = C_1 \\[3mm] \dfrac{\mathrm{d}s}{\mathrm{d}\delta} = \displaystyle\int \dfrac{\mathrm{d}^2 s}{\mathrm{d}\delta^2}\mathrm{d}\delta = C_1\delta + C_2 \\[3mm] s = \displaystyle\int \dfrac{\mathrm{d}s}{\mathrm{d}\delta}\mathrm{d}\delta = \dfrac{1}{2}C_1\delta^2 + C_2\delta + C_3 \end{cases}$$

边界条件:

$$\delta = 0, \quad s = 0, \quad \dfrac{\mathrm{d}s}{\mathrm{d}\delta} = 0; \quad \delta = \dfrac{\delta_0}{2}, \quad s = \dfrac{h}{2}$$

代入上述公式,求得

$$C_2 = C_3 = 0, \quad C_1 = \dfrac{4h}{\delta_0^2}$$

因此得到推程等加速段从动件运动方程为

$$\begin{cases} s = \dfrac{2h}{\delta_0^2}\delta^2 \\[3mm] \dfrac{\mathrm{d}s}{\mathrm{d}\delta} = \dfrac{4h}{\delta_0^2}\delta \quad 0 \leqslant \delta \leqslant \dfrac{\delta_0}{2} \\[3mm] \dfrac{\mathrm{d}^2 s}{\mathrm{d}\delta^2} = \dfrac{4h}{\delta_0^2} \end{cases} \tag{6.6}$$

同理可推得推程等减速段从动件运动方程为

$$\begin{cases} s = h - \dfrac{2h}{\delta_0^2}(\delta_0 - \delta)^2 \\[3mm] \dfrac{\mathrm{d}s}{\mathrm{d}\delta} = \dfrac{4h}{\delta_0^2}(\delta_0 - \delta) \quad \dfrac{\delta_0}{2} \leqslant \delta \leqslant \delta_0 \\[3mm] \dfrac{\mathrm{d}^2 s}{\mathrm{d}\delta^2} = -\dfrac{4h}{\delta_0^2} \end{cases} \tag{6.7}$$

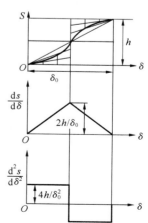

图 6.10　等加速等减速运动

这种运动规律的运动线图如图 6.10 所示,由图可见,在加速度图上,运动的开始、中点和终了位置,加速度具有有限量的突变。所以在凸轮机构中引起有限的冲击,这种冲击称为柔性冲击。因此,这种运动规律也只适用于低、中速场合。

同理,也可推得回程段等加速等减速运动方程如下:

$$\begin{cases} s = h - \dfrac{2h}{\delta'^2_0}(\delta - \delta_0 - \delta_s)^2 \\[2mm] \dfrac{\mathrm{d}s}{\mathrm{d}\delta} = -\dfrac{4h}{\delta'^2_0}(\delta - \delta_0 - \delta_s) \\[2mm] \dfrac{\mathrm{d}^2 s}{\mathrm{d}\delta^2} = -\dfrac{4h}{\delta'^2_0} \end{cases}$$

$$\delta_0 + \delta_s \leqslant \delta \leqslant \delta_0 + \delta_s + \dfrac{\delta'_0}{2} \qquad (6.8)$$

$$\begin{cases} s = \dfrac{2h}{\delta'^2_0}[\delta'_0 - (\delta - \delta_0 - \delta_s)]^2 \\[2mm] \dfrac{\mathrm{d}s}{\mathrm{d}\delta} = -\dfrac{4h}{\delta'^2_0}[\delta'_0 - (\delta - \delta_0 - \delta_s)] \\[2mm] \dfrac{\mathrm{d}^2 s}{\mathrm{d}\delta^2} = \dfrac{4h}{\delta'^2_0} \end{cases}$$

$$\delta_0 + \delta_s + \dfrac{\delta'_0}{2} \leqslant \delta \leqslant \delta_0 + \delta_s + \delta'_0 \qquad (6.9)$$

3. 余弦加速度运动规律

余弦加速度运动又称简谐运动,加速度曲线为半个周期的余弦曲线。其运动方程推导如下:

$$\begin{cases} \dfrac{\mathrm{d}^2 s}{\mathrm{d}\delta^2} = C_1 \cos\left(\dfrac{\pi}{\delta_0}\delta\right) \\[2mm] \dfrac{\mathrm{d}s}{\mathrm{d}\delta} = \displaystyle\int \dfrac{\mathrm{d}^2 s}{\mathrm{d}\delta^2}\mathrm{d}\delta = C_1 \dfrac{\delta_0}{\pi}\sin\left(\dfrac{\pi}{\delta_0}\delta\right) + C_2 \\[2mm] s = \displaystyle\int \dfrac{\mathrm{d}s}{\mathrm{d}\delta}\mathrm{d}\delta = -C_1 \dfrac{\delta_0^2}{\pi^2}\cos\left(\dfrac{\pi}{\delta_0}\delta\right) + C_2 \delta + C_3 \end{cases}$$

边界条件:$\delta = 0, s = 0, \dfrac{\mathrm{d}s}{\mathrm{d}\delta} = 0; \delta = \delta_0, s = h$。代入上式,求得 $C_2 = 0, C_1 = \dfrac{\pi^2 h}{2\delta_0^2}, C_3 = \dfrac{h}{2}$。因此,推程段余弦加速度方程为

$$\begin{cases} s = \dfrac{h}{2}\left[1 - \cos\left(\dfrac{\pi}{\delta_0}\delta\right)\right] \\[2mm] \dfrac{\mathrm{d}s}{\mathrm{d}\delta} = \dfrac{\pi h}{2\delta_0}\sin\left(\dfrac{\pi}{\delta_0}\delta\right) \qquad 0 \leqslant \delta \leqslant \delta_0 \\[2mm] \dfrac{\mathrm{d}^2 s}{\mathrm{d}\delta^2} = \dfrac{\pi^2 h}{2\delta_0^2}\cos\left(\dfrac{\pi}{\delta_0}\delta\right) \end{cases} \qquad (6.10)$$

图 6.11　余弦加速度运动

这种运动规律的运动线图如图 6.11 所示。由图可见,在运动的始末两点加速度有突变,故也有柔性冲击。但从动件推程和回程如果都用此规律,则柔性冲击可避免。此种运动规律适用于中速场合。回程段余弦加速度方程为

$$\begin{cases} s = \dfrac{h}{2}\left\{1 + \cos\left[\dfrac{\pi}{\delta'_0}(\delta - \delta_0 - \delta_s)\right]\right\} \\[2mm] \dfrac{\mathrm{d}s}{\mathrm{d}\delta} = -\dfrac{\pi h}{2\delta'_0}\sin\left[\dfrac{\pi}{\delta'_0}(\delta - \delta_0 - \delta_s)\right] \qquad \delta_0 + \delta_s \leqslant \delta \leqslant \delta_0 + \delta_s + \delta'_0 \\[2mm] \dfrac{\mathrm{d}^2 s}{\mathrm{d}\delta^2} = -\dfrac{\pi^2 h}{2\delta'^2_0}\cos\left[\dfrac{\pi}{\delta'_0}(\delta - \delta_0 - \delta_s)\right] \end{cases} \qquad (6.11)$$

4. 正弦加速度运动规律

正弦加速度运动规律又称摆线运动规律,加速度曲线为整周期的正弦曲线。其运动方程推导如下

$$
\begin{cases}
\dfrac{\mathrm{d}^2 s}{\mathrm{d}\delta^2} = C_1 \sin\left(\dfrac{2\pi}{\delta_0}\delta\right) \\[2mm]
\dfrac{\mathrm{d}s}{\mathrm{d}\delta} = \displaystyle\int \dfrac{\mathrm{d}^2 s}{\mathrm{d}\delta^2}\mathrm{d}\delta = -C_1 \cos\left(\dfrac{2\pi}{\delta_0}\delta\right)\dfrac{\delta_0}{2\pi} + C_2 \\[2mm]
s = \displaystyle\int \dfrac{\mathrm{d}s}{\mathrm{d}\delta}\mathrm{d}\delta = -C_1 \dfrac{\delta_0^2}{4\pi^2}\sin\left(\dfrac{2\pi}{\delta_0}\delta\right) + C_2\delta + C_3
\end{cases}
$$

边界条件:$\delta=0$,$s=0$,$\dfrac{\mathrm{d}s}{\mathrm{d}\delta}=0$;$\delta=\delta_0$,$s=h$。代入上式,求得 $C_3=0$,$C_2=h/\delta_0$,$C_1=2\pi h/\delta_0^2$。因此,推程段正弦加速度方程为

$$
\begin{cases}
s = h\left[\dfrac{\delta}{\delta_0} - \dfrac{1}{2\pi}\sin\left(\dfrac{2\pi}{\delta_0}\delta\right)\right] \\[2mm]
\dfrac{\mathrm{d}s}{\mathrm{d}\delta} = \dfrac{h}{\delta_0}\left[1 - \cos\left(\dfrac{2\pi}{\delta_0}\delta\right)\right] \quad 0 \le \delta \le \delta_0 \quad (6.12) \\[2mm]
\dfrac{\mathrm{d}^2 s}{\mathrm{d}\delta^2} = \dfrac{2\pi h}{\delta_0^2}\sin\left(\dfrac{2\pi}{\delta_0}\delta\right)
\end{cases}
$$

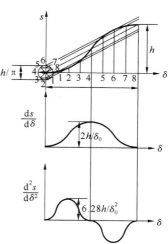

图 6.12　正弦加速度运动

这种运动规律的运动线图如图 6.12 所示。由图可见,加速度曲线连续,没有突变,因而不产生任何冲击。这种运动规律可用于高速场合。

回程段运动方程如下:

$$
\begin{cases}
s = h\left\{1 - \dfrac{\delta - \delta_0 - \delta_s}{\delta_0'} + \dfrac{1}{2\pi}\sin\left[\dfrac{2\pi}{\delta_0'}(\delta - \delta_0 - \delta_s)\right]\right\} \\[2mm]
\dfrac{\mathrm{d}s}{\mathrm{d}\delta} = \dfrac{h}{\delta_0'}\left\{\cos\left[\dfrac{2\pi}{\delta_0'}(\delta - \delta_0 - \delta_s)\right] - 1\right\} \quad \delta_0 + \delta_s \le \delta \le \delta_0 + \delta_s + \delta_0' \quad (6.13) \\[2mm]
\dfrac{\mathrm{d}^2 s}{\mathrm{d}\delta^2} = -\dfrac{2\pi h}{\delta_0'^2}\sin\left[\dfrac{2\pi}{\delta_0'}(\delta - \delta_0 - \delta_s)\right]
\end{cases}
$$

除上述四种常用运动规律外,还有一种称为 3-4-5 多项式运动规律,在实际生产中也常用。该种运动规律既无刚性冲击,也无柔性冲击,可用于高速场合,读者可查阅有关资料。

6.2.3　组合运动规律

由上述基本运动规律的分析可知,为避免从动件在运动过程中发生冲击,最好选用无加速度突变的运动规律。但是由于某种工作需要,从动件的运动要求为等速或等加速等减速,为了克服单一运动规律的某些缺陷,可将几种运动规律曲线组合起来,形成组合式运动规律。组合时应遵循的原则如下。

(1) 对于中、低速运动的凸轮机构,要求从动件的位移曲线在衔接处相切,以保证速度曲线的连续。即要求在衔接处的位移和速度分别相等,此时加速度有突变,但突变值必须为有限值。

(2) 对于中、高速运动的凸轮机构,则还要求从动件的速度曲线在衔接处相切,以保证加速度曲线连续。即要求在衔接点处的位移、速度和加速度分别相等。

比较典型的组合运动规律有改进等速运动规律。为了克服等速运动两端出现刚性冲击,将等速运动的两端与正弦加速度运动规律组合起来,以使其动力性能得到改善。改进梯形加速度运动规律,即等加速等减速运动在加速度有突变处以正弦加速度曲线过渡。这样,该运动既具有等加速等减速运动理论最大加速度最小的优点,又消除了柔性冲击,从而具有较好的性能。组合运动规律容易满足生产上的多种要求,因而在实际中被采用。

6.3　凸轮廓线的设计

根据工作要求和结构条件选择了凸轮机构的形式,并确定凸轮的基本尺寸,选定从动件运动规律和凸轮转向后,就可以进行凸轮廓线的设计了。设计的方法有反转法、图解法和解析法,本节将分别介绍。

6.3.1　反转法

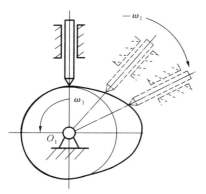

图 6.13　反转法设计凸轮廓线

如图 6.13 所示为尖顶直动从动件盘形凸轮机构,当凸轮以角速度 ω_1 绕转轴 O_1 转动时,推动从动件往复上下移动,从动件的尖顶在凸轮廓线上做相对运动。现设想将整个凸轮机构加上一个公共角速度 $-\omega_1$,整个机构绕转轴 O_1 转动,这时凸轮与从动件之间的相对运动并未改变。但凸轮相对静止不动,导路以 $-\omega_1$ 的角速度绕点 O_1 转动,从动件一方面以 $-\omega_1$ 的角速度绕点 O_1 转动,同时又在导路内按运动规律往复移动。从动件在这种复合运动中,其尖顶在反转过程中所占据的各个位置的连线为尖顶的运动轨迹,该运动轨迹即为凸轮廓线。这种方法称为反转法。

6.3.2　图解法

1. 移动从动件盘形凸轮

1) 偏置尖顶从动件盘形凸轮

如图 6.14 所示为一偏置尖顶从动件盘形凸轮机构。已知:从动件的运动规律,如图 6.14(a)所示,基圆半径 r_0,偏距 e,凸轮以等角速度 ω_1 逆时针方向转动。设计满足上述要求的凸轮廓线。

作图步骤如下。

(1) 选定长度比例尺,按给定的运动规律画出从动件的位移曲线。画出基圆、偏心圆和从动件初始位置 B_0 及导路。

(2) 将位移曲线 S-δ 的推程运动角和回程运动角分别等分为若干份,得到从动件各位置的位移量 $11'$,$22'$,$\cdots$,$88'$。

(3) 在基圆上从 B_0 开始按 $-\omega_1$ 方向取推程运动角、远休止角、回程运动角和近休止角,并将推程、回程运动角分成与图 6.14(a)对应的等份,得 C_0,C_1,C_2,$\cdots$,C_9(见图 6.14(b))。

(4) 过点 C_0,C_1,C_2,$\cdots$,C_9 作偏心圆的切线,该切线即为从动件在反转运动中依次占据的导路线位置。

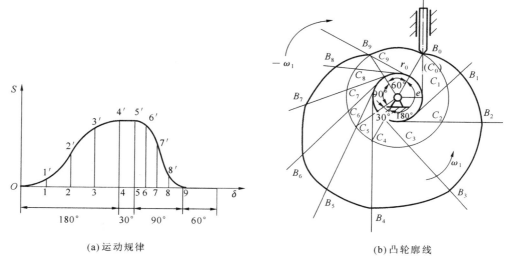

(a)运动规律　　　　　　　　　　　　　　　(b)凸轮廓线

图 6.14　偏置尖顶从动件盘形凸轮廓线设计

（5）沿以上各切线自基圆向外沿导路线量取各位置的位移量,使$\overline{C_1B_1}=\overline{11'}$,$\overline{C_2B_2}=\overline{22'}$,…,得反转后尖顶的一系列位置 B_0,B_1,B_2,B_3,…,即凸轮廓线上的点。将 B_0,B_1,B_2,…,连成光滑曲线,便得到所求的凸轮廓线。

2）偏置滚子从动件盘形凸轮

已知条件同上,滚子半径为 r_r。设计满足上述条件的凸轮廓线。

作图步骤同上,用前述方法求出尖顶从动件的凸轮廓线 η 后,再以 η 上各点为圆心画一系列滚子圆,最后画这些滚子圆的内包络线 η',如图 6.15 所示,η'(或 η'')成为滚子从动件凸轮的实际廓线(或工作廓线),η 称为此凸轮的理论廓线。而凸轮的基圆半径 r_0 则是指理论廓线的最小向径。

3）平底从动件盘形凸轮

已知:从动件的运动规律如图 6.16(a)所示,基圆半径为 r_0,平底与导路垂直,凸轮逆时针方向转动,设计满足上述条件的凸轮廓线。

作图步骤同上。如图 6.16(b)所示,将从动件

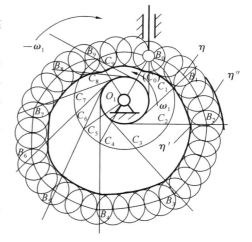

图 6.15　偏置滚子从动件盘形凸轮

的起始位置与平底的交点 B_0 视为尖顶从动件的尖点,按前述作图步骤确定出点 B 在从动件做反转运动时依次占据的各位置 B_0,B_1,B_2,…,过这些点作一系列代表平底的直线,即作在图上代表各位置导路线的垂线,此直线簇的包络线即为凸轮的实际廓线。

从上述几种从动件盘形凸轮设计可知:尖顶从动件凸轮廓线的理论廓线和实际廓线是相同的;滚子从动件凸轮廓线的理论廓线和实际廓线在法线方向上是两条等距曲线;而平底从动件凸轮廓线的理论廓线和实际廓线是两条不相似的曲线。

2.摆动从动件盘形凸轮

已知:凸轮以等角速度 ω_1 顺时针方向转动,基圆半径为 r_0,凸轮轴 O_1 与摆杆摆动中心

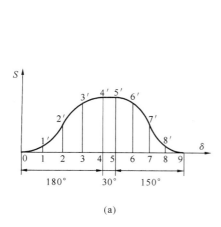

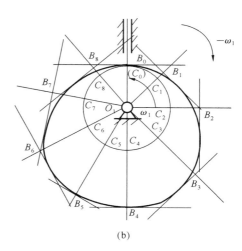

(a)　　　　　　　　　　　　　　　　(b)

图 6.16　平底从动件盘形凸轮机构

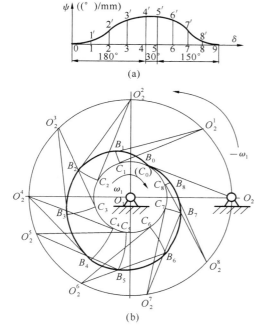

(a)

(b)

图 6.17　摆动从动件盘形凸轮机构

O_2 的长度为 $l_{O_1O_2}$，摆杆长为 l 并具有从动件运动规律。设计满足上述条件的凸轮廓线。

作图步骤如下。

(1) 选定长度比例尺，按给定运动规律画出摆杆运动曲线 $\psi\text{-}\delta$，如图 6.17(a)所示。画出基圆，从动件初始位置 $B_0(C_0)$ 及机架 $l_{O_1O_2}$ 反转后点 O_2 所占据各位置的轨迹圆。

(2) 将运动曲线 $\psi\text{-}\delta$ 的推程运动角、回程运动角分成若干等份，对应地在点 O_2 所占据轨迹圆上也确定若干等分点 $O_2^1, O_2^2, \cdots$。

(3) 以点 $O_2^1, O_2^2, \cdots$ 为圆心，以摆杆长 l 为半径画弧交基圆于点 $C_1, C_2, \cdots$，则 $O_2^1C_1, O_2^2C_2, \cdots$，即摆杆在反转运动中依次占据的初始位置。

(4) 分别以 $O_2^1C_1, O_2^2C_2, \cdots$ 为始边量取摆杆的对应角位移 $\psi_1, \psi_2, \cdots$，得 $O_2^1B_1, O_2^2B_2, \cdots$，则点 $B_1, B_2, \cdots$ 即为所求凸轮廓线上的点，把点 $B_0, B_1, B_2, \cdots$ 连成光滑曲线，即得凸轮廓线(见图 6.17(b))。

若为滚子从动件，则上述所求的凸轮廓线为理论轮廓，以理论轮廓上各点为圆心，以滚子半径为半径，画一系列的滚子圆，这些滚子圆的包络线即为凸轮的实际廓线。

对于平底摆动从动件盘形凸轮廓线也可按上述步骤设计，故不赘述。

3.圆柱凸轮

这里主要介绍滚子直动从动件圆柱凸轮廓线的设计方法。已知滚子从动件的运动规律，滚子半径 r_τ，圆柱体平均半径 R_0。对应凸轮转过角度 δ_0 时，从动件升程为 h，圆柱凸轮的角速度 ω_1 及转向如图 6.18 所示。凸轮回转一周时，从动件往复运动一次。

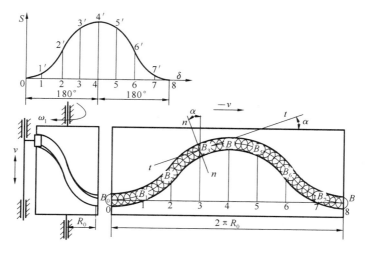

图 6.18 圆柱凸轮展开图

作图步骤如下：将平均半径为 R_0 的圆柱凸轮展开，得到长度为 $2\pi R_0$ 的移动凸轮。按照反转法原理，该从动件做复合运动，滚子中心 B 在以 $-v_1$ 方向移动的同时，又按运动规律依次获得对应水平坐标的位置 s，使得位移图上的 $\overline{11'}$ 等于移动凸轮上的 $\overline{1B_1}$，即 $\overline{11'}=\overline{1B_1}$，$\overline{22'}=\overline{2B_2}$，$\cdots$，得到点 B_1，B_2，$\cdots$，将这些点连成光滑曲线，即得展开面上的理论廓线。再以理论廓线上的各点为圆心，以 r_r 为半径作一系列滚子圆，再作出滚子圆的上下两条包络线，即得到实际廓线的展开图。

6.3.3 解析法

用图解法设计凸轮廓线简单易行，而且直观，但误差较大。随着各种机械不断地向高速、精密、自动化方向发展，以及计算机和各种数控机床在生产上的应用，用解析法设计凸轮廓线在实际中愈来愈受到重视。用解析法设计凸轮廓线，实际上是按给定的运动规律和基本尺寸，将凸轮机构放在直角坐标系下建立凸轮廓线的解析方程。下面介绍在直角坐标系下凸轮廓线解析方程建立的方法。

1.偏置直动滚子从动件盘形凸轮机构

图 6.19 所示为偏置直动滚子从动件盘形凸轮机构，偏距 e、滚子半径 r_r、基圆半径 r_0 和从动件运动规律 $s=s(\delta)$ 均为已知。建立图示坐标系 xO_1y，xO_1y 是与凸轮固定的坐标系，为定坐标系；$x'O_1y'$ 是与从动件固定的坐标系，为动坐标系。在从动件起始处，xO_1y 与 $x'O_1y'$ 坐标系重合。点 B_0 为凸轮理论廓线起始点，即从动件滚子中心起始点。当凸轮转过 δ 角度时，从动件反转后滚子中心位置到达点 B，则点 B 在 $x'O_1y'$ 坐标系中的坐标为 $x'=e$，$y'=s_0+s$，其中 $s_0=\sqrt{r_0^2-e^2}$。

则凸轮理论廓线点 B 的坐标为

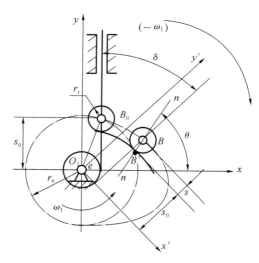

图 6.19 偏置直动滚子从动件盘形凸轮机构

$$\begin{Bmatrix} x \\ y \end{Bmatrix} = \begin{bmatrix} \cos\delta & \sin\delta \\ -\sin\delta & \cos\delta \end{bmatrix} \begin{Bmatrix} x' \\ y' \end{Bmatrix} = \begin{bmatrix} \cos\delta & \sin\delta \\ -\sin\delta & \cos\delta \end{bmatrix} \begin{Bmatrix} e \\ s_0 + s \end{Bmatrix}$$

即

$$\begin{cases} x = (s_0 + s)\sin\delta + e\cos\delta \\ y = (s_0 + s)\cos\delta - e\sin\delta \end{cases} \tag{6.14}$$

为使计算公式统一,引入凸轮转向系数 N 和从动件偏置方向系数 M,并规定:当凸轮转向为逆时针方向时 $N=1$,转向为顺时针方向时 $N=-1$;当从动件导路偏在凸轮轴右侧时 $M=1$,导路偏在凸轮轴左侧时 $M=-1$。则偏置直动滚子从动件盘形凸轮理论廓线方程的通式为

$$\begin{Bmatrix} x \\ y \end{Bmatrix} = \begin{bmatrix} \cos\delta & N\sin\delta \\ -N\sin\delta & \cos\delta \end{bmatrix} \begin{Bmatrix} Mx' \\ y' \end{Bmatrix} = \begin{bmatrix} \cos\delta & N\sin\delta \\ -N\sin\delta & \cos\delta \end{bmatrix} \begin{Bmatrix} Me \\ s_0 + s \end{Bmatrix}$$

即

$$\begin{cases} x = (s_0 + s)N\sin\delta + Me\cos\delta \\ y = (s_0 + s)\cos\delta - MNe\sin\delta \end{cases} \tag{6.15}$$

对于滚子从动件,由于理论廓线与实际廓线在法线方向上的距离处处相等,且等于滚子半径 r_r,故当已知理论廓线上任一点 $B(x,y)$ 时,只要沿理论廓线在该点的法线方向取距离为 r_r(见图 6.19),即可得实际廓线上的相应点 $B'(x',y')$。由高等数学知识可知,理论廓线上点 B 处法线 n-n 的斜率(与切线斜率互为负倒数)应为

$$\tan\theta = \frac{\mathrm{d}x}{-\mathrm{d}y} = \frac{\dfrac{\mathrm{d}x}{\mathrm{d}\delta}}{-\dfrac{\mathrm{d}y}{\mathrm{d}\delta}} \tag{6.16}$$

式中:$\dfrac{\mathrm{d}x}{\mathrm{d}\delta}$、$\dfrac{\mathrm{d}y}{\mathrm{d}\delta}$ 可根据式(6.15)求得

$$\begin{cases} \dfrac{\mathrm{d}x}{\mathrm{d}\delta} = \left(\dfrac{\mathrm{d}s}{\mathrm{d}\delta}N - Me\right)\sin\delta + (s_0 + s)N\cos\delta \\ \dfrac{\mathrm{d}y}{\mathrm{d}\delta} = \left(\dfrac{\mathrm{d}s}{\mathrm{d}\delta} - MNe\right)\cos\delta - (s_0 + s)\sin\delta \end{cases} \tag{6.17}$$

将式(6.17)代入式(6.16)即可求得 θ。在求真实的 θ 角时,应注意 θ 所在的象限,其 θ 角应在 $0°\sim360°$ 之间变化,根据式(6.16)中分子、分母所在象限不同,角 θ 所在象限可用表 6.1 来确定。

表 6.1 θ 的象限确定

Ⅰ 象限	Ⅱ 象限	Ⅲ 象限	Ⅳ 象限
分子>0	分子>0	分子<0	分子<0
分母>0	分母<0	分母<0	分母>0

当求出 θ 角后,实际廓线上对应点 $B'(x',y')$ 的坐标可由下式求出

$$\begin{cases} x' = x \mp r_r\cos\theta \\ y' = y \mp r_r\sin\theta \end{cases} \tag{6.18}$$

式中:"$-$"表示内等距曲线,"$+$"表示外等距曲线。式(6.18)即凸轮的实际廓线方程。

2. 平底直动从动件盘形凸轮机构

平底直动从动件盘形凸轮机构凸轮的实际廓线
是从动件反转后，一系列平底所构成的直线簇的包络
线。图 6.20 所示为一平底与从动件导路垂直的盘形
凸轮机构。基圆半径 r_0 和从动件运动规律 $s=s(\delta)$ 均
为已知。建立图示坐标系 xO_1y，xO_1y 为定坐标系；
$x'O_1y'$ 为动坐标系，y 轴与导路重合。在从动件起始
点处，xO_1y 与 $x'O_1y'$ 坐标系重合。点 B_0 为从动件
与凸轮廓线接触的起始点，当凸轮转过 δ 角度后，从
动件反转，此时平底与凸轮在点 B 相切。则点 B 在
$x'O_1y'$ 坐标系中的坐标为 $x'=\dfrac{\mathrm{d}s}{\mathrm{d}\delta}$，$y'=r_0+s$。当引
入凸轮转向系数 N 时（即凸轮逆时针方向转动时 N
$=1$，顺时针方向转动时 $N=-1$），平底直动从动件盘
形凸轮机构凸轮实际廓线方程的通式为

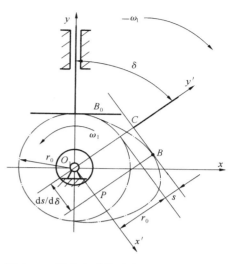

图 6.20 平底直动从动件盘形凸轮机构

$$\begin{Bmatrix}x\\y\end{Bmatrix}=\begin{bmatrix}\cos\delta & N\sin\delta\\-N\sin\delta & \cos\delta\end{bmatrix}\begin{Bmatrix}Nx'\\y'\end{Bmatrix}=\begin{bmatrix}\cos\delta & N\sin\delta\\-N\sin\delta & \cos\delta\end{bmatrix}\begin{Bmatrix}N\dfrac{\mathrm{d}s}{\mathrm{d}\delta}\\r_0+s\end{Bmatrix}$$

即

$$\begin{cases}x=(r_0+s)N\sin\delta+N\dfrac{\mathrm{d}s}{\mathrm{d}\delta}\cos\delta\\[2mm]y=(r_0+s)\cos\delta-N^2\dfrac{\mathrm{d}s}{\mathrm{d}\delta}\sin\delta\end{cases}\tag{6.19}$$

3. 滚子摆动从动件盘形凸轮机构

图 6.21 所示为滚子摆动从动件盘形凸轮机构，基圆半径 r_0、滚子半径 r_r、从动件长度 l、
中心距 a 和从动件运动规律 $\psi=\psi(\delta)$ 均为已知。坐标系的建立方法与上述相同。xO_1y 为定
坐标系，y 轴与机架线重合；$x'O_1y'$ 为动坐标系。在从动件起始点处，xO_1y 与 $x'O_1y'$ 坐标系
重合。点 B_0 为从动件与凸轮廓线接触的起始点，当凸轮转过 δ 角时，从动件相对反转到达
点 B，则点 B 在 $x'O_1y'$ 坐标系中的坐标为

$$x'=l\sin(\psi_0+\psi),\quad y'=a-l\cos(\psi_0+\psi)$$

其中 $\psi_0=\arccos\left(\dfrac{a^2+l^2-r_0}{2al}\right)$，当引入凸轮转向系数 N（即凸轮逆时针方向转动时 $N=1$，顺
时针方向转动时 $N=-1$）和从动件起始位置系数 M（当点 B_0 在 y 轴右侧时 $M=1$，当点 B_0
在 y 轴左侧时 $M=-1$），则滚子摆动从动件盘形凸轮理论廓线方程的通式为

$$\begin{Bmatrix}x\\y\end{Bmatrix}=\begin{bmatrix}\cos\delta & N\sin\delta\\-N\sin\delta & \cos\delta\end{bmatrix}\begin{Bmatrix}Mx'\\y'\end{Bmatrix}$$

即

$$\begin{cases}x=Ny'\sin\delta+Mx'\cos\delta\\y=y'\cos\delta-MNx'\sin\delta\end{cases}\tag{6.20}$$

凸轮的实际廓线与理论廓线方向上是等距曲线，其方程用前述方法可求得。

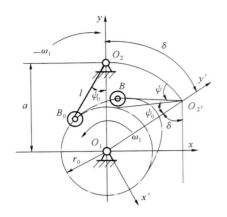
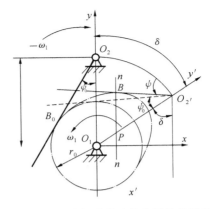

图 6.21　滚子摆动从动件盘形凸轮机构　　　　图 6.22　平底摆动从动件盘形凸轮机构

4.平底摆动从动件盘形凸轮机构

图 6.22 所示为平底摆动从动件盘形凸轮机构,基圆半径 r_0、中心距 a 和从动件运动规律 $\psi=\psi(\delta)$ 均为已知。坐标系的建立方法与上述相同。xO_1y 为定坐标系,y 轴与机架线重合;$x'O_1y'$ 为动坐标系。在从动件起始点处,xO_1y 与 $x'O_1y'$ 坐标系重合。点 B_0 为从动件与凸轮廓线接触的起始点,当凸轮转过 δ 角度后,从动件反转到达点 B,则点 B 在 $x'O_1y'$ 坐标系中的坐标为

$$x'=\overline{O_2B}\cdot\sin(\psi_0+\psi),\quad y'=a-\overline{O_2B}\cdot\cos(\psi_0+\psi)$$

其中:$\overline{O_2B}=\dfrac{a}{1+\dfrac{\mathrm{d}\psi}{\mathrm{d}\delta}}\cos(\psi_0+\psi)$,$\psi_0=\arccos\left(\dfrac{r_0}{a}\right)$。当引入凸轮转向系数 N(即凸轮逆时针方向转动时 $N=1$,顺时针方向转动时 $N=-1$)和从动件起始位置系数 M(当点 B_0 在 y 轴右侧时 $M=1$,当点 B_0 在 y 轴左侧时 $M=-1$)后,则平底摆动从动件盘形凸轮实际廓线方程的通式为

$$\begin{Bmatrix}x\\y\end{Bmatrix}=\begin{bmatrix}\cos\delta&N\sin\delta\\-N\sin\delta&\cos\delta\end{bmatrix}\begin{Bmatrix}Mx'\\y'\end{Bmatrix}$$

即

$$\begin{cases}x=Ny'\sin\delta+Mx'\cos\delta\\y=y'\cos\delta-MNx'\sin\delta\end{cases}\tag{6.21}$$

6.3.4　凸轮廓线加工原理(刀具中心轨迹计算)

当在数控铣床上铣削凸轮,或用线切割机加工凸轮,以及在凸轮磨床上磨削凸轮时,通常需要给出刀具中心的直角坐标值。对于滚子从动件盘形凸轮,通常在加工时,尽可能采用刀具的直径与从动件滚子的直径相同的刀具。这时,刀具中心轨迹与凸轮理论轮廓曲线重合。因此在凸轮工作图上只需要标注理论廓线和实际廓线的坐标值,供加工和检验时使用。若用刀具的直径大于或小于从动件滚子直径的铣刀或砂轮来加工凸轮,或在线切割机上用钼丝(其直径远小于滚子直径)加工凸轮时,刀具中心轨迹不再与凸轮理论廓线重合。所以在凸轮工作图上还应标注刀具中心轨迹的坐标值,以供加工时使用。

1.滚子从动件盘形凸轮机构

由图 6.23 可以看出,刀具中心轨迹是一条与凸轮实际廓线处处相差一个刀具半径 r_C

的等距曲线。因此,若以 $|r_C-r_r|$ 为半径作一系列滚子圆,则当 $r_C>r_r$ 时,如图 6.23(a)所示,刀具中心的轨迹 η_C 相当于以理论廓线 η 上各点为圆心,以 r_C-r_r 为半径所作一系列滚子圆的外包络线;当 $r_C<r_r$ 时,如图 6.23(b)所示,刀具中心的轨迹 η_C 相当于以理论廓线 η 上各点为圆心,以 r_r-r_C 为半径所作一系列滚子圆的内包络线。因此,刀具轨迹中心直角坐标方程与滚子从动件盘形凸轮机构的凸轮实际廓线方程(6.18)类似,只要将 r_C-r_r 代替 r_r 即可,其方程如下。

$$
\left.\begin{aligned}
x_C &= x + (r_C + r_r)\cos\theta \\
y_C &= y + (r_C + r_r)\sin\theta
\end{aligned}\right\}
\tag{6.22}
$$

式(6.22)中的 x、y 分别为凸轮理论廓线的坐标值。

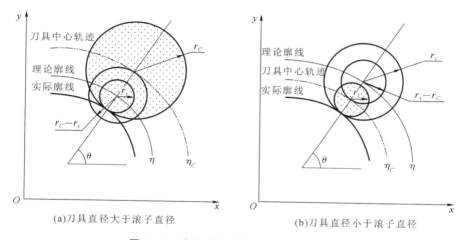

(a)刀具直径大于滚子直径　　　　　　　　　(b)刀具直径小于滚子直径

图 6.23　滚子从动件盘形凸轮的加工

2.平底直动从动件盘形凸轮机构

平底直动从动件盘形凸轮机构的凸轮可以用砂轮的端面磨削,也可以用铣刀、砂轮或钳丝的外圆加工。

1)用砂轮的端面加工凸轮

在图 6.24 中,平底上的点 A 即为刀具中心。由图可知,其直角坐标形式的轨迹方程为

$$
\left.\begin{aligned}
x_A &= (r_0 + s)\sin\delta \\
y_A &= (r_0 + s)\cos\delta
\end{aligned}\right\}
\tag{6.23}
$$

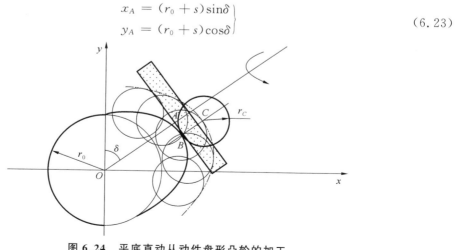

图 6.24　平底直动从动件盘形凸轮的加工

2）用圆形刀具加工凸轮

在图 6.24 中,由于加工过程中的刀具的外圆总是与凸轮的实际轮廓曲线相切,因此,刀具中心的运动轨迹是凸轮实际轮廓曲线的等距曲线,根据图 6.24 和平底直动从动件盘形凸轮机构的凸轮实际廓线的坐标方程,可以得到刀具轨迹中心点 C 的直角坐标方程如下。

$$
\left.
\begin{aligned}
x_C &= x_B + r_C\sin\delta = (r_0 + s)\sin\delta + \frac{\mathrm{d}s}{\mathrm{d}\delta}\cos\delta + r_C\sin\delta \\
y_C &= y_B + r_C\cos\delta = (r_0 + s)\cos\delta - \frac{\mathrm{d}s}{\mathrm{d}\delta}\sin\delta + r_C\cos\delta
\end{aligned}
\right\}
\tag{6.24}
$$

式(6.23)、式(6.24)中的 s、$\dfrac{\mathrm{d}s}{\mathrm{d}\delta}$ 分别为从动件运动规律中的位移和类速度的值。

6.4　凸轮机构基本尺寸的确定

前面在讨论凸轮廓线设计时,凸轮的基圆半径、滚子从动件的滚子半径和平底从动件的平底尺寸都认为是已知的,而实际上这些尺寸,还有凸轮机构的其他一些基本尺寸的确定是要考虑机构的传力性能、结构、运动不失真等多种因素。下面就将这些尺寸的确定问题加以讨论。

6.4.1　凸轮机构的压力角与作用力

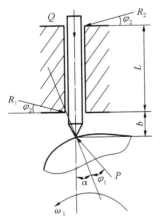

图 6.25　作用力与压力角的关系

图 6.25 所示为凸轮机构在推程某一位置的受力情况。P 为凸轮给从动件的作用力,Q 为从动件所受的载荷和自重,R_1、R_2 分别为导路两侧对从动件的总反力;φ_1、φ_2 为摩擦角,α 为凸轮机构的压力角,即凸轮廓线受力点的法线与从动件速度方向所夹的锐角。对于滚子从动件,滚子中心可视为点 B。

对从动件做受力分析,其平衡条件为

$$
\left.
\begin{aligned}
&\sum \boldsymbol{F}_x = 0, \quad (R_1 - R_2)\cos\varphi_2 - P\sin(\alpha + \varphi_1) = 0 \\
&\sum \boldsymbol{F}_y = 0, \quad P\cos(\alpha + \varphi_1) - Q - (R_1 + R_2)\sin\varphi_2 = 0 \\
&\sum \boldsymbol{M}_B = 0, \quad R_2\cos\varphi_2 \cdot (L + b) - R_1\cos\varphi_2 \cdot b = 0
\end{aligned}
\right\}
\tag{6.25}
$$

将上式联立,消去 R_1 和 R_2,可得

$$
P = \frac{Q}{\cos(\alpha + \varphi_1) - \left(1 + \dfrac{2b}{L}\right)\sin(\alpha + \varphi_1)\tan\varphi_2}
\tag{6.26}
$$

由式(6.26)可知,压力角是影响凸轮机构传力性能好坏的一个重要因素,在其他条件相同的情况下,α 越大,则分母越小,P 力将越大;若 α 增大到一定值时,可使分母为零,则 P 力将趋向无穷大,此时机构将发生自锁。这时的压力角称为临界压力角,用 α_C 表示,其值为

$$
\alpha_C = \arctan\left[\frac{L}{2b + L}\tan\varphi_2\right] - \varphi_1
\tag{6.27}
$$

一般来说,凸轮廓线上不同点处的压力角是不同的,为了保证凸轮机构能正常运转,应

使凸轮廓线上的最大压力角 $\alpha_{max} < \alpha_C$。由式(6.27)可见,适当增加导轨长度 L,减少悬臂尺寸 b,可以使 α_C 的数值提高。

在实际生产中,为提高机构的效率、改善受力情况,通常规定凸轮机构最大压力角 α_{max} 应小于许用压力角 $[\alpha]$,且应远小于 α_C,其三者之间的关系为

$$\alpha_{max} \leqslant [\alpha] < \alpha_C$$

根据实际经验,推程时直动从动件取 $[\alpha] = 30°$;摆动从动件取 $[\alpha] = 35° \sim 45°$。回程时,直动或摆动从动件,一般取 $[\alpha'] = 70° \sim 80°$。

6.4.2 凸轮基圆半径的确定凸轮

1. 尖顶(滚子)直动从动件凸轮

偏置直动从动件盘形凸轮机构推程的一个位置,如图 6.26 所示。过接触点 B 作公法线 $n-n$ 与过 O_1 点的水平线交于点 P,该点 P 即为凸轮与从动件的相对速度瞬心点,且 $\overline{o_1 p} = \dfrac{ds}{d\delta}$,由此可得压力角与基圆半径的公式如下:

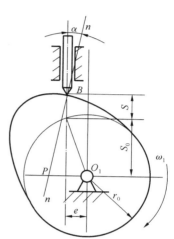

$$\tan\alpha = \frac{ds/d\delta \mp e}{s + s_0} = \frac{ds/d\delta \mp e}{s + \sqrt{r_0^2 - e^2}} \qquad (6.28)$$

式中偏距 e 前的正负号确定如下:

当瞬心点 P 与从动件的导路在凸轮转轴同侧时取"$-$";
当瞬心点 P 与从动件的导路在凸轮转轴异侧时取"$+$"。

图 6.26 尖顶(滚子)直动从动件 凸轮基圆半径的确定

在式(6.28)中,当偏距 e 和从动件运动规律确定后,r_0 与 α 成反比。r_0 越大,α 越小,机构传力性能好,但机构尺寸大;r_0 越小,α 越大,机构尺寸紧凑,但机构传力性能差。如果限定推程压力角 $\alpha \leqslant [\alpha]$,则可用式(6.28)求得凸轮基圆半径,即

$$r_0 \geqslant \sqrt{\left(\frac{ds/d\delta \mp e}{\tan[\alpha]} - s\right)^2 + e^2} \qquad (6.29)$$

由于机构出现 α_{max} 的位置不易确定,因此很难利用式(6.29)直接计算 α_{max} 和 r_0,在利用计算机辅助设计时,通常采用试算和校核的方法。首先按结构要求初选 r_0,然后按给定运动规律求出各位置的 s 和 $\dfrac{ds}{d\delta}$,通过式(6.29)求出各位置的压力角。若 $\alpha_{max} > [\alpha]$,则增大 r_0 重新设计,直到 $\alpha_{max} \leqslant [\alpha]$ 为止。

2. 平底直动从动件凸轮

对于平底直动从动件(平底与导路垂直)盘形凸轮基圆半径的确定,由于该机构 α 为常数,因此不能按 $[\alpha]$ 来确定基圆半径。这时应按凸轮轮廓全部外凸的条件来确定 r_0,如图 6.20 所示。根据高等数学知识,若要让凸轮廓线全部外凸,就应使凸轮廓线上各点的曲率半径都大于零。

根据运动分析及公式推导,平底直动从动件盘形凸轮廓线的曲率半径为

$$\rho = r_0 + s + \frac{d^2 s}{d\delta^2} > 0 \qquad (6.30)$$

当凸轮廓线的曲率半径太小时,容易磨损,故通常设计时规定一最小曲率半径 ρ_{min},使凸轮廓线各点都满足 $\rho \geqslant \rho_{min}$,因此式(6.30)可表示为

$$\rho = r_0 + s + \frac{\mathrm{d}^2 s}{\mathrm{d}\delta^2} \geqslant \rho_{\min} \tag{6.31}$$

当运动规律选定后,每个位置的 s 和 $\frac{\mathrm{d}^2 s}{\mathrm{d}\delta^2}$ 均为已知,总可以求出 $\left(s + \frac{\mathrm{d}^2 s}{\mathrm{d}\delta^2}\right)_{\min}$,这时基圆半径为

$$r_0 \geqslant \rho_{\min} - \left(s + \frac{\mathrm{d}^2 s}{\mathrm{d}\delta^2}\right)_{\min} \tag{6.32}$$

3. 尖顶(滚子)摆动从动件凸轮

图 6.27 所示为尖顶(滚子)摆动从动件盘形凸轮机构推程的一个位置,过接触点作公法线 $n-n$ 交连心线于点 P,该点就是凸轮与从动件的相对速度瞬心,且

$$\left|\frac{\mathrm{d}\psi}{\mathrm{d}\delta}\right| = \left|\frac{\omega_2}{\omega_1}\right| = \frac{\overline{O_1 P}}{\overline{O_2 P}} = \frac{a - \overline{O_2 P}}{\overline{O_2 P}} \tag{6.33}$$

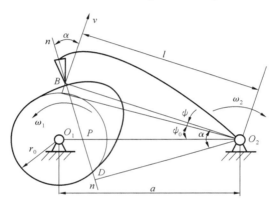

图 6.27   尖顶(滚子)摆动从动件凸轮基圆半径的确定

由 $\triangle O_2 BD$ 有

$$l\cos\alpha = \overline{O_2 P}\cos(\alpha - \psi_0 - \psi) \tag{6.34}$$

由式(6.33)、式(6.34)得

$$\frac{l}{a}\left(1 + \left|\frac{\mathrm{d}\psi}{\mathrm{d}\delta}\right|\right) = \cos(\psi_0 + \psi) + \tan\alpha\sin(\psi_0 + \psi) \tag{6.35}$$

根据式(6.35)计算任意位置压力角的公式为

$$\tan\alpha = \frac{l\left|\dfrac{\mathrm{d}\psi}{\mathrm{d}\delta}\right| \mp [a\cos(\psi_0 + \psi) - l]}{a\sin(\psi_0 + \psi)} \tag{6.36}$$

其中当 ω_1 与 ω_2 异向转动时,式(6.36)中方括号前取"一"号;反之取"＋"号。ψ_0 为从动件的初始角,由下式计算

$$\psi_0 = \arccos\left(\frac{a^2 + l^2 - r_0^2}{2al}\right) \tag{6.37}$$

当从动件长度 l 和运动规律给定后,压力角 α 的大小取决于基圆半径 r_0 和中心距 a。设计时可以根据结构初选 r_0 和 a,然后将各位置的 ψ 和 $\frac{\mathrm{d}\psi}{\mathrm{d}\delta}$ 值及已知参数代入式(6.36),求得一系列压力角。若 $\alpha_{\max} > [\alpha]$,则增大 r_0 或改变 a 的数值重新设计,直到 $\alpha_{\max} \leqslant [\alpha]$ 为止。

4. 圆柱凸轮

直动从动件圆柱凸轮的平均圆柱半径 R_0 也可根据许用压力角 $[\alpha]$ 来确定。图 6.18 所

示为滚子直动从动件圆柱凸轮展开图。这种凸轮的压力角 α 等于理论廓线切线 $t—t$ 的倾角,即

$$\tan\alpha = \frac{\mathrm{d}y}{\mathrm{d}x} = \frac{\dfrac{\mathrm{d}s}{\mathrm{d}\delta}}{R_0}$$

最大压力角为

$$\tan\alpha_{\max} = \left| \frac{\mathrm{d}s}{\mathrm{d}\delta} \right|_{\max} \cdot \frac{1}{R_0}$$

若给定许用压力角,并要求 $\alpha_{\max} \leqslant [\alpha]$,则圆柱凸轮平均半径为

$$R_0 \geqslant \frac{1}{\tan[\alpha]} \left| \frac{\mathrm{d}s}{\mathrm{d}\delta} \right|_{\max} \tag{6.38}$$

显然,圆柱凸轮平均半径 R_0 越小,则机构压力角 α 越大,所以圆柱凸轮平均半径 R_0 与盘形凸轮的基圆半径 r_0 具有相似的特点。

上述各种凸轮基圆半径的确定几乎都与压力角有关,一般在满足 $\alpha_{\max} \leqslant [\alpha]$ 的条件下确定的 r_0 都比较小,因此在实际设计中,还要考虑凸轮的结构和强度的需要选定凸轮的基圆半径。由于凸轮安装在轴上,必须有足够大的轮毂,而且凸轮实际轮廓的最小向径必须大于轮毂。故通常可取凸轮实际廓线的最小直径等于或大于(1.6～2)倍的轴径。根据结构选定基圆半径后,还应按公式校核压力角,使得 $\alpha_{\max} \leqslant [\alpha]$。

6.4.3　滚子半径与平底尺寸的确定

1.滚子半径的确定

滚子半径的选择应考虑机构的结构、强度和运动不失真等多种因素。下面主要分析凸轮廓线与滚子半径的关系。如图 6.28 所示,图 6.28(a)为内凹凸轮的轮廓曲线,a 为实际廓线,b 为理论廓线。实际廓线曲率半径 ρ_a 等于理论廓线曲率半径 ρ 与滚子半径 r_r 之和,即

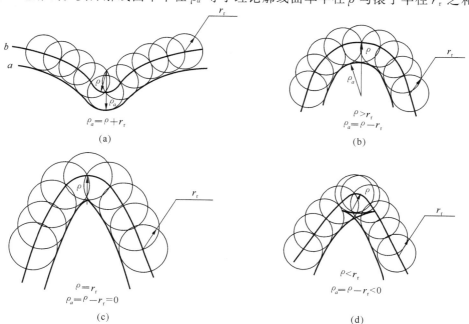

图 6.28　滚子半径的确定

$$\rho_a = \rho + r_r \qquad (6.39)$$

这样不论滚子半径大小如何,凸轮的实际廓线总是存在的;图 6.28(b)所示为外凸凸轮廓线,其实际廓线曲率半径等于理论廓线曲率半径与滚子半径之差,即

$$\rho_a = \rho - r_r \qquad (6.40)$$

当 $\rho > r_r$ 时,ρ_a 存在,可以实现运动规律的要求;当 $\rho = r_r$ 时,则实际廓线曲率半径为零,实际廓线将出现尖点,如图 6.28(c)所示,这种凸轮磨损严重;当 $\rho < r_r$ 时,则实际廓线曲率半径 ρ_a 为负值,实际廓线出现交叉,如图 6.28(d)所示,这时从动件将不能实现预期的运动规律,这种现象称为运动失真。因此,对于外凸的凸轮,应使滚子半径 r_r 小于理论廓线的最小曲率半径 ρ_{min}。另外,考虑强度结构等多方面因素,滚子半径也不能太小,一般滚子半径的取值为:$r_r \leqslant 0.8\rho_{min}$ 或 $r_r = (0.1\sim0.15)r_0$。

2. 平底尺寸的确定

对于平底垂直于导路的平底从动件尺寸的确定,应满足运动规律的要求,在运动中应使凸轮廓线的每个点都能与平底接触,且保证运动不失真。这就要求凸轮廓线在平底接触时左右两侧距导路最远位置处都能接触。由图 6.29 可见,平底与凸轮廓线相切点到转轴之间的距离为类速度 $\dfrac{ds}{d\delta}$。所以根据推程和回程时的类速度最大值分别进行计算,平底长度尺寸的计算公式为

$$L = 2\left|\frac{ds}{d\delta}\right|_{max} + (5\sim7)\text{mm} \qquad (6.41)$$

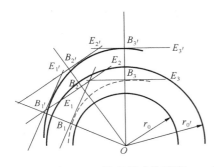

图 6.29　平底尺寸的确定

对于平底从动件凸轮机构,有时也会产生运动失真现象,如图 6.29 所示,由于平底在 B_1E_1 和 B_3E_3 位置时,相交于 B_2E_2 之内,因而使凸轮的实际廓线不能与平底所有位置相切,因此在这些位置上,从动件将不能按预期的运动规律运动,即出现运动失真现象。为了解决这个问题,可适当增大凸轮的基圆半径,图中将基圆半径由 r_0 增大到 r_0',即避免了失真现象。

【例 6.1】 偏置直动尖顶推杆盘形凸轮机构如图 6.30(a)所示,已知凸轮为一偏心圆盘,圆盘半径 $R=45$ mm,几何中心为 A,回转中心为 O,推杆偏距 $OD=e=15$ mm,$OA=15$ mm,凸轮以等角速度 ω 逆时针方向转动。当凸轮在图 6.30(b)所示位置,即 $AD \perp CD$ 时,试求:

(1) 凸轮的基圆半径 r_0;

(2) 图示位置的凸轮机构压力角 α;

(3) 图示位置的凸轮转角 φ;

(4) 图示位置的推杆位移 s;

(5) 该凸轮机构中的推杆偏置方向是否合理,为什么?

【解】 根据已知条件,以 O 为圆心,以 O 点与 OA 连线和凸轮廓线的交点 E 间的距离为半径作圆得凸轮机构的基圆,如图 6.30(b)所示,由图可知:

(1) $r_0 = R - OA = (45-15)$ mm $= 30$ mm

(2) $\alpha = \arcsin(AD/AB) = \arcsin[(OD+(AE-EO))/AB]$

$\qquad = \arcsin[(e+(R-r_0))/AB] = \arcsin(30/45) \approx 41.81°$

(3) $\varphi = \arccos(DO/OF) = \arcsin(15/30) = 30°$

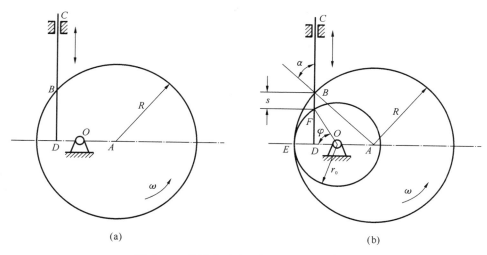

(a)　　　　　　　　　　　　　　　　　　(b)

图 6.30　偏置直动尖顶推杆盘形凸轮机构

（4）$s = BD - FD = \sqrt{R^2 - (OA + OD)^2} - \sqrt{r_0^2 - OD^2}$

$\qquad = \sqrt{45^2 - (15 + 15)^2} - \sqrt{30^2 - 15^2} = 7.56 \text{ mm}$

（5）不合理，因为如此偏置时，机构的压力角 $\alpha = \dfrac{AO + e}{AB}$，$e$ 越大，α 就越大，传动效率会降低。推杆偏置到凸轮轴心右侧时较为合理。

知　识　拓　展

凸轮机构的历史沿革

　　凸轮机构在现代社会被广泛地应用于轻工、纺织、食品等行业。但是，你知道吗？历史上的第一个凸轮是中国人发明的。在公元十世纪的北宋时期，凸轮被发明并应用于借水力提升的重型链中，并且在我国古代的其他行业也有重要应用。如在陶瓷制作过程中，凸轮被广泛用于泥坯的制作和修整。陶工们会利用凸轮的转动，使其与泥坯接触，从而塑造出各种形状的陶器；古代的织布机也采用了凸轮原理，凸轮的转动使得织布机上的梭子能够按照一定的规律来回移动从而实现织布的过程；古代农民利用凸轮原理进行植物的管理，通过凸轮的转动，可以使收割机的刀具在特定的时间和位置进行割禾作业，从而提高收割效率；古代的铜铸工艺中也广泛使用凸轮原理，通过凸轮的转动，铜液能够被顺利注入模具中，达到铸造零件的目的。

　　随着时代的发展，诸多专家学者对凸轮机构进行研究。20 世纪 30 年代，F. D. Furman 就写了一本专门介绍凸轮设计的著作，当时的研究工作主要集中在低速凸轮上，且主要分析其运动规律。20 世纪 40 年代，有学者对凸轮的振动进行研究，并从经验设计发展到有理论根据的运动学和动力学分析。20 世纪 40 年代末，J. A. Hrones 注意到从动件的刚度对凸轮运动动力学的影响。20 世纪 50 年代，又有不少学者运用各种仪器对高速凸轮的动力学进行研究，如使用高速摄影机、加速度分析仪等设备，Tear 对多项式运动规律进行了详细的研究,T. Weber 等人又提出了傅氏运动规律。现在,凸轮机构的使用仍然普遍,而对凸轮机构的研究已经逐步向数字化、精准化方向迈进,许多建模及仿真分析软件可以对凸轮的形状进行设计计算,保证凸轮机构在设备中发挥应有的作用。

汽车发动机上凸轮机构的应用——凸轮轴

凸轮轴是活塞发动机里的一个重要部件,如图 6.31 所示。它的作用是控制气门的开启和闭合。一般发动机的凸轮轴安装形式有下置、中置和顶置三种。顶置凸轮轴是将凸轮轴放置在汽缸盖内,燃烧室之上,直接驱动摇臂、气门,不必通过较长的推杆来驱动。与气门数相同的推杆式发动机(即顶置气门结构)相比,顶置凸轮轴结构中需要往复运动的部件要少得多,因此大大简化了配气结构(见图 6.32),显著减轻了发动机重量,同时也提高了传动效率、降低了工作噪声。尽管顶置凸轮轴使发动机的结构更加复杂,但是它带来更出色的引擎综合表现(特别是平顺性的显著提高),以及更紧凑的发动机结构。

图 6.31　凸轮轴　　　　　　图 6.32　内燃机配气机构

习　　　题

6.1　在直动从动件盘形凸轮机构中,已知升程 $h = 50$ mm,其所对应的凸轮推程运动角为 $\delta_0 = \dfrac{\pi}{2}$。试计算:(1)当凸轮转速为 $n = 30$ r/min 时,等速、等加速等减速、余弦加速度和正弦加速度四种运动规律的 v_{max} 和 a_{max} 值;(2)当转速增加到 $n = 300$ r/min 时,v_{max} 和 a_{max} 分别增加几倍?

6.2　题 6.2 图所示为滚子从动件盘形凸轮机构,凸轮为一偏心圆盘。试用图解法作出:(1)凸轮的理论廓线;(2)凸轮的基圆;(3)图示位置的压力角 α;(4)从动件在图示位置的位移 s 及凸轮的转角 δ;(5)从动件的升程 h 及凸轮的推程运动角 δ_0。

6.3　题 6.3 图所示为滚子摆动从动件盘形凸轮机构,凸轮为一偏心圆盘。试用图解法作出:(1)凸轮的基圆;(2)图示位置的压力角 α;(3)从动件在图示位置的角位移 ψ 及凸轮的转角 δ;(4)从动件的最大摆角 ψ_{max} 和凸轮的推程运动角 δ_0。

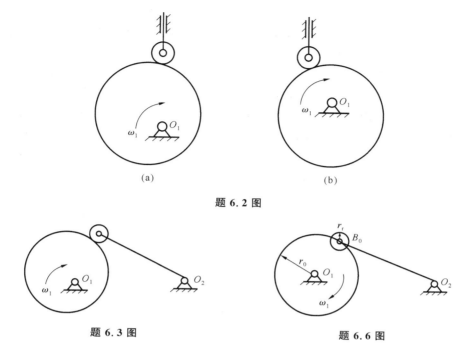

题 6.2 图

题 6.3 图　　　　　　　　　　　　　　　　　　题 6.6 图

6.4　试用图解法设计一偏置滚子直动从动件盘形凸轮机构的凸轮廓线。已知凸轮以等角速度顺时针方向回转,导路偏在转轴左侧,偏距 $e=10$ mm,基圆半径 $r_0=30$ mm,滚子半径 $r_r=10$ mm。从动件运动规律为:凸轮转角 $\delta=0°\sim150°$时,从动件等速上升16 mm;$\delta=150°\sim180°$时,从动件远休;$\delta=180°\sim300°$时,从动件等加速等减速下降 16 mm,$\delta=300°\sim360°$时,从动件近休。

6.5　试用图解法设计一个平底直动从动件盘形凸轮机构凸轮的轮廓曲线。设已知凸轮基圆半径 $r_0=30$ mm,从动件平底与导路的中心线垂直,凸轮顺时针方向等速转动。当凸轮转过 120°时,从动件以余弦加速度运动上升 20 mm,再转过 150°时,从动件又以余弦加速度运动回到原位,凸轮转过其余 90°时,从动件静止不动。

6.6　有一滚子摆动从动件盘形凸轮机构如题 6.6 图所示。已知 $l_{O_2B_0}=50$ mm,$r_0=25$ mm,$l_{O_1O_2}=60$ mm,$r_r=8$ mm。凸轮顺时针方向等速转动,要求当凸轮转过 180°时,从动件以余弦加速度运动向上摆动25°,转过一周中的其余角度时,从动件以正弦加速度运动摆回到原位置。用图解法设计凸轮的工作廓线。

6.7　试用解析法求对心滚子直动从动件盘形凸轮机构的理论廓线与实际廓线的坐标值,计算间隔取为15°,并核算各位置处凸轮机构的压力角。已知其基圆半径 $r_0=10$ mm,凸轮顺时针方向等速转动,当转过 120°时,从动件以正弦加速度运动上升 30 mm,再转过 90°时,从动件又以余弦加速度运动规律回到原位,凸轮转过一周的其余角度时,从动件静止不动。

6.8　试求一对心平底从动件盘形凸轮机构凸轮廓线的坐标值。已知从动件的平底与导路垂直,凸轮的基圆半径 $r_0=45$ mm,凸轮沿逆时针方向等速转动。当凸轮转过 120°时,从动件以等加速等减速运动上升 15 mm,再转过 90°时,从动件以正弦加速度运动规律回到原位置,凸轮转过一周的其余角度时,从动件静止不动。

6.9　用解析法计算题 6.6 图中凸轮理论廓线和实际廓线的坐标值,计算间隔取为10°。

6.10　已知一偏置尖顶直动从动件凸轮机构，升程 $h=30$ mm，$\delta_0=180°$，$r_0=40$ mm，凸轮顺时针转动，导路偏在凸轮轴心左侧，偏距 $e=5$ mm，从动件的运动规律为等加速等减速运动。计算 $\delta=0°,90°,180°$时，凸轮机构的压力角。

6.11　已知一尖顶移动从动件盘形凸轮机构的凸轮以等角速度 ω_1 沿顺时针方向转动，从动件的升程 $h=50$ mm，升程段的运动规律为余弦加速度，推程运动角为 $\delta_0=90°$，从动件的导路与凸轮转轴之间的偏距 $e=10$ mm，凸轮机构的许用压力角$[\alpha]=30°$。求：(1) 当从动件的升程为工作行程时，从动件正确的偏置方位；(2) 按许用压力角计算出凸轮的最小基圆半径 r_0（计算间隔取 $15°$）。

第 7 章　齿轮机构及其设计

7.1　齿轮机构的应用和分类

齿轮机构是在各种机械中应用最广泛的一种传动机构。它通过一对对齿廓曲面的啮合来传递空间任意两轴间的运动和力,并具有结构简单、传动效率高、寿命长、传动比准确、传递功率与适用的速度范围大、工作安全可靠等优点,但其制造安装成本较高。低精度齿轮传动中的从动轮角速度变化大,故振动噪声大。

齿轮机构的类型很多,根据一对齿轮在啮合过程中的传动比是否恒定,可将齿轮机构分为两大类。

（1）定传动比（$i_{12} = \omega_1/\omega_2 =$ 常数）传动的齿轮机构。这种齿轮机构中的齿轮都是圆形的,故又称为圆形齿轮机构。

（2）变传动比（即 i_{12} 按一定规律变化）传动的齿轮机构。这种齿轮机构中的齿轮一般是非圆形的,故又称非圆形齿轮机构。如图 7.1 所示为椭圆形齿轮机构。

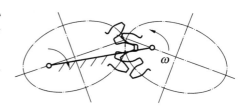

图 7.1　椭圆形齿轮机构

在各种机械中应用最多的是圆形齿轮机构,本章只研究圆形齿轮机构。

圆形齿轮机构按其两齿轮啮合传动时的相对运动,可分为平面齿轮机构和空间齿轮机构两大类。

7.1.1　平面齿轮机构

两轮的相对运动为平面运动,用于传递两平行轴间运动和动力的齿轮机构称为平面齿轮机构。按照轮齿相对轴线的方向不同,平面齿轮机构可分为直齿圆柱齿轮机构、斜齿圆柱齿轮机构和人字形圆柱齿轮机构。

1.直齿圆柱齿轮机构

图 7.2 为直齿圆柱齿轮机构,各轮齿齿向与齿轮的轴线平行。图(a)为外啮合直齿圆柱齿轮机构;图(b)为内啮合直齿圆柱齿轮机构;图(c)为齿轮齿条机构,其中齿条可看成直径为无穷大的齿轮的一部分,齿轮做回转运动,而齿条做直线移动运动。

2.斜齿圆柱齿轮机构

图 7.3 为斜齿圆柱齿轮机构,轮齿方向与其轴线方向有一倾斜角,此角称为斜齿圆柱齿轮的螺旋角。

(a) 外啮合直齿圆柱齿轮　　　(b) 内啮合直齿圆柱齿轮　　　(c) 齿轮齿条　　　图 7.2 动画

图 7.2　直齿圆柱齿轮机构

3. 人字形圆柱齿轮机构

图 7.4 为人字形圆柱齿轮机构。人字形圆柱齿轮的齿形如人字,可看成由两个螺旋方向相反的斜齿轮构成。

图 7.3 动画　　图 7.3　斜齿圆柱齿轮机构　　　　图 7.4　人字形圆柱齿轮机构

7.1.2　空间齿轮机构

两轮的相对运动为空间运动,用于传递相交轴或交错轴间运动和动力的齿轮机构称为空间齿轮机构。它可分为圆锥齿轮机构、交错轴斜齿轮机构、蜗杆传动机构。

1. 圆锥齿轮机构

圆锥齿轮的轮齿分布在圆锥体的表面上,两齿轮的轴线相交。图 7.5(a)为直齿圆锥齿轮,图 7.5(b)为斜齿圆锥齿轮,图 7.5(c)为曲齿圆锥齿轮。直齿圆锥齿轮制造较为简单,应用广泛;斜齿圆锥齿轮的轮齿倾斜于圆锥母线,制造困难,应用较少;曲齿圆锥齿轮的轮齿为曲线形,曲齿圆锥齿轮传动平稳,适用于高速、重载传动中,但制造成本较高。

(a) 直齿圆锥齿轮　　　　(b)斜齿圆锥齿轮　　　　(c) 曲齿圆锥齿轮

图 7.5　圆锥齿轮机构　　　　　　图 7.5 动画

2. 交错轴斜齿轮机构

图 7.6 为交错轴斜齿圆柱齿轮机构,其中的每一个齿轮都是斜齿圆柱齿轮,用于传递两交错轴间的运动。

3. 蜗杆传动机构

蜗杆传动通常用于两垂直交错轴之间的传动,如图 7.7 所示。蜗杆传动可获得大传动比,应用广泛。

图 7.6　交错轴斜齿轮机构　　　　　　图 7.7　蜗杆传动机构　　　　图 7.7 动画

在众多类型的齿轮机构中,直齿圆柱齿轮是最简单、应用最广泛的一种,也是本课程重点学习的内容。

7.2　齿廓啮合基本定律

一对齿轮传动是靠主动轮的齿廓依次推动从动轮的齿廓来实现的。如图 7.8 所示为一对互相啮合的齿轮,齿轮 1 以角速度 ω_1 绕轴 O_1 转动,齿轮 2 以角速度 ω_2 绕轴 O_2 转动,两齿轮的齿廓在点 K 接触。过点 K 作两齿廓的公法线 $n-n$,为保证两齿轮正常连续传动,该对齿廓沿接触点公法线方向不能有相对运动,否则,必然导致两齿廓相互分离或互相嵌入,引起传动中断或齿廓干涉,而不能达到正常传动的目的。

由三心定理,公法线 $n-n$ 与两齿轮连心线的交点 P 为两齿轮相对速度瞬心,即两齿轮在点 P 的线速度相等,故两轮的传动比为

$$i_{12} = \frac{\omega_1}{\omega_2} = \frac{O_2 P}{O_1 P} \qquad (7.1)$$

上式表明:任意齿廓的一对齿轮啮合时,其瞬时传动比等于齿廓接触点公法线将其中心距离分成的两线段长度的反比。这就是齿廓啮合基本定律。由以上分析可知,齿廓啮合基本定律实质上反映了齿廓曲线形状与两轮传动比的关系。

上述过两齿廓接触点所作的齿廓公法线 $n-n$ 与两轮连心线 O_1O_2 的交点 P 称为节点。

由式(7.1)可知,对于定传动比的圆形齿轮机构,由于两齿轮在传动过程中,轮心 O_1、O_2 均为定点,则 $O_1 P$ 与 $O_2 P$

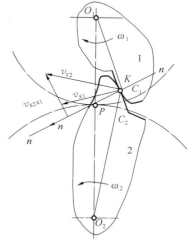

图 7.8　一对互相啮合的齿轮

必为定长,故点 P 必为一定点。由此得出结论:两齿廓无论在哪一点接触,过接触点所作两齿廓公法线与两轮连心线交点必为一定点。定点 P 在两轮动平面上的轨迹为两个圆,此两圆称为节圆。两节圆切于点 P,点 P 又是两轮的瞬心点,故两齿轮的啮合传动可视为两轮的节圆在做纯滚动。

对于变传动比齿轮机构,由于节点 P 不再是一个固定点,而是按相应的运动规律在连心

线上移动,故点 P 在两轮动平面上的轨迹不是两个圆,而是两条封闭的曲线,也称节线,如椭圆齿轮机构中的两个椭圆。

由上述分析知,齿轮机构的传动比取决于齿廓曲线的形状。凡符合齿廓啮合基本定律的一对相互啮合的齿廓称为共轭齿廓。按照共轭齿廓原理,组成共轭齿廓的两条曲线互为包络线。从理论上讲可以作为齿廓的共轭曲线有无穷多,但在工程实际中,选择齿廓曲线时还必须从设计、制造、安装和使用等方面综合考虑。对于定传动比的齿轮机构,常用的齿廓曲线有渐开线、圆弧曲线和摆线。

7.3 渐开线齿廓及其啮合特性

7.3.1 渐开线的形成及其特性

1. 渐开线的形成

如图 7.9 所示,当一直线 BK 沿一圆周做纯滚动时,直线上任意点 K 的轨迹 AK 即为该圆的渐开线。这个圆称为渐开线的基圆,其半径用 r_b 表示,直线 BK 称为发生线。渐开线上任意点 K 的向径 OK 与渐开线起始点 A 的向径 OA 的夹角叫渐开线 AK 段的展角,用 θ_k 来表示。

2. 渐开线的特性

根据渐开线形成的过程可知,渐开线具有下列特性:

(1) 发生线沿基圆滚过的长度等于基圆上被滚过的弧长,即 $\overset{\frown}{AB} = BK$。

(2) 根据渐开线形成的过程,发生线是渐开线在点 K 的法线又是基圆的切线,故渐开线上任一点的法线必与基圆相切。

(3) 发生线与基圆的切点 B 也是渐开线在点 K 的曲率中心,线段 BK 是渐开线上点 K 的曲率半径。由图可见,渐开线离基圆越近,其曲率半径越小,则渐开线越弯曲。在基圆上的点,其曲率半径为零。

(4) 渐开线的形状取决于基圆的大小,基圆愈大,渐开线的曲率半径愈大,如图 7.10 所示。当基圆半径趋于无穷大时,其渐开线将变为一条直线,如齿条的齿廓曲线为直线。

(5) 基圆以内无渐开线。

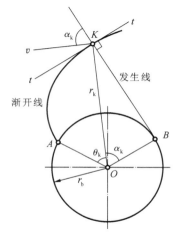

图 7.9 渐开线的形成

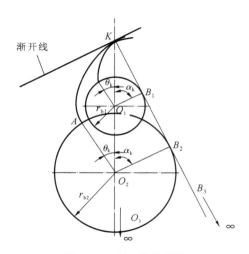

图 7.10 渐开线的特性

7.3.2　渐开线方程及渐开线函数

建立渐开线极坐标方程。如图 7.9 所示在以 O 为原点,以 OA 为极轴的坐标系中,设 OK 的长度为 r_k,则渐开线上任一点 K 的位置可用 r_k 和 θ_k 来确定。当以渐开线作为齿轮的齿廓并且与其共轭齿廓在点 K 啮合时,此齿廓在点 K 所受正压力的方向(即法线方向)与齿廓绕点 O 转动时点 K 的速度方向线($\perp OK$ 方向)之间所夹的锐角,称为渐开线在点 K 的压力角,以 α_k 表示。则有 $\alpha_k = \angle BOK$。

在 $\triangle OBK$ 中

$$r_k = \frac{r_b}{\cos\alpha_k} \qquad\qquad (7.2)$$

因为

$$\tan\alpha_k = \frac{BK}{r_b} = \frac{\overset{\frown}{AB}}{r_b} = \frac{r_b(\alpha_k + \theta_k)}{r_b} = \alpha_k + \theta_k$$

故

$$\theta_k = \tan\alpha_k - \alpha_k \qquad\qquad (7.3)$$

由式(7.3)可知,展角 θ_k 是压力角 α_k 的函数,故称其为渐开线函数。工程上常用 $\mathrm{inv}\alpha_k$ 来表示,即

$$\mathrm{inv}\alpha_k = \theta_k = \tan\alpha_k - \alpha_k \qquad\qquad (7.4)$$

综上所述,可得渐开线的极坐标方程为

$$\begin{cases} r_k = \dfrac{r_b}{\cos\alpha_k} \\ \theta_k = \mathrm{inv}\alpha_k = \tan\alpha_k - \alpha_k \end{cases} \qquad\qquad (7.5)$$

7.3.3　渐开线齿廓的啮合特性

一对渐开线齿廓齿轮进行啮合传动时,具有如下特点。

1. 瞬时传动比恒定不变

图 7.11 为一对渐开线齿廓啮合示意图。过啮合点 K 作两齿廓的公法线,必与两齿轮的基圆相切且为其内公切线,N_1、N_2 为切点。同一个方向上的内公切线只有一条,因此它与连心线的交点只有一个,即节点 P 为定点,两轮的传动比 i_{12} 为常数,即

$$i_{12} = \frac{\omega_1}{\omega_2} = \frac{O_2 P}{O_1 P} = \frac{r_2'}{r_1'} = \frac{r_{b2}}{r_{b1}} = 常数 \qquad (7.6)$$

由式(7.6)可知,两渐开线齿廓啮合的传动比与节圆半径成反比,同时也与基圆半径成反比。

2. 渐开线齿廓传动中心距具有可分性

一对渐开线齿廓齿轮啮合,其传动比 i_{12} 恒等于两轮基圆半径之比的倒数。齿轮加工完后,其基圆半径就已确定,如两轮的实际安装中心距 a' 发生变化,则其传动比保持不

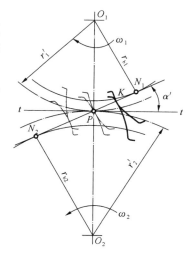

图 7.11　渐开线齿廓的啮合

变。这种中心距改变而传动比不变的性质称为渐开线齿轮传动中心距的可分性。

3.渐开线齿廓间的正压力方向不变

如图 7.11 所示,由于前述渐开线齿廓的公法线都是两轮基圆的同一条内公切线 N_1N_2,因而说明两齿廓的啮合点均在 N_1N_2 线上,故 N_1N_2 线即为渐开线齿廓的啮合线。又因啮合点的公法线也就是齿廓间正压力作用的方向线,进而说明渐开线齿廓间的正压力方向始终保持不变,这是渐开线齿廓的重要特性之一,对于齿轮传动的平稳性十分有利。

7.4　渐开线标准直齿圆柱齿轮的基本参数和几何尺寸

为了更好地研究渐开线齿轮的传动和设计,本节介绍单个渐开线标准直齿圆柱齿轮各部分的名称、符号及标准直齿圆柱齿轮的尺寸计算。

7.4.1　齿轮各部分名称及符号

图 7.12 为标准直齿圆柱外齿轮的一部分,现以外齿轮为例对齿轮各部分名称和符号介绍如下。

齿顶圆:过齿轮各轮齿顶端的圆。直径用 d_a 表示,半径用 r_a 表示。

齿根圆:过齿轮各齿槽根部的圆。直径用 d_f 表示,半径用 r_f 表示。

齿厚:任意圆周上一个轮齿的两侧齿廓间的弧长。用 s_k 表示。

齿槽宽:相邻两齿间的空间称为齿槽或齿间。齿槽宽为任意圆周上齿槽两侧齿廓间的弧长。用 e_k 表示。

齿距:相邻两齿同侧齿廓间的弧长。用 p_k 表示。显然有

$$p_k = s_k + e_k \tag{7.7}$$

分度圆:为了便于计算齿轮各部分尺寸,在齿顶圆和齿根圆之间选择一个圆作为设计计算的基准,该圆称为分度圆。其直径、半径、齿厚、齿槽宽、齿距分别用 d、r、s、e、p 表示,且 $p=s+e$。

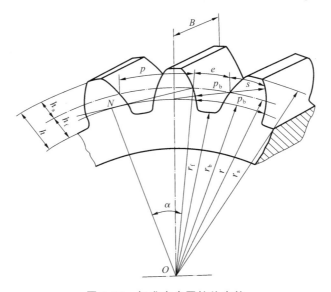

图 7.12　标准直齿圆柱外齿轮

齿顶高:轮齿上齿顶圆和分度圆之间的部分称为齿顶,其径向高度称为齿顶高,用 h_a

表示。

　　齿根高:轮齿上齿根圆和分度圆之间的部分称为齿根,其径向高度称为齿根高,用 h_f 表示。

　　齿全高:齿顶圆和齿根圆之间的径向高度称为齿全高,用 h 表示。显然有

$$h = h_a + h_f \tag{7.8}$$

7.4.2　渐开线齿轮的基本参数

　　(1) 齿数　齿轮整个圆周上轮齿的总数。用 z 表示。

　　(2) 模数　齿轮分度圆周长为 $\pi \cdot d = p \cdot z$,则分度圆直径为

$$d = \frac{p}{\pi} \cdot z$$

式中包含了无理数 π,测量和计算不方便,现人为地将 $\frac{p}{\pi}$ 规定为一简单的有理数系列,称为模数,用 m 表示,即 $m = \frac{p}{\pi}$。

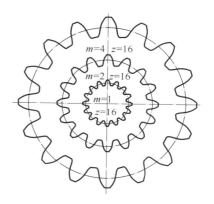

　　模数 m 是齿轮几何尺寸计算的一个重要基本参数,单位为 mm,从而有

$$p = \pi \cdot m \tag{7.9}$$
$$d = m \cdot z \tag{7.10}$$

　　模数对齿轮尺寸有直接影响,对相同齿数的齿轮,齿轮的直径与模数成正比,模数越大,其各部分尺寸越大。如图 7.13 所示。

图 7.13　齿数相同模数不同的外齿轮

　　为了方便设计制造,齿轮的模数已经标准化。表 7.1 为国家标准(GB/T 1357—2008)规定的标准模数系列。

表 7.1　标准模数系列

第一系列	0.1　0.12　0.15　0.2　0.25　0.3　0.4　0.5　0.6　0.8　1　1.25　1.5　2　2.5 3　4　5　6　8　10　12　16　20　25　32　40　50
第二系列	0.35　0.7　0.9　1.75　2.25　2.75　(3.25)　3.5　(3.75)　4.5　5.5　(6.5)　7 9　(11)　14　18　22　28　(30)　36　45

注:选用模数时,应优先选用第一系列,括号内的模数尽可能不用。

　　(3) 压力角　由渐开线方程可知,渐开线齿廓在半径为 r_k 的圆周上的压力角为

$$\alpha_k = \arccos \frac{r_b}{r_k} \tag{7.11}$$

　　不同圆周上的压力角是不同的,越接近基圆,压力角越小,基圆处压力角为零。通常所说的压力角是指分度圆上的压力角,即有

$$\alpha = \arccos \frac{r_b}{r} \tag{7.12}$$

　　由上式可知,对分度圆大小相同的齿轮,如果压力角不同,则基圆大小不同,因而渐开线齿廓的形状也不同。所以压力角也是渐开线齿轮的一个重要基本参数。各国都已把压力角标准化了,我国规定的压力角标准值为 20°,有些国家规定为 14.5°、15°、22.5°和 25°等。

综上所述，分度圆可定义为齿轮上具有标准模数和标准压力角的圆。

（4）齿顶高系数　齿轮的齿顶高是用模数乘以一个系数表示的。标准齿轮的齿顶高为

$$h_a = h_a^* m \tag{7.13}$$

式中：h_a^* 为齿顶高系数，我国标准 GB/T 1356—2001 规定，正常齿制 $h_a^* = 1$，短齿制 $h_a^* = 0.8$。

（5）顶隙系数　标准齿轮的齿根高为

$$h_f = (h_a^* + c^*)m \tag{7.14}$$

式中：c^* 为顶隙系数，我国标准 GB/T 1356—2001 规定，正常齿制 $c^* = 0.25$，短齿制 $c^* = 0.3$。

综上所述，z、m、α、h_a^*、c^* 是标准直齿圆柱齿轮的五个基本参数，利用这五个基本参数就可以计算出齿轮各部分的几何尺寸。

7.4.3　渐开线标准齿轮的几何尺寸

具有标准齿廓参数 (m, α, h_a^*, c^*)，且分度圆齿厚与齿槽宽相等的齿轮称为标准齿轮。

对于标准齿轮有

$$s = e = \frac{p}{2} = \frac{\pi m}{2} \tag{7.15}$$

渐开线标准直齿圆柱齿轮几何尺寸计算公式见表 7.2。

表 7.2　渐开线标准直齿圆柱齿轮尺寸计算公式

名　　称	符　　号	计　算　公　式
模数	m	根据齿轮强度和结构设计确定，取标准值
压力角	α	20°
分度圆直径	d	$d = mz$
齿顶高	h_a	$h_a = h_a^* m$
齿根高	h_f	$h_f = (h_a^* + c^*)m$
齿全高	h	$h = h_a + h_f$
顶隙	c	$c = c^* m$
齿顶圆直径	d_a	$d_a = d + 2h_a = (z + 2h_a^*)m$
齿根圆直径	d_f	$d_f = d - 2h_f = (z - 2h_a^* - 2c^*)m$
基圆直径	d_b	$d_b = d\cos\alpha$
节圆直径	d'	$d' = d$（标准中心距安装）
齿距	p	$p = \pi m$
基圆齿距	p_b	$p_b = p\cos\alpha$
分度圆齿厚	s	$s = \dfrac{\pi m}{2}$
分度圆齿槽宽	e	$e = \dfrac{\pi m}{2}$
中心距	a	$a = \dfrac{m}{2}(z_1 + z_2)$

7.4.4　内齿轮与齿条的几何尺寸

1. 内齿轮

图 7.14 为一直齿内齿圆柱齿轮,其轮齿分布在一空心圆柱体的内表面。内齿轮的齿廓形成原理与外齿轮相同。相同基圆的内齿轮和外齿轮,其齿廓曲线是完全相同的渐开线,但轮齿的形状不同。其不同点如下。

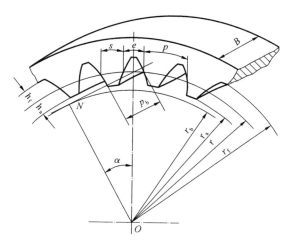

图 7.14　直齿内齿圆柱齿轮

（1）内齿轮的齿廓是内凹的,外齿轮的齿廓是外凸的,所以内齿轮的齿厚和齿槽宽对应于外齿轮的齿槽宽和齿厚。

（2）内齿轮的分度圆大于齿顶圆,而齿根圆大于分度圆。

（3）为保证内齿轮齿顶齿廓全部为渐开线,且基圆内无渐开线,故内齿轮的齿顶圆必须大于基圆。

2. 齿条

如图 7.15 所示为一齿条,它可看作一个齿数为无穷多的特殊形式的直齿轮。此时齿轮上的各圆均变成了直线,作为齿廓曲线的渐开线也变成了渐开线的特殊形式——直线。与齿轮相比,其有下列两个特点。

（1）由于齿条的齿廓曲线是直线,所以齿廓上各点的法线是平行的。齿条做平动,齿条齿廓上各点的压力角均相等,等于齿条齿廓的倾斜角,称为齿形角,均为标准值 20°。

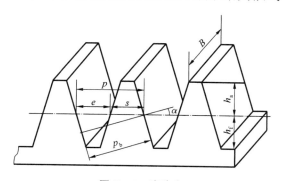

图 7.15　直齿条

（2）由于齿条上各齿同侧齿廓是平行直线，所以任何与分度线平行的齿顶线、齿根线或节线，其齿距均相等，大小均为 $p=\pi m$。

齿条上其他部分尺寸的计算可参照外齿轮尺寸计算公式进行计算。

7.5　渐开线标准直齿圆柱齿轮的啮合传动

7.5.1　一对渐开线齿轮的正确啮合条件

由前述可知，渐开线齿廓能满足齿廓啮合基本定律，实现定传动比传动。但这并不意味着任意两个渐开线齿轮都能装配在一起来实现正确传动。如图 7.16 所示为一对渐开线齿

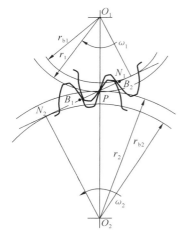

图 7.16　一对渐开线齿轮的啮合传动

轮的啮合传动。要使两轮处于啮合线上的各对轮齿都能正确进入啮合，显然，两轮齿的相邻两齿同侧齿廓间的法向齿距应相等。根据渐开线特性，法向齿距与基圆齿距相等，即

$$p_{b1} = p_{b2} \tag{7.16}$$

又因

$$p_b = p\cos\alpha = \pi m \cos\alpha$$

代入式（7.16）可得

$$m_1\cos\alpha_1 = m_2\cos\alpha_2 \tag{7.17}$$

式中：m_1、m_2 和 α_1、α_2 分别为两齿轮模数和压力角。对于标准齿轮，由于模数和压力角都已标准化了，要满足式（7.17），应有

$$\begin{cases} m_1 = m_2 = m \\ \alpha_1 = \alpha_2 = \alpha \end{cases} \tag{7.18}$$

故一对渐开线直齿圆柱齿轮传动的正确啮合条件为两轮的模数和压力角分别相等，且为标准值。

7.5.2　齿轮的中心距和啮合角

图 7.17 所示为一对标准直齿圆柱齿轮外啮合的传动情况，在确定两轮的中心距时，应满足两轮的齿侧间隙为零及保证两轮的顶隙为标准值这两点要求。

（1）齿侧间隙是指为了保证齿廓间进行润滑，并考虑到制造、装配的误差，以及轮齿受力变形及因摩擦发热膨胀等因素，在两轮的非工作齿廓间留的一定间隙。但这种间隙一般很小，通常是通过制造公差来保证的。在齿轮设计计算时，都认为侧隙为零，即为无侧隙啮合。由图可见，齿轮传动的侧隙大小与中心距有关。

（2）顶隙是指当一对齿轮传动时，为避免一轮的齿顶与另一轮的齿槽底部相抵触，且需要保留一定储存润滑油的空隙，应使一轮的齿顶圆与另一轮的齿根圆之间留有一定间隙，这个间隙称为顶隙或径向间隙，标准值为 $c=c^* m$。显然，当中心距不同时，顶隙也不同。当顶隙为标准值时，两轮中心距为

$$a = r_{a1} + c + r_{f2} = r_1 + r_2 = \frac{m}{2}(z_1 + z_2) \tag{7.19}$$

即当顶隙为标准值时，两轮中心距等于两轮分度圆半径之和，这种中心距称为标准中心距。

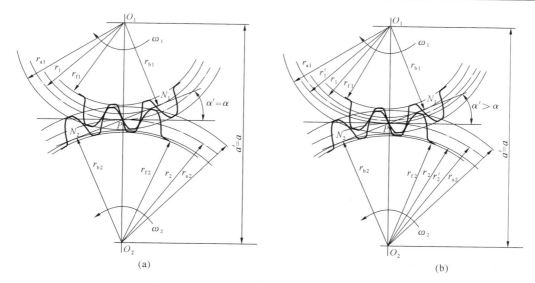

图 7.17　一对标准直齿圆柱齿轮外啮合传动

一对齿轮按标准中心距安装传动时,两轮的分度圆是相切的,这说明此时两轮的分度圆与其各自的节圆是重合的。由于分度圆上的齿厚与齿槽宽相等,即 $s_1 = e_2 = s_2 = e_1 = \pi m/2$,故保证了无侧隙啮合的要求,此时顶隙亦为标准值。

下面介绍齿轮传动啮合角的概念。齿轮传动的啮合角,是指齿轮传动时从动轮节点 P 的速度矢量与啮合线之间所夹的锐角,用 α' 表示。显然,啮合角等于节圆压力角。对于标准齿轮,当按标准中心距安装时,由于节圆与分度圆重合,啮合角也就等于分度圆压力角,即 $\alpha' = \alpha$。

在实际应用中,由于齿轮制造和安装的误差,以及轴的变形、轴承磨损等原因,而使实际中心距 a' 与标准中心距 a 不相等时,如图 7.17(b) 所示($a' > a$),这时两轮的分度圆就不相切,而是相互离开一定距离,节圆与分度圆不再重合,啮合角 α' 也不等于分度圆压力角 α,而是 $\alpha' > \alpha$。此时,其实际中心距为

$$a' = r_1' + r_2' = \frac{r_{b1}}{\cos\alpha'} + \frac{r_{b2}}{\cos\alpha'} = \frac{r_{b1} + r_{b2}}{\cos\alpha'}$$

而标准中心距为

$$a = r_1 + r_2 = \frac{r_{b1}}{\cos\alpha} + \frac{r_{b2}}{\cos\alpha} = \frac{r_{b1} + r_{b2}}{\cos\alpha}$$

由上述两式可得中心距与啮合角的关系为

$$a\cos\alpha = a'\cos\alpha' \tag{7.20}$$

7.5.3　齿轮与齿条的啮合传动

图 7.18 为齿轮与齿条啮合传动示意图。啮合线 $N_1 N_2$ 是一条与齿条齿廓垂直的基圆切线。啮合线与过齿轮中心的齿条分度线的垂线的交点 P 为节点。由图可知,无论齿条远离或靠近齿轮,啮合线 $N_1 N_2$ 的位置始终不变,节点位置不变。因而,齿轮分度圆总与节圆相重合,啮合角 α' 总等于分度圆压力角 α。

总之,齿轮与齿条啮合时,不论是否标准安装,齿轮分度圆与节圆总是重合的,啮合角 α' 恒等于分度圆压力角 α。只是在非标准安装时,齿条的节线与其分度线不再重合。

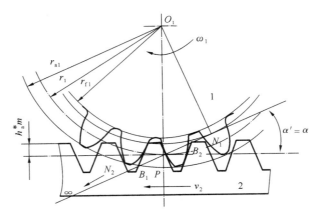

图 7.18　齿轮与齿条啮合传动

7.5.4　渐开线齿轮的连续传动条件

　　一对齿轮传动是靠两轮的轮齿依次接触推动来实现的,由于轮齿的高度有限,故一对轮齿啮合的区间也是有限的。为了实现连续传动,必须保证在前一对轮齿尚未脱离啮合时,后一对轮齿就进入啮合。

　　1. 一对轮齿的啮合过程

　　图 7.19 为一对渐开线齿轮的啮合传动。轮 1 为主动轮,沿 ω_1 方向转动;轮 2 为从动轮,沿 ω_2 方向转动。一对轮齿的啮合开始时,必定是主动轮的齿根推动从动轮的齿顶,因此,两轮齿的啮合起始点必为从动轮的齿顶圆与啮合线 N_1N_2 的交点 B_2。当啮合进行到主动轮的齿顶圆与啮合线的交点 B_1 时,两轮齿即将脱离啮合,故点 B_1 为两轮齿的啮合终点。由啮合过程可见,线段 B_1B_2 为啮合点实际走过的轨迹,称为实际啮合线段。随着两轮齿顶圆的加大,则点 B_1、B_2 将分别趋近于点 N_1、N_2,使实际啮合线段变长。因基圆以内没有渐开线,故点 B_1、B_2 不能超过点 N_1、N_2,线段 N_1N_2 称为理论啮合线段,N_1、N_2 分别称为啮合极限点。

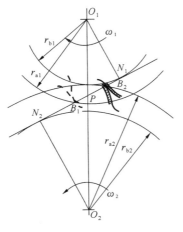

图 7.19　一对渐开线齿轮的啮合过程

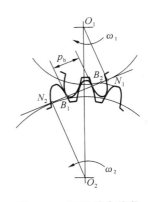

图 7.20　实际啮合线段

由此可见,一对轮齿啮合传动的区间是有限的,从齿顶到齿根的一段齿廓参加啮合。齿廓上参加啮合的部分称为齿廓工作段,如图 7.19 中的阴影部分所示。不参加啮合的部分称为非工作段。

2.渐开线齿轮的连续传动条件

从上述对轮齿啮合过程的分析可以看出,要使一对齿轮连续传动,必须保证前一对齿廓在啮合终点 B_1 脱离啮合前,后一对轮齿就应进入啮合,即啮合点到达或越过啮合起点 B_2,如图 7.20 所示。显然实际啮合线段 B_1B_2 应大于等于齿轮法向齿距 p_b,即 $B_1B_2 \geqslant p_b$。

通常把 $\varepsilon_a = \dfrac{B_1B_2}{p_b}$ 称为齿轮传动的重合度。于是可得齿轮传动的连续条件为

$$\varepsilon_a = \frac{B_1B_2}{p_b} \geqslant 1 \qquad\qquad (7.21)$$

理论上讲,$\varepsilon_a = 1$ 就能保证齿轮的连续传动。但实际上难免存在制造和安装误差,ε_a 应大于 1 才能保证齿轮传动的连续性,即 $\varepsilon_a \geqslant [\varepsilon_a]$。

$[\varepsilon_a]$ 为许用重合度,是根据使用要求及制造精度而定的,常用推荐值见表 7.3。

表 7.3　$[\varepsilon_a]$ 的推荐值

使 用 场 合	一 般 机 械	汽车拖拉机	金属切削机床
$[\varepsilon_a]$	1.4	1.1～1.2	1.3

两外齿轮传动的重合度 ε_a 可通过图 7.21 分析导出,即

$$\varepsilon_a = \frac{B_1B_2}{p_b} = \frac{PB_1 + PB_2}{\pi m \cos\alpha}$$

$$= \frac{1}{2\pi}\left[z_1(\tan\alpha_{a1} - \tan\alpha') + z_2(\tan\alpha_{a2} - \tan\alpha')\right] \qquad (7.22)$$

式中:α' 为啮合角,α_{a1}、α_{a2} 为两轮的齿顶圆压力角,可由下式计算

$$\alpha_{a1} = \arccos\frac{r_{b1}}{r_{a1}}, \quad \alpha_{a2} = \arccos\frac{r_{b2}}{r_{a2}}$$

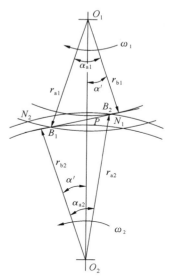

重合度的大小不仅能够反映一对齿轮能否实现连续传动,也表明同时参加啮合的轮齿对数的多少。$\varepsilon_a = 1$ 表明该对齿轮传动时,始终有一对轮齿参加啮合,而 $\varepsilon_a = 1.35$ 则表示平均有1.35 对轮齿参加啮合。即表明在转过一个基圆齿距 P_b 的时间内,有 35% 的时间有两对轮齿参加啮合。齿轮传动的重合度大,说明同时参加啮合的轮齿对数多,对提高齿轮传动的平稳性,提高齿轮传动的承载能力具有重要意义。因此,重合度是衡量齿轮传动性能的重要指标之一。

图 7.21　重合度的计算

【例 7.1】　一对渐开线标准正常齿制直齿圆柱齿轮传动,已知齿数 $z_1 = 24$,$z_2 = 54$,模数 $m = 2$ mm。求:(1) 两齿轮的齿顶圆压力角 α_{a1} 和 α_{a2};(2) 若这对齿轮安装后的实际中心距 $a' = 79$ mm,求啮合角 α' 和两轮的节圆半径 r_1',r_2';(3) 求该对齿轮重合度 ε_a 的大小。

【解】

(1) 因为 $\cos\alpha_a = \dfrac{r_b}{r_a}$,所以

$$\alpha_{a1} = \arccos\left(\frac{r_{b1}}{r_{a1}}\right) = \arccos\left(\frac{z_1\cos\alpha}{z_1 + 2h_a^*}\right) = \arccos\left(\frac{24 \times \cos 20°}{24 + 2 \times 1}\right) = 29.84°$$

$$\alpha_{a2} = \arccos\left(\frac{r_{b2}}{r_{a2}}\right) = \arccos\left(\frac{z_2 \cos\alpha}{z_2 + 2h_a^*}\right) = \arccos\left(\frac{54 \times \cos20°}{54 + 2 \times 1}\right) = 25.024°$$

（2）因为 $a\cos\alpha = a'\cos\alpha'$，所以

$$\alpha' = \arccos\left(\frac{a\cos\alpha}{a'}\right) = \arccos\left(\frac{78 \times \cos20°}{79}\right) = 21.91°$$

$$r_1' = \frac{r_1 \cos\alpha}{\cos\alpha'} = \frac{mz_1 \cos\alpha}{2\cos\alpha'} = \frac{2 \times 24 \times \cos20°}{2 \times \cos21.91°} = 24.31 \text{ mm}$$

$$r_2' = \frac{r_2 \cos\alpha}{\cos\alpha'} = \frac{mz_2 \cos\alpha}{2\cos\alpha'} = \frac{2 \times 54 \times \cos20°}{2 \times \cos21.91°} = 54.694 \text{ mm}$$

（3）$\varepsilon_a = \dfrac{1}{2\pi}\left[z_1\left(\tan\alpha_{a1} - \tan\alpha'\right) + z_2\left(\tan\alpha_{a2} - \tan\alpha'\right)\right]$

$$= \frac{1}{6.28} \times \left[24 \times (0.574 - 0.402) + 54 \times (0.467 - 0.402)\right] = 1.216$$

7.6　渐开线齿廓的切削加工

齿轮加工的方法很多，如铸造、热轧、冲压、模锻、粉末冶金和切削加工等，其中最常用的是切削加工法。按加工的原理不同，可分为仿形法和范成法两种。

7.6.1　仿形法

仿形法利用刀刃形状与所切制的渐开线齿轮的齿槽形状相同的特点，在轮坯上直接加工出齿轮的轮齿。常用刀具有盘状铣刀和指状铣刀两种，图 7.22(a)为盘形铣刀加工示意图，切齿时刀具绕自身轴线转动，同时轮坯沿自身轴线移动；每铣完一个齿槽后，轮坯退回原处，利用分度机构将齿轮轮坯旋转 $360°/z$，之后再铣下一个齿槽，直至铣出全部轮齿。图 7.22(b)为指状铣刀加工示意图。仿形法加工齿轮方法简单，在普通铣床上即可进行，但精度低。目前已经很少使用该方法加工齿轮。

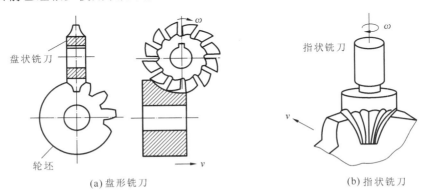

盘状铣刀

轮坯

(a)盘形铣刀

指状铣刀

(b)指状铣刀

图 7.22　仿形加工

7.6.2　范成法

范成法是利用相互啮合的两齿轮齿廓曲线互为包络线的原理加工齿轮的方法。范成法加工齿轮分为插齿法和滚齿法。插齿法所用刀具有齿轮插刀和齿条插刀，滚齿法所用刀具

为齿轮滚刀。

（1）齿轮插刀加工齿轮 如图 7.23 所示，齿轮插刀是带有刀刃的外齿轮。其模数和压力角与被切制齿轮相同。插齿机床的传动系统使齿插轮刀和轮坯按传动比 $i_{12} = \dfrac{\omega_1}{\omega_2} = \dfrac{z_{被加工齿轮}}{z_{刀具}}$ 转动，此运动称为范成运动。为切出齿槽，刀具需沿轮坯轴线方向做往复运动，称为切削运动。此外，刀具还有沿轮坯径向的进给运动及插刀每次回程时轮坯沿径向的让刀运动。

（2）齿条插刀加工齿轮 图 7.24 为齿条插刀插齿，齿条插刀是带有刀刃的齿条。加工时，机床的传动系统使齿条插刀的移动速度 $v_刀$ 与被加工齿轮的分度圆线速度相等，即 $v_刀 = r\omega$。

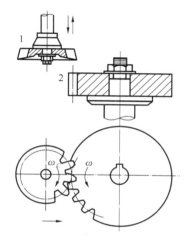

图 7.23 齿轮插刀插齿

1—齿轮插刀；2—轮坯

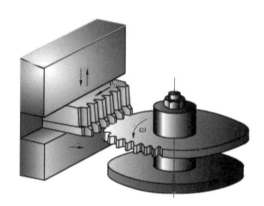

图 7.24 齿条插刀插齿

（3）滚齿加工 插刀插齿存在加工不连续的缺点，严重影响了生产率的提高，为了克服这一缺点可采用齿轮滚刀加工轮齿，如图 7.25 所示。滚刀的外形类似一个螺杆，它的轴向剖面齿形与齿条插刀的齿形类似。当滚刀转动时，相当于直线齿廓的齿条连续不断移动，从而包络出待加工的齿廓。此外，为了切制出具有一定宽度的齿轮，滚刀在转动的同时，还需做沿轮坯轴线方向的进给运动。

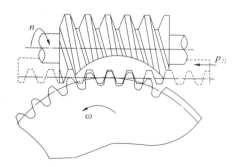

图 7.25 滚齿加工

滚齿刀加工齿轮时，能连续切削，故生产率高，适用于大批量齿轮的加工。

7.7　渐开线齿廓的根切及最少齿数

7.7.1　渐开线齿廓的根切

1. 根切现象

用范成法加工齿轮时,刀具顶部可能把被加工齿轮的轮齿根部渐开线齿廓切去一部分,这种现象称为根切现象,如图 7.26 所示。发生根切的齿轮会削弱轮齿的抗弯强度,使实际啮合线段缩短,重合度降低,影响传动的平稳性,甚至会引起传动失效。因此,在设计齿轮时应避免发生根切现象。

2. 根切原因

根切是齿条刀具在齿条的基础上,刀具齿顶增加高度为 c^*m 的圆角部分,图 7.27 为标准齿条刀具示意图。在范成法加工标准齿轮的过程中,齿条刀具齿侧直刃切制出齿廓的渐开线部分,齿顶圆角刃切制出齿轮根部介于渐开线与齿根圆弧间的过渡曲线。在正常情况下,齿廓的过渡曲线不参与啮合。

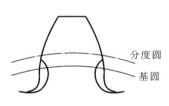

图 7.26　根切现象

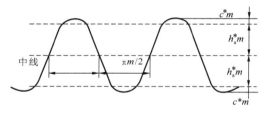

图 7.27　齿条形插刀的齿廓形状

根切产生的原因是刀具的齿顶线(齿条型刀具)或顶圆(齿轮插刀)与啮合线的交点超过了被切轮齿的啮合极限点 N_1。现以齿条型刀具加工标准齿轮为例来分析产生根切的原因。如图 7.28 所示,齿条型刀具的齿顶线超过啮合极限点 N_1 时,根据齿轮加工原理可知,刀具从点 B_1 开始切制轮坯渐开线齿廓,当刀具齿廓运动到点 N_1 处于位置 Ⅱ 时,已将渐开线齿廓加工完毕,若范成运动继续进行时,刀刃还将继续切削。当刀具移动距离 s 到位置 Ⅲ 时,刀具沿法线移动距离为 N_1K_1,齿轮相应转过 φ 角,其分度圆转过的弧长也为 s,则有

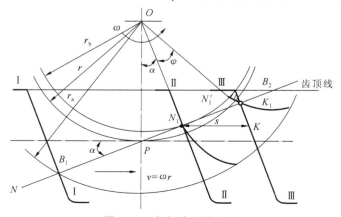

图 7.28　根切产生的原因

$$N_1K_1 = s\cos\alpha = r\varphi\cos\alpha = r_b\varphi = \overset{\frown}{N_1N_1'}$$

故渐开线齿廓上的点 N_1' 必落在刀刃的左侧，即点 N_1' 附近的渐开线齿廓必然被刀具切掉而产生根切。

7.7.2　渐开线标准齿轮不产生根切的最少齿数

用范成法加工齿轮时，当刀具顶线与啮合线交点超过啮合极限点 N_1 时必将产生根切，因此，要防止根切就必须使刀具的齿顶线不超过点 N_1。在用标准齿条刀具加工标准齿轮时，刀具分度线与被加工齿轮分度圆相切，即刀具齿顶线的位置是确定的，所以要避免根切，只能提高点 N_1 的位置。由图 7.29 可以看出，为了避免根切，应使

$$PB \leqslant PN_1$$

即

$$z \geqslant \frac{2h_a^*}{\sin^2\alpha} \qquad (7.23)$$

不根切的最少齿数为

$$z_{min} = \frac{2h_a^*}{\sin^2\alpha} \qquad (7.24)$$

当 $\alpha=20°$，$h_a^*=1$ 时，$z_{min}=17$；当 $\alpha=20°$，$h_a^*=0.8$ 时，$z_{min}=14$。

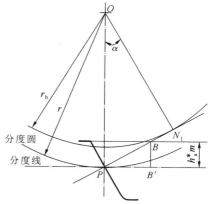

图 7.29　不产生根切的条件

7.8　变位齿轮传动

7.8.1　变位齿轮的概念

加工标准齿轮时，当刀具齿顶线超过啮合极限点 N 时将发生根切。若刀具向远离轮坯轮心方向移动一段距离 xm，使刀具齿顶线落在点 N_1 之下，此时则可避免根切发生。由于这时刀具的节线与中线不再重合，而是分离了 xm，故加工出的齿轮在分度圆上的齿厚与齿槽宽不再相等，这种齿轮称为变位齿轮，x 称为变位系数。通常，刀具由标准安装位置远离轮坯中心时，x 为正值，称为正变位，加工出的齿轮称为正变位齿轮；如果被切制的齿轮齿数比较多，为了满足齿轮传动的某些要求，也可将刀具由标准安装位置向轮坯中心移动 xm，此时 x 为负值，称为负变位，加工出的齿轮称为负变位齿轮。

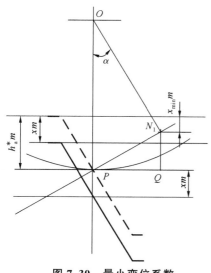

图 7.30　最小变位系数

7.8.2　变位齿轮传动

1. 最小变位系数

当刀具的齿顶线刚好通过轮坯与刀具的啮合极限点 N_1 时，齿轮便完全没有根切。如图 7.30 所示，不发

生根切的条件为

$$(h_a^* - x)m \leqslant N_1Q = r\sin^2\alpha = \frac{mz}{2}\sin^2\alpha$$

$$h_a^* - x \leqslant \frac{z}{2}\sin^2\alpha$$

与式(7.24)联合求解得

$$x \geqslant h_a^* - \frac{z}{2}\sin^2\alpha = h_a^*\left(\frac{z_{\min} - z}{z_{\min}}\right) \tag{7.25}$$

用标准齿条刀具切制小于最少齿数的齿轮不发生根切的最小变位系数为

$$x_{\min} = h_a^* - \frac{z}{2}\sin^2\alpha = h_a^*\left(\frac{z_{\min} - z}{z_{\min}}\right) \tag{7.26}$$

当 $z<17$ 时, $x_{\min}>0$, 说明为了避免根切, 刀具应由标准位置向远离轮坯轮心方向移动, 移动最小距离为 $x_{\min}m$; 当 $z>17$ 时, $x_{\min}<0$, 这说明刀具向轮坯轮心方向移动一段距离也不会出现根切, 移动最大距离为 $x_{\min}m$。

2. 变位齿轮与标准齿轮的异同点

变位齿轮与具有相同参数的标准齿轮相比, 它们的渐开线相同, 只是使用同一条渐开线的不同部分。分度圆、基圆、齿距、基圆齿距不变, 而齿顶圆、齿根圆, 齿顶高、齿根高, 分度圆齿厚和齿槽宽均发生了变化。

1) 齿厚与齿槽宽

如图 7.31 所示, 对于正变位齿轮来说, 刀具节线上的齿厚比中线上的齿厚减少了 $2JK$, 因此被切制齿轮分度圆上的齿槽宽将减少 $2JK$。由图中的几何关系可知 $JK = xm\tan\alpha$。故正变位齿轮齿槽宽的计算公式为

$$e = \frac{\pi m}{2} - 2xm\tan\alpha \tag{7.27}$$

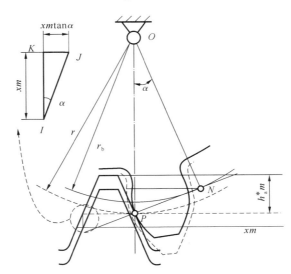

图 7.31　正变位齿轮齿厚的变化

齿厚的计算公式为

$$s = \frac{\pi m}{2} + 2xm\tan\alpha \tag{7.28}$$

2）齿顶高及齿根高

正变位齿轮的齿根高变小，齿顶高变大；负变位齿轮的则反之。对于负变位齿轮，以上公式同样适用，只需注意变位系数为负值即可。

同参数的标准齿轮与变位齿轮的齿形比较如图 7.32 所示。

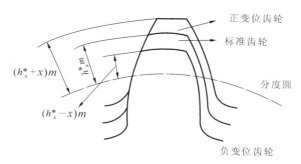

图 7.32　变位齿轮与标准齿轮的齿形

变位齿轮齿根高的计算公式为

$$h_{\mathrm{f}} = (h_{\mathrm{a}}^* + c^*)m - xm \tag{7.29}$$

为保证齿全高不变，则齿顶高的计算公式为

$$h_{\mathrm{a}} = h_{\mathrm{a}}^* m + xm \tag{7.30}$$

显然，变位齿轮的齿根圆和齿顶圆也发生了变化。

7.8.3　变位齿轮传动的类型

设一对互相啮合的变位齿轮的变位系数分别为 x_1、x_2，根据变位系数的不同，变位齿轮的传动类型可以分为以下三种。

（1）$x_1 + x_2 = 0$，且 $x_1 = x_2 = 0$，此时为标准齿轮传动。

（2）$x_1 + x_2 = 0$，且 $x_1 = -x_2 \neq 0$，此时为等变位齿轮传动（也称高度变位齿轮传动），一般小轮采用正变位，大轮采用负变位。

（3）$x_1 + x_2 \neq 0$，此时为角度变位齿轮传动。其中 $x_1 + x_2 > 0$ 称为正传动；$x_1 + x_2 < 0$ 称为负传动。变位齿轮的更多设计内容请参考相关文献。

变位齿轮传动的几何尺寸计算公式见表 7.4。

表 7.4　变位齿轮传动计算公式

名　　称	符　　号	计　算　公　式
变位系数	x	根据使用要求选择
节圆直径	d'	$d_1' = \dfrac{d_{\mathrm{b}_1}}{\cos\alpha'} \quad d_2' = \dfrac{d_{\mathrm{b}_2}}{\cos\alpha'}$
啮合角	α'	$a'\cos\alpha_1' = a\cos\alpha$ 或 $\mathrm{inv}\alpha' = \dfrac{2(x_1 + x_2)}{z_1 + z_2}\tan\alpha + \mathrm{inv}\alpha$
中心距变动系数	y	$y = \dfrac{a' - a}{m}$
齿顶高变动系数	Δy	$\Delta y = x_1 + x_2 - y$

名　　称	符　　号	计 算 公 式
齿顶高	h_a	$h_a = (h_a^* + x - \Delta y)m$
齿根高	h_f	$h_f = (h_a^* + c^* - x)m$
齿全高	h	$h = h_a + h_f = (2h_a^* + c^* - \Delta y)m$
顶圆直径	d_a	$d_a = d + 2h_a$
根圆直径	d_f	$d_f = d - 2h_f$

7.8.4　变位齿轮传动的应用

只要变位系数选择合理,便可提高齿轮的承载能力,且不需要特殊的机床、刀具和加工方法。但变位齿轮互换性差,必须成对使用。变位齿轮主要用于以下几个方面。

1) 避免轮齿根切

为使齿轮传动结构紧凑,应尽量减小齿轮齿数,当 $z < z_{min}$ 时,可采用正变位以避免发生根切。

2) 配凑非标准中心距

在齿数不变的情况下,通过选取不同的变位系数,就可以改变齿轮传动的中心距,使之满足设计要求。

3) 修复已磨损的旧齿轮

在齿轮传动中,小齿轮表面磨损较严重,而大齿轮磨损较轻,此时可通过负变位修复大齿轮齿面,再重新配置一个正变位的小齿轮,不但可以节省重新加工大齿轮的费用,也能改善其传动性能。

7.9　斜齿圆柱齿轮机构

7.9.1　斜齿圆柱齿轮齿廓曲面的形成及啮合特点

直齿圆柱齿轮的轮齿与轴线平行(见图 7.33(a)),所以垂直于齿轮轴线的任意平面上的齿廓形状及其啮合情况是完全一样的。图 7.33(b)中,将直齿圆柱齿轮齿廓曲面的形成扩展到空间,基圆成为基圆柱,发生线成为发生面,渐开线成为渐开面。当发生面在基圆柱上做纯滚动时,与基圆柱母线 AA' 平行的直线 KK' 的轨迹形成直齿圆柱齿轮的渐开线齿廓曲面。两齿廓啮合点成为啮合线 KK',各啮合线均平行于基圆柱母线,直齿圆柱齿轮啮合传动是沿全齿宽同时进入啮合与同时退出啮合的。

斜齿圆柱齿轮齿廓曲面的形成与直齿圆柱齿轮的类似,只不过直线 KK' 与基圆柱母线不平行,而是与它成一偏斜角 β_b。如图 7.34 所示。当发生面沿基圆柱做纯滚动时,直线 KK' 上各点的轨迹仍为渐开线,各渐开线的起始点将在基圆柱上集合形成一条螺旋线 AA',具有不同起始点的渐开线的集合,形成渐开线螺旋面。斜齿圆柱齿轮的端面齿形为精确的渐开线。

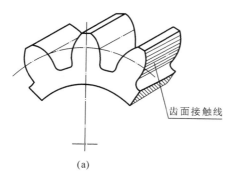 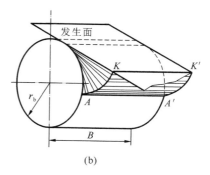

图 7.33　直齿圆柱齿轮齿廓曲面的形成

一对斜齿圆柱齿轮的啮合情况与直齿圆柱齿轮相似,如图 7.35 所示。而齿廓的公法面既是啮合面也是两基圆柱的内公切面,两齿廓的接触线 KK' 是与基圆柱母线夹角为 β_b 的斜直线。两齿廓啮合时,先从一端进入啮合,逐渐推移至另一端脱离啮合,在此过程中,两齿廓的接触线由短变长,再由长变短。所以斜齿圆柱齿轮的轮齿是在全齿宽方向逐渐进入啮合和退出啮合的,故传动平稳,冲击、振动和噪声小,广泛应用在大功率高速传动中。

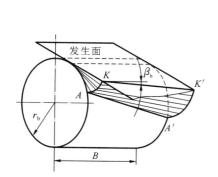 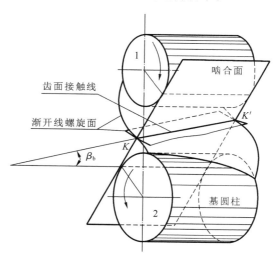

图 7.34　斜齿圆柱齿轮齿廓曲面的形成　　　**图 7.35　一对斜齿圆柱齿轮的啮合情况**

7.9.2　斜齿圆柱齿轮的基本参数

垂直于斜齿圆柱齿轮轴线的平面称为端面,端面是形成渐开线的基圆面,也是确定几何尺寸的基准面。垂直斜齿圆柱齿轮螺旋线的平面称为法面,法面是斜齿圆柱齿轮传动的力作用面,也是齿廓加工的基准面。故斜齿圆柱齿轮有端面和法面两套参数,端面参数用下角标"t"表示,法面参数用下角标"n"表示。

1. 斜齿圆柱齿轮的螺旋角

将图 7.36 所示的斜齿圆柱齿轮的分度圆柱延长到螺旋线的导程,其分度圆柱面展开成图 7.36 所示三角形,底边 πd 表示分度圆周长。阴影部分为分度圆柱的展开图。B 为斜齿圆柱齿轮的轴向宽度。螺旋线与轴线的夹角为螺旋角。将螺旋线延长到完整的导程,可有

$$\tan\beta = \frac{\pi d}{p_z} \tag{7.31}$$

式中：　p_z——螺旋线的导程。

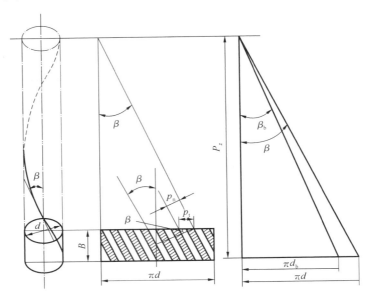

图 7.36　斜齿圆柱齿轮的螺旋角

由于斜齿圆柱齿轮各个圆柱面上的螺旋线的导程相同,所以基圆柱面上的螺旋角 β_b 的计算式为

$$\tan\beta_b = \frac{\pi d_b}{p_z} \tag{7.32}$$

由以上两式得

$$\tan\beta_b = \frac{d_b}{d}\tan\beta = \tan\beta\cos\alpha_t \tag{7.33}$$

式中：　α_t——端面压力角。

根据螺旋线的走向,斜齿圆柱齿轮有左旋和右旋之分。以端面为基准,螺旋线从左向右升,为右旋齿轮,螺旋线从右向左升,为左旋齿轮,图 7.37 为一对斜齿圆柱齿轮旋向示意图。

图 7.37　斜齿圆柱齿轮旋向示意图

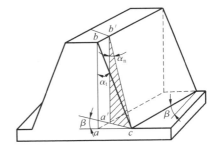

图 7.38　斜齿条的压力角

2. 法面模数 m_n 与端面模数 m_t

图 7.36 所示的斜齿圆柱齿轮分度圆柱面展开图中,有剖面线部分为轮齿,空白部分为齿槽。β 为分度圆柱的螺旋角,p_n 为法面齿距,p_t 为端面齿距,根据图中的几何关系可得

$$p_n = p_t\cos\beta$$

又因为

$$p_n = \pi m_n, \quad p_t = \pi m_t$$

所以,斜齿圆柱齿轮端面和法面模数的关系为

$$m_n = m_t \cos\beta \tag{7.34}$$

3.压力角

斜齿圆柱齿轮压力角分为法面压力角 α_n 与端面压力角 α_t。为简单起见,用斜齿条的端、法面压力角来定义斜齿圆柱齿轮的端面和法面压力角。

图 7.38 中,bac 所在的面为端面,此面内的压力角为斜齿圆柱齿轮的端面压力角 α_t,$b'a'c$ 所在的面为法面,此面内的压力角为斜齿圆柱齿轮的法面压力角 α_n。

在直角三角形 bac、$b'a'c$ 及 $aa'c$ 中,有

$$\tan\alpha_n = \frac{a'c}{a'b'}, \quad \tan\alpha_t = \frac{ac}{ab}$$

因为

$$a'c = ac\cos\beta, \quad ab = a'b'$$

所以

$$\tan\alpha_n = \cos\beta \tan\alpha_t \tag{7.35}$$

4.齿顶高系数

斜齿圆柱齿轮的齿顶高和齿根高,不论从法面或端面上看都是相同的,但齿顶高系数不同。法面齿顶高系数 h_{an}^* 与端面齿顶高系数 h_{at}^* 的换算关系如下

$$h_a = h_{an}^* m_n = h_{at}^* m_t$$

$$h_{at}^* = \frac{h_{an}^* m_n}{m_t} = h_{an}^* \cos\beta$$

即

$$h_{at}^* = h_{an}^* \cos\beta \tag{7.36}$$

5.顶隙系数

斜齿轮在法面和端面上的顶隙相同,但顶隙系数不同。法面顶隙系数 c_n^* 与端面顶隙系数 c_t^* 的关系如下

$$c = c_n^* m_n = c_t^* m_t$$

$$c_t^* = \frac{c_n^* m_n}{m_t} = c_n^* \cos\beta$$

即

$$c_t^* = c_n^* \cos\beta \tag{7.37}$$

6.斜齿圆柱齿轮几何尺寸计算

斜齿圆柱齿轮的几何尺寸计算与直齿圆柱齿轮基本相同,但需用端面参数进行计算。为便于计算,将计算公式列于表 7.5 中。

表 7.5　斜齿圆柱齿轮尺寸计算公式

名　　称	符　　号	计　算　公　式
螺旋角	β	取 8°～15°
端面模数	m_t	$m_t = m_n/\cos\beta$
分度圆压力角	α_t	$\tan\alpha_t = \tan\alpha_n/\cos\beta$
端面齿顶高系数	h_{at}^*	$h_{at}^* = h_{an}^* \cos\beta$

名　称	符　号	计　算　公　式
端面顶隙系数	c_t^*	$c_t^* = c_n^* \cos\beta$
分度圆直径	d	$d = m_t z = \dfrac{m_n z}{\cos\beta}$
基圆直径	d_b	$d_b = d\cos\alpha_t$
标准中心距	a	$a = \dfrac{m_t}{2}(z_1 + z_2) = \dfrac{m_n}{2\cos\beta}(z_1 + z_2)$
最少齿数	z_{min}	$z_{min} = 2h_{at}^* / \sin^2\alpha_t \ (z_{min} = z_{vmin}\cos^3\beta)$
实际中心距	a'	$a'\cos\alpha_t' = a\cos\alpha_t$
端面啮合角	α_t'	$\text{inv}\alpha_t' = \dfrac{2(x_{t1} + x_{t2})}{z_1 + z_2}\tan\alpha_t + \text{inv}\alpha_t$
齿顶高	h_a	$h_a = (h_{at}^* + x_t)m_t = (h_{an}^* + x_n)m_n$
齿根高	h_f	$h_f = (h_{at}^* + c_t^* - x_t)m_t = (h_{an}^* + c_n^* - x_n)m_n$
齿全高	h	$h = h_a + h_f = (2h_{at}^* + c_t^*)m_t$
齿顶圆直径	d_a	$d_a = d + 2h_a$
齿根圆直径	d_f	$d_f = d - 2h_f$

需特别指出的是设计斜齿圆柱齿轮时,可用改变螺旋角 β 的方法来凑中心距,不一定非要用变位的方法。

7.9.3　斜齿圆柱齿轮的啮合传动

1. 斜齿圆柱齿轮的正确啮合条件

一对斜齿圆柱齿轮的正确啮合条件,除了与直齿圆柱齿轮一样要保证模数和压力角相等外,两轮齿的螺旋角应匹配:对于外啮合,两轮的螺旋角应大小相等、方向相反;对于内啮合,两轮的螺旋角应大小相等、方向相同。因此,一对斜齿圆柱齿轮的正确啮合条件为

$$
\begin{cases}
m_{t1} = m_{t2} \\
\alpha_{t1} = \alpha_{t2} \\
\beta_1 = -\beta_2 \quad (外啮合) \\
\beta_1 = \beta_2 \quad (内啮合)
\end{cases}
\quad 或 \quad
\begin{cases}
m_{n1} = m_{n2} \\
\alpha_{n1} = \alpha_{n2} \\
\beta_1 = -\beta_2 \quad (外啮合) \\
\beta_1 = \beta_2 \quad (内啮合)
\end{cases}
\tag{7.38}
$$

2. 斜齿圆柱齿轮连续传动的条件

斜齿圆柱齿轮连续传动的条件仍由重合度的大小判断。斜齿圆柱齿轮的重合度由两部分组成,一是端面重合度,二是螺旋角引起的重合度增量。为便于分析斜齿圆柱齿轮的重合度,以端面尺寸相同的直齿圆柱齿轮和斜齿圆柱齿轮传动为例进行比较。如图 7.39 所示,上图为直齿圆柱齿轮传动的啮合区展开图,下图为斜齿圆柱齿轮传动的啮合区展开图。图中 B_2B_2 线为轮齿进入啮合位置,B_1B_1 线为齿轮脱离啮合位置,两线之间的区域为啮合区。在斜齿圆柱齿轮中,轮齿在 B_2B_2 开始啮合时,只是在轮齿一端进入啮合。同样,在 B_1B_1 线脱离啮合时,也只是在一端脱离啮合,直至另一端也脱离啮合时,这对轮齿才完全脱离啮合。

斜齿圆柱齿轮传动的啮合区比直齿圆柱齿轮传动的啮合区增大了 $\Delta L = B\tan\beta_{\mathrm{b}}$，斜齿圆柱齿轮重合度也比直齿圆柱齿轮的大，其值为

$$\varepsilon = \frac{B_1 B_2 + B\tan\beta_{\mathrm{b}}}{P_{\mathrm{bt}}} = \frac{B_1 B_2}{P_{\mathrm{bt}}} + \frac{B\tan\beta_{\mathrm{b}}}{P_{\mathrm{bt}}} = \varepsilon_\alpha + \varepsilon_\beta \tag{7.39}$$

式中： ε_α——端面重合度，计算公式同直齿圆柱齿轮计算公式一样，但要代入端面参数；

ε_β——轴重合度。

轴面重合度的计算式为

$$\varepsilon_\beta = \frac{B\tan\beta_{\mathrm{b}}}{P_{\mathrm{bt}}} = \frac{B\tan\beta\cos\alpha_{\mathrm{t}}}{P_{\mathrm{t}}\cos\alpha_{\mathrm{t}}} = \frac{B\sin\beta}{\pi m_{\mathrm{n}}} \tag{7.40}$$

由式(7.40)可见，斜齿圆柱齿轮重合度随齿宽 B 和螺旋角 β 的增大而增加。

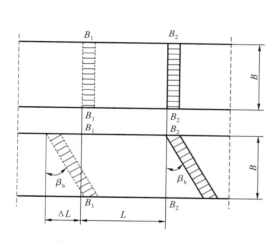

图 7.39 斜齿圆柱齿轮的重合度

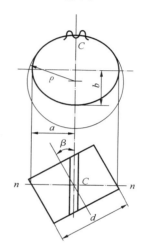

图 7.40 斜齿圆柱齿轮的当量齿轮

7.9.4 斜齿圆柱齿轮的当量齿轮

如图 7.40 所示，作过分度圆柱螺旋线上点 C 的法平面。该法平面与分度圆柱的交线为一椭圆，它的长轴为 $a = r/\cos\beta$，短轴为 $b = r$。椭圆上点 C 的齿形为斜齿圆柱齿轮的法面齿形。以椭圆在点 C 处的曲率半径 ρ 画圆，该圆与点 C 处的椭圆弧段非常相近。该圆作为一个虚拟齿轮的分度圆，其模数、压力角均为斜齿圆柱齿轮的法面参数，称该虚拟齿轮为斜齿圆柱齿轮的当量齿轮。其齿数称为斜齿圆柱齿轮的当量齿数，用 z_{v} 表示。椭圆在点 P 的曲率半径为

$$\rho = \frac{a^2}{b} = \left(\frac{r}{\cos\beta}\right)^2 \frac{1}{r} = \frac{r}{\cos^2\beta} \tag{7.41}$$

当量齿数为

$$z_{\mathrm{v}} = \frac{2\rho}{m_{\mathrm{n}}} = \frac{2r}{m_{\mathrm{n}}\cos^2\beta} = \frac{2}{m_{\mathrm{n}}\cos^2\beta}\left(\frac{m_{\mathrm{t}}z}{2}\right) = \frac{z}{\cos^3\beta} \tag{7.42}$$

式中： z——斜齿圆柱齿轮的齿数。

通过引入当量齿轮，可把研究斜齿圆柱齿轮法面齿形的问题转化为研究当量直齿圆柱齿轮的问题。一般情况下，当量齿数不是整数。在斜齿圆柱齿轮强度计算时，由当量齿数决定其齿形系数；在用仿形法加工斜齿圆柱齿轮时，需根据当量齿数选择铣刀的刀号。

对标准斜齿圆柱齿轮,其不发生根切的最少齿数也可由上式求得

$$z_{\min} = z_{v\min} \cos^3 \beta \qquad (7.43)$$

式中: $z_{v\min}$——当量直齿圆柱齿轮不发生根切的最少齿数。

7.9.5　斜齿圆柱齿轮传动的特点

同直齿圆柱齿轮相比,斜齿圆柱齿轮传动有以下优点。

(1) 啮合性能好。斜齿圆柱齿轮啮合时,由齿面的一端逐渐过渡到另一端,因而这种传动冲击、振动和噪声小,传动平稳,适用于高速传动。

(2) 重合度大。相对提高了齿轮的承载能力,延长了齿轮的使用寿命。

(3) 斜齿圆柱齿轮不发生根切的最少齿数比直齿圆柱齿轮的小,可使结构紧凑。

斜齿圆柱齿轮的主要缺点是传动时产生轴向推力。如图 7.41 所示,轴向推力大小为

$$F_a = F_t \tan\beta$$

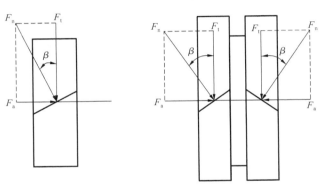

图 7.41　斜齿圆柱齿轮的轴向推力

当 F_t 一定时,轴向推力随螺旋角的增大而增大,为了避免产生过大的轴向力,设计时一般取 $\beta = 8° \sim 15°$。若想消除轴向力,可采用人字齿轮。人字齿轮左、右轮齿对称,可将轴向推力抵消,故人字齿轮的螺旋角可取得大一些,一般取 $\beta = 25° \sim 40°$。但人字齿轮制造较难。

【例 7.2】　一对外啮合直齿圆柱齿轮机构的 $m = 4$ mm,$\alpha = 20°$,$h_a^* = 1$,$c^* = 0.25$,$z_1 = 23$,$z_2 = 42$,用于中心距为 134 mm 的两平行轴之间传递运动,试设计这对直齿圆柱齿轮机构。若采用相同模数、齿数的外啮合标准斜齿圆柱齿轮机构,请计算该对斜齿圆柱齿轮的几何尺寸及重合度。

【解】　(1) 直齿圆柱齿轮机构的中心距为

$$a = \frac{m}{2}(z_1 + z_2) = \frac{4 \times (23 + 42)}{2} \text{ mm} = 130 \text{ mm}$$

因实际中心距为 $a' = 134\text{mm} > a$,所以必须采用正传动。

啮合角: $\alpha' = \arccos\left(\dfrac{a\cos\alpha}{a'}\right) = \arccos\left(\dfrac{130 \times \cos20°}{134}\right) = 24.267°$

由 $\text{inv}\alpha' = \dfrac{2(x_1 + x_2)\tan\alpha}{z_1 + z_2} + \text{inv}\alpha$ 求变位系数的和,由计算可得

$$\text{inv}\alpha = \text{inv}20° = 0.014904$$

$$\text{inv}\alpha' = \tan\alpha - \alpha' = \tan24.267° - \frac{24.267°}{180°} \times \pi = 0.027279$$

故变位系数和为

$$x_1 + x_2 = \frac{(z_1+z_2)(\mathrm{inv}\alpha' - \mathrm{inv}\alpha)}{2\tan\alpha} = \frac{(23+42)(0.027279 - 0.0114904)}{2\tan 20°} = 1.4097$$

变位系数的分配可以采用封闭图法（参考设计手册），确定 x_1 和 x_2 后，即可计算直齿圆柱齿轮的几何尺寸。

（2）标准斜齿圆柱齿轮机构的中心距为

$$a = \frac{m_n(z_1+z_2)}{2\cos\beta}$$

分度圆螺旋角 $\beta = \arccos \dfrac{m_n(z_1+z_2)}{2a} = \arccos \dfrac{4×(23+42)}{2×134} = 14.0346°$，在 $8°\sim 20°$ 范围内。

斜齿圆柱齿轮的端面模数：

$$m_t = \frac{m_n}{\cos\beta} = \frac{4}{\cos 14.0346°} \text{ mm} = 4.1231 \text{ mm}$$

端面压力角：$\alpha_t = \arctan\left(\dfrac{\tan\alpha_n}{\cos\beta}\right) = \arctan\left(\dfrac{\tan 20°}{\cos 14.0346°}\right) = 20.565°$

分度圆半径：$r_1 = \dfrac{m_t z_1}{2} = \dfrac{4.1231×23}{2} \text{ mm} = 47.415 \text{ mm}$

$$r_2 = \frac{m_t z_2}{2} = \frac{4.1231×42}{2} \text{ mm} = 86.585 \text{ mm}$$

齿顶圆半径：$r_{a1} = r_1 + h_a = r_1 + h_{an}^* m_n = (47.415+1×4) \text{ mm} = 51.415 \text{ mm}$

$$r_{a2} = r_2 + h_a = r_2 + h_{an}^* m_n = (86.585+1×4) \text{ mm} = 90.585 \text{ mm}$$

基圆半径：$r_{b1} = r_1\cos\alpha_t = 47.415 \text{ mm} × \cos 20.565° = 44.393 \text{ mm}$

$$r_{b2} = r_2\cos\alpha_t = 86.585 \text{ mm} × \cos 20.565° = 81.065 \text{ mm}$$

端面压力角：$\alpha_{at1} = \arccos\left(\dfrac{r_{b1}}{r_{a1}}\right) = \arccos\left(\dfrac{44.393}{51.415}\right) = \arccos 0.8634 = 30.297°$

$$\alpha_{at2} = \arccos\left(\frac{r_{b2}}{r_{a2}}\right) = \arccos\left(\frac{81.065}{90.585}\right) = \arccos 0.8949 = 26.501°$$

取齿宽 $b = 50$ mm，则重合度为

$$\varepsilon_\gamma = \varepsilon_\alpha + \varepsilon_\beta = \frac{1}{2\pi}\left[z_1(\tan\alpha_{at1} - \tan\alpha'_t) + z_2(\tan\alpha_{at2} - \tan\alpha'_t)\right] + \frac{b\sin\beta}{\pi m_n}$$

$$= \frac{1}{2\pi}\left[23(\tan 30.297° - \tan 20.565°) + 42(\tan 26.501° - \tan 20.565°)\right]$$

$$+ \frac{50×\sin 14.0346°}{\pi×4}$$

$$= 1.59 + 0.965 = 2.555$$

由此说明，既可以采用直齿圆柱齿轮机构变位传动配凑中心距，也可以采用斜齿圆柱齿轮机构，通过改变螺旋角来配凑中心距。而且斜齿圆柱齿轮机构可以获得较大的重合度，有利于提高承载能力和传动平稳性。

7.10　圆锥齿轮机构

7.10.1　圆锥齿轮传动的特点和应用

圆锥齿轮机构是用来传递两相交轴之间的运动和动力的。圆锥齿轮的轮齿分布在一个圆锥体的表面上,其齿形从大端到小端逐渐缩小。因此,圆柱齿轮上的各个圆柱在圆锥齿轮上称为相应的圆锥,如分度圆锥、齿顶圆锥、齿根圆锥、基圆锥等。圆锥齿轮按轮齿的走向不同分为直齿、斜齿和曲齿圆锥齿轮,因直齿圆锥齿轮设计、制造和安装较为简单,在一般机械中应用较广,且圆锥齿轮的两轴间的交角$\sum = 90°$,本节主要讨论直齿圆锥齿轮。

7.10.2　直齿圆锥齿轮齿廓曲面的形成和当量齿轮

直齿圆锥齿轮齿廓曲面的形成过程如图 7.42 所示,一圆平面 s(图中画斜线的平面)与基圆锥切于 OP,圆平面的圆心与圆锥顶点 O 重合。当圆平面沿基圆锥做纯滚动时,其上任意一条过锥顶的直线 OB 所展出的曲面即为圆锥齿轮的齿廓曲面。齿廓曲面在形成过程中,直线 OB 上任意一点在空间展出的曲线均为渐开线,且到锥顶的距离始终不变,故必位于以锥顶为圆心的球面上,被称为球面渐开线。因此,直齿圆锥齿轮的齿廓曲面为球面渐开线齿廓曲面。

由于直齿圆锥齿轮的齿廓为球面渐开线,而球面是不可展曲面,因而,不利于设计、制造和检测。为此,在工程上采用能展成平面的实际齿廓曲线来代替直齿圆锥齿轮的理论齿廓曲线。

如图 7.43 所示为一直齿圆锥齿轮的轴剖面,$\triangle OAB$ 代表分度圆锥,而 $\triangle Obb$ 及 $\triangle Oaa$ 分别代表齿顶圆锥和齿根圆锥。作一圆锥与锥齿轮大端球面切于分度圆 AB 上,其锥顶为 O',这个圆锥称为直齿圆锥齿轮的背锥或辅助圆锥。将球面渐开线的齿廓向背锥上投影,得 a' 及 b'。由图可见 $a'b'$ 与 $\overset{\frown}{ab}$ 相差很小,所以球面渐开线可近似地用其在背锥上的投影来代替,作为直齿圆锥齿轮的齿廓。

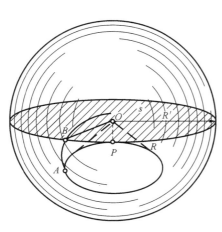

图 7.42　直齿圆锥齿轮齿廓曲面的形成

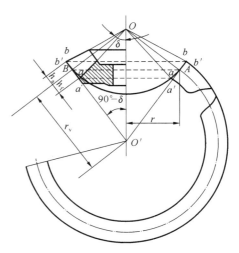

图 7.43　直齿圆锥齿轮的背锥

将背锥展成一扇形平面,r_v 为分度圆半径,即为背锥母线长。以直齿圆锥齿轮大端的模数和压力角为标准参数,该齿形就认为是直齿圆锥齿轮大端的近似齿形。

扇形齿轮上的齿数 z 就是直齿圆锥齿轮的齿数,将扇形齿轮补全为一个完整的直齿圆柱齿轮使其齿数增至 z_v,该虚拟的直齿圆柱齿轮称为直齿圆锥齿轮的当量齿轮。z_v 称为当量齿数。由图 7.43 可知

$$r_v = \frac{r}{\cos\delta} = \frac{mz}{2\cos\delta}$$

又因为

$$r_v = \frac{mz_v}{2}$$

故得

$$z_v = \frac{z}{\cos\delta} \tag{7.44}$$

显然,$z_v \geqslant z$,一般不是整数。

借助于直齿圆锥齿轮当量齿轮的概念,可以把一对直齿圆锥齿轮的啮合传动,转化为一对当量齿轮的啮合传动来研究。例如,一对直齿圆锥齿轮的正确啮合条件应为:两轮大端模数和压力角分别相等;一对直齿圆锥齿轮的重合度可按其中一对当量齿轮的重合度来计算;不产生根切直齿圆锥齿轮的最少齿数为 $z_{min} = z_{vmin}\cos\delta$ 等。

7.10.3 直齿圆锥齿轮的啮合传动

1.传动比与分度圆锥角

一对直齿圆锥齿轮的啮合传动相当于一对节圆锥做纯滚动,其分度圆锥与节圆锥重合。图 7.44 中,δ_1、δ_2 分别为两直齿圆锥齿轮的分度圆锥母线与各自轴线的夹角,称为分度圆锥角;$\Sigma = \delta_1 + \delta_2 = 90°$。$r_1$、$r_2$ 分别为两直齿圆锥齿轮大端的分度圆半径;OC 为直齿圆锥齿轮的锥距,用 R 表示。

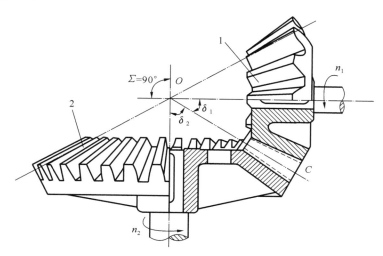

图 7.44 直齿圆锥齿轮传动

直齿圆锥齿轮传动的传动比为

$$i_{12} = \frac{\omega_1}{\omega_2} = \frac{z_2}{z_1} = \frac{r_2}{r_1} = \frac{\sin\delta_2}{\sin\delta_1} = \frac{\sin\delta_2}{\sin(\sum - \delta_2)} \quad (7.45)$$

$\sum = 90°$,则

$$i_{12} = \tan\delta_2 = \cot\delta_1 \quad (7.46)$$

2.直齿圆锥齿轮的正确啮合条件

直齿圆锥齿轮正确啮合的条件为:大端模数与压力角分别相等,锥距分别相等,锥顶重合。即

$$\begin{cases} m_1 = m_2 \\ \alpha_1 = \alpha_2 = \alpha \\ R_1 = R_2 = R \end{cases} \quad (7.47)$$

式中: R——分度圆锥锥顶至大端的距离,称为锥距。

7.10.4　直齿圆锥齿轮的基本参数和几何尺寸

1.直齿圆锥齿轮的基本参数

直齿圆锥齿轮的大端轮齿参数为标准值。模数系列参见表7.6,GB/T 12369—1990中规定直齿圆锥齿轮大端的压力角 $\alpha = 20°$,齿顶高系数 $h_a^* = 1$,顶隙系数 $c^* = 0.2$。

表7.6　直齿圆锥齿轮标准模数系列(GB/T 12368—1990)

… 1	1.125	1.25	1.375	1.5	1.75	2	2.5	2.75	3	3.25	3.5	3.75
4	4.5	5	5.5	6	6.5	7	8	9	10	…		

2.几何尺寸计算

直齿圆锥齿轮的齿顶圆锥和齿根圆锥的大小与两直齿圆锥齿轮啮合传动时对顶隙的要求有关。根据国家标准的规定,现多采用等顶隙直齿圆锥齿轮传动,即顶隙自轮齿大端到小端相等。这种传动中,齿根圆锥和分度圆锥的锥顶重合于一点,而齿顶圆锥的锥顶不和分度圆锥顶重合,如图7.45所示。采用等顶隙传动,可把齿根的圆角半径加大,以减小应力集中,同时有利于储油润滑。

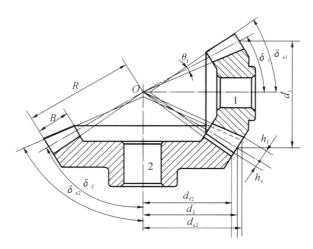

图7.45　等顶隙直齿圆锥齿轮传动

标准直齿圆锥齿轮的几何尺寸计算公式列于表7.7。

表 7.7 标准直齿圆锥齿轮机构几何尺寸计算公式 ($\Sigma = 90°$)

名　称	符　号	计　算　公　式
分度圆锥角	δ	$\delta_1 = \arctan\dfrac{z_1}{z_2}, \delta_2 = 90° - \delta_1$
齿顶高	h_a	$h_a = h_a^* m$
齿根高	h_f	$h_f = (h_a^* + c^*) m$
顶隙	c	$c = c^* m$
分度圆直径	d	$d_1 = m z_1, d_2 = m z_2$
齿顶圆直径	d_a	$d_{a1} = d_1 + 2 h_a \cos\delta_1, d_{a2} = d_2 + 2 h_a \cos\delta_2$
齿根圆直径	d_f	$d_{f1} = d_1 - 2 h_f \cos\delta_1, d_{f2} = d_2 - 2 h_f \cos\delta_2$
锥距	R	$R = \dfrac{m}{2}\sqrt{z_1^2 + z_2^2}$
分度圆齿厚	s	$s = \dfrac{\pi m}{2}$
当量齿数	z_v	$z_v = \dfrac{z}{\cos\delta}$
齿顶角	θ_a	等顶隙传动 $\theta_{a1} = \theta_{f2}, \theta_{a2} = \theta_{f1}$
齿根角	θ_f	$\theta_{f1} = \theta_{f2} = \arctan(h_f/R)$
齿顶圆锥角	δ_a	等顶隙传动 $\delta_{a1} = \delta_1 + \theta_{f2}, \delta_{a2} = \delta_2 + \theta_{f1}$
齿根圆锥角	δ_f	$\delta_{f1} = \delta_1 - \theta_{f1}, \delta_{f2} = \delta_2 - \theta_{f2}$
齿宽	B	$B \leqslant \dfrac{R}{3}$

7.11　蜗　杆　机　构

7.11.1　蜗杆机构的形成和类型

蜗轮蜗杆是用来传递两交错轴之间的运动和动力的。常用的两轴交错角 $\Sigma = 90°$。如图 7.46 所示,具有完整螺旋齿的构件 1 称为蜗杆,与之啮合的构件 2 称为蜗轮。

蜗轮是用与蜗杆一样的滚刀按范成法切制的。加工中,滚刀与蜗轮的相对运动与蜗杆蜗轮的传动完全相同。这样加工出的蜗轮,在与蜗杆啮合时为线接触。为了改善接触特性,通常将蜗轮的圆柱体表面做成弧形,使其包住蜗杆的圆柱面。

蜗杆与螺杆相似,也有左右旋之分,蜗轮与蜗杆的旋向是一致的。旋向判别方法同螺纹旋向判别方法相同。蜗杆螺旋线切线方向与端面之间的夹角称为蜗杆的升角,用 γ 表示。显然,$\gamma = 90° - \beta_1$(β_1 为螺旋角)。因 $\Sigma = \beta_1 + \beta_2 = \beta_1 + \gamma = 90°$,故 $\gamma = \beta_2$。蜗杆的齿数 z_1 又称为头数,通常 $z_1 = 1 \sim 4$。

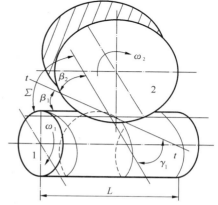

图 7.46　蜗轮蜗杆传动

因蜗轮是用与蜗杆一样的滚刀按范成法切制的,故蜗轮蜗杆的机构类型主要取决于蜗杆的类型。常用的蜗杆形状多为圆柱体,称为圆柱蜗杆。圆柱蜗杆按其端面齿廓曲线形状又分为阿基米德蜗杆、渐开线蜗杆和延伸渐开线蜗杆。除以上三种普通圆柱蜗杆外,还有圆弧圆柱蜗杆、环面蜗杆和锥蜗杆等。由于阿基米德蜗杆工艺性好,加工方便,应用最为广泛,本节只讨论阿基米德蜗杆。阿基米德蜗杆是用刀刃角为 $2\alpha = 40°$ 的梯形车刀在车床上车制出来的。加工时车刀刀刃与蜗杆轴线处在同一平面内,如图 7.47 所示。这种蜗杆轴剖面 I—I 齿形为直线,法剖面 n—n 齿形为曲线,端面为阿基米德螺旋线。

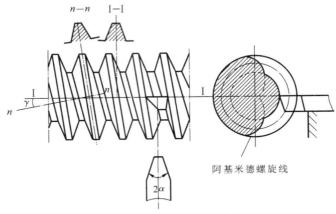

图 7.47　阿基米德蜗杆

7.11.2　蜗杆机构的正确啮合条件

如图 7.48 所示为蜗轮与阿基米德蜗杆啮合情况。过蜗杆轴线作一垂直蜗轮轴线的平面,这个截面称为主平面或中间平面。在主平面内蜗轮蜗杆的啮合相当于齿轮齿条啮合。因此它们的正确啮合条件为:蜗杆的轴面模数和压力角分别等于蜗轮的端面模数和压力角,当 $\Sigma = 90°$ 时,还须保证 $\gamma_1 = \beta_2$ 。且两轮旋向相同,即

$$\begin{cases} m_{x1} = m_{t2} = m \\ \alpha_{x1} = \alpha_{t2} = \alpha \\ \gamma_1 = \beta_2 \quad (旋向相同) \end{cases} \tag{7.48}$$

式中：　m_{x1}、m_{t2}——蜗杆的轴面模数和蜗轮的端面模数;

　　　　α_{x1}、α_{t2}——蜗杆的轴面压力角和蜗轮的端面压力角;

　　　　γ_1、β_2——蜗杆的导程角和蜗轮的螺旋角。

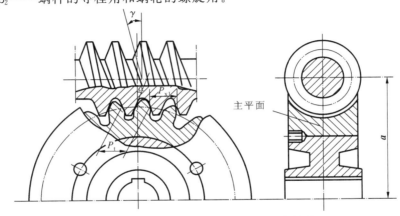

图 7.48　蜗轮与阿基米德蜗杆的啮合传动

7.11.3　蜗杆机构的基本参数和几何尺寸

1. 蜗杆的头数和蜗轮的齿数

蜗杆的齿数是指端面上的齿数,又称蜗杆的头数,用 z_1 表示。一般可取 $z_1=1\sim10$,推荐取 $z_1=1$、2、4、6。当要求传动比大或者反行程具有自锁性能时,常取 $z_1=1$,即单头蜗杆;当要求具有较高传动效率时,z_1 应取大值。蜗轮的齿数 z_2 可根据传动比及选定的 z_1 计算而得。对于动力传动,一般推荐 $z_2=29\sim70$。

2. 模数

蜗杆模数系列与齿轮模数系列有所不同。国家标准 GB/T 10088—2018 中对蜗杆模数作了规定,表 7.8 为部分摘录,供设计时查阅。

表 7.8　蜗杆的标准模数 m(摘自 GB/T 10088—2018)

第一系列	1　1.25　1.6　2　2.5　3.15　4　5　6.3　8　10　12　12.5　16　20　25　31.5　40
第二系列	1.5　3　3.5　4.5　5.5　6　7　12　14

注:优先采用第一系列。

3. 压力角 α

国家标准 GB/T 10087—2018 规定,阿基米德蜗杆的压力角 $\alpha=20°$。在动力传动中,允许增大压力角,推荐用 $25°$;在分度传动中,允许减小压力角,推荐用 $15°$ 或 $12°$。

4. 蜗杆分度圆直径 d_1 和导程角 γ_1

因为在用蜗轮滚刀切制蜗杆时,滚刀的尺寸、形状与工作蜗杆相同,为了限制蜗轮滚刀的数目,国家标准将蜗杆的分度圆直径标准化,且与其模数相匹配,对蜗杆分度圆直径与模数(见表 7.9)的比值 q(称为蜗杆特性系数)也作了规定。

表 7.9　模数、分度圆直径标准值(摘自 GB/T 10085—2018)

m	d_1	m	d_1	m	d_1	m	d_1
1	18		(22.4)		40	6.3	(80)
1.25	20	2.5	28	4	(50)		112
	22.4		(35.5)		71		(63)
1.6	20		45		(40)	8	80
	28		(28)		50		(100)
	(18)	3.15	35.5	5	(63)		140
2	22.4		(45)		90		71
	28		56		(50)	10	90
	(35.5)	4	31.5	6.3	63		⋮

注:括号内的数值尽可能不用。

因为

$$q=\frac{d_1}{m},\quad \tan\gamma_1=\frac{z_1 p}{\pi d_1}=\frac{z_1 m}{d_1}$$

则

$$d_1=mq=\frac{z_1 m}{\tan\gamma_1}\tag{7.49}$$

5.蜗杆机构几何尺寸的计算

蜗轮蜗杆传动的其他尺寸见表 7.10。标准参数值为 $\alpha=20°,h_a^*=1,c^*=0.2$。

表 7.10 蜗轮蜗杆传动几何尺寸计算公式

名　称	计 算 公 式	
	蜗　杆	蜗　轮
分度圆直径	$d_1=mq=\dfrac{mz_1}{\tan\gamma_1}$	$d_2=mz_2$
节圆直径	$d_1'=d_1+2xm$	$d_2'=d_2$
齿顶高	$h_{a1}=h_a^*m$	$h_{a2}=(h_a^*+x)m$
齿根高	$h_{f1}=(h_a^*m+c^*)m$	$h_{f2}=(h_a^*+c^*-x)m$
齿顶圆直径	$d_{a1}=d_1+2h_{a1}$	$d_{a2}=d_2+2h_{a2}$
齿根圆直径	$d_{f1}=d_1-2h_{f1}$	$d_{f2}=d_2-2h_{f2}$
中心距	$a'=\dfrac{m}{2}(q+z_2+2x)$	
升角	$\tan\gamma_1=\dfrac{z_1m}{d_1}$	
蜗轮螺旋角	$\beta_2=\gamma_1$	
传动比	$i_{12}=\dfrac{\omega_1}{\omega_2}=\dfrac{z_2}{z_1}=\dfrac{d_2}{d_1\tan\gamma_1}$	

7.11.4 蜗轮蜗杆机构转向判别

在蜗轮蜗杆传动中,常已知一个轮的转向,要求确定出另一轮的转向,可用左、右手定则来确定:右旋蜗杆用右手,左旋蜗杆用左手,四指握住蜗杆,手指弯曲方向代表蜗杆的转向,大拇指的相反方向即代表蜗轮上节点处的圆周速度方向。

7.11.5 蜗杆机构的传动特点

(1) 实现大传动比,$i_{12}=10\sim100$。与同传动比的其他机构相比,其结构紧凑。

(2) 传动平稳,噪声小。

(3) 具有自锁性能。当 $\gamma\leqslant6°\sim8°$时,蜗轮不能带动蜗杆。

(4) 效率低。具有自锁性能时,$\eta<50\%$。

(5) 传动时轮齿之间的相对滑动速度大,磨损严重,为减小磨损,蜗轮常用耐磨材料(如青铜)来制造,故成本高,寿命短。

知 识 拓 展

齿轮的发展

古希腊就有圆柱齿轮、锥齿轮和蜗杆传动的记载。公元前 300 多年,古希腊哲学家亚里士多德在《机械问题》一书中阐述了用青铜或铸铁齿轮传递旋转运动的问题。在我国,齿轮发明于战国到西汉之间。传递运动的齿轮最早应用于指南车、记里鼓车和天文仪器,以及一些较精密的自动机构上。在山西永济曾出土的一批青铜器中有两个齿轮,这些齿外径很小,强度不大,估计用于天文仪器上。传递动力的齿轮,主要用于以畜力、水力和风力为动力的某些农业机械,如灌溉机械和农副产品的加工机械。不过,古代的齿轮是用木料制造或用金属铸造的,齿廓为直线,不能保证传动的平稳性,齿轮的承载能力也很小。

随着生产的发展,齿轮运转的平稳性受到重视。1674 年,丹麦天文学家 O.罗默提出用外摆线作齿廓曲线,以得到运转平稳的齿轮。18 世纪工业革命时期,齿轮技术得到高速发展,人们对齿轮进行了大量的研究。1733 年,法国数学家 M.卡米发表了齿廓啮合基本定律(两轮齿廓不论在任何位置接触,过接触点的公法线必须过连心线上的定点)。1765 年,瑞士数学家 L.欧拉建议采用渐开线作齿廓曲线。19 世纪出现的滚齿机和插齿机(见图 7.49),解决了高精度齿轮的大量生产问题。1900 年,H.普福特在滚齿机上装上差动装置,能在滚齿机上加工出斜齿轮,从此,滚齿机滚切齿轮得到普及,展成法加工齿轮占了压倒性优势,渐开线齿轮成为应用最广的齿轮。1899 年,O.拉舍最先实施了变位齿轮的方案。变位齿轮不仅能避免轮齿根切,还可以凑配中心距和提高齿轮的承载能力。1923 年,美国的 E.怀尔德哈伯最先提出圆弧齿廓的齿轮。1955 年,苏联 M.A.诺维科夫对圆弧齿轮进行了深入的研究,圆弧齿轮遂应用于生产中。这种齿轮的承载能力和效率都较高,但不及渐开线齿轮那样易于制造。

图 7.49　插齿机

20 世纪 90 年代初兴起的纳米技术被认为是 21 世纪科技发展的前沿,它使人类在认识和改造自然方面进入一个新的层次。微机械就是在纳米技术上发展起来的一门新兴学科。微齿轮(见图 7.50)作为组成微减速器的构件之一,它是一种重要的微机械传动构件,主要用于传递动力和运动。微齿轮具有体积小、传动紧凑等优点,它的应用遍及各个领域,如在航空航天的微纳卫星、现代医学的微创手术以及在微型机器人中实现动力传递和实现运动转换等功能。1987 年,加州大学伯克利分校制造出微齿轮。美国实验室制造出直径为 $700~\mu m$ 的微齿轮。德国美茵茨微技术研究所利用 LIGA(印刷、电镀和压模)技术和精加工相结合,成功制造了直径为 $1192\mu m$、高度为 $500\mu m$ 的微齿轮。日本信州大学利用纳米碳复合材料制作了世界上最小的钟表用齿轮,直径为 $200\mu m$。其他试制成功微齿轮的机构还有美国的阿贡国家实验室、贝尔实验室等。近年来,国内也积极开展了微齿轮方面的研究,并已有一些成果。如上海交通大学薄膜与微细技术实验室试制成功模数为 0.03 mm、直径为 2 mm 的微齿轮及微行星齿轮减速器。中国科学技术大学国家同步辐射实验室利用 LIGA 技术成功制造出微齿轮活动部件。

图 7.50　微齿轮

习　　　题

7.1　对齿轮机构的最基本要求是什么?

7.2　何谓齿廓啮合的基本定律? 何谓定比传动条件?

7.3　渐开线是如何形成的? 有哪些重要性质? 渐开线的特性有哪些? 为何渐开线齿廓能够满足定传动比传动?

7.4　渐开线齿廓上的某点压力角是如何确定的? 渐开线齿廓上各点的压力角是否相同?

7.5　渐开线直齿圆柱齿轮的基本参数有哪几个? 哪些是有标准的? 其标准值为多少?

7.6　分度圆与节圆有什么区别? 在什么情况下节圆与分度圆重合?

7.7　何谓啮合角? 啮合角与压力角有什么区别? 在什么情况下两者大小相等?

7.8　重合度的意义是什么? 哪些参数会影响重合度? 这些参数的增加会使重合度增大还是减小?

7.9　直齿轮、斜齿轮、蜗杆机构的正确啮合条件各是什么?

7.10　一对渐开线外啮合直齿圆柱齿轮机构的实际中心距略大于设计中心距,其传动比 i_{12} 是否有变化? 节圆与啮合角是否有变化? 这一对齿轮能否正确啮合? 重合度是否有变化?

7.11　何谓齿廓的根切现象? 产生根切的原因是什么? 根切有什么危害? 如何避免根切?

7.12　何谓变位齿轮? 齿轮变位修正的目的是什么? 齿轮变位后与标准齿轮相比较,哪些尺寸发生了变化? 哪些尺寸没有改变?

7.13　直齿圆柱齿轮有哪些传动类型? 它们各用在什么场合?

7.14　正传动类型中的齿轮是否一定都是正变位齿轮? 负传动类型中的齿轮是否一定都是负变位齿轮?

7.15　斜齿圆柱齿轮机构的基本参数有哪些? 基本参数的标准值是在端面还是在法面? 为什么?

7.16　斜齿圆柱齿轮机构的螺旋角 β 对传动有什么影响? 它的常用取值范围是多少?

为什么？

7.17　何谓斜齿圆柱齿轮和直齿圆锥齿轮的当量齿数？当量齿数有什么用途？如何计算？

7.18　当两轴中心距不等于齿轮机构标准中心距时，有何解决措施？各有何优缺点？

7.19　一渐开线的基圆半径为 $r_b = 50$ mm，试求：（1）当 $r_K = 65$ mm 时，渐开线的展角 θ_K，压力角 α_K 和该点曲率半径 ρ_K；（2）当 $\theta_K = 20°$ 时，渐开线的压力角 α_K 及向径 r_K 的值。

7.20　已知一对渐开线标准外啮合直齿圆柱齿轮，正常齿制，$m = 5$ mm，$\alpha = 20°$，中心距 $a = 350$ mm，传动比 $i_{12} = 9/5$，试求两轮齿数、分度圆直径、基圆直径以及齿厚和齿槽宽。

7.21　试问当渐开线标准齿轮的齿根圆与基圆重合时，其齿数为多少（正常齿制，$\alpha = 20°$）？又当齿数多于以上求得的齿数时，基圆与根圆哪个大？

7.22　已知一对外啮合标准直齿圆柱齿轮，正常齿制 $m = 4$ mm，$\alpha = 20°$，$z_1 = 40$，$i_{12} = 2$。试求：（1）采用标准中心距安装时，其 r_1，r_2，r_1'，r_2'，α'，a，r_{a1}，r_{f1}，p 为多少？（2）安装时，若安装中心距比标准中心距大 1 mm，求以上各项。

7.23　用齿条刀按范成法加工一渐开线直齿圆柱齿轮，正常齿制，$m = 4$ mm，$\alpha = 20°$。若刀具移动速度为 $v_刀 = 0.001$ m/s，试求：（1）加工 $z = 12$ 的标准齿轮时，刀具分度线与节线至轮坯中心距离各为多少？被切齿轮转速为多少？（2）为避免发生根切，切制齿轮（非标准齿轮）时，刀具应远离轮坯中心的距离至少是多少？此时，刀具分度线与节线至轮坯中心的距离各为多少？轮坯转速为多少？

7.24　已知一对外啮合标准直齿圆柱齿轮，正常齿制，$\alpha = 20°$，$m = 2.5$ mm，$z_1 = 18$，$z_2 = 37$，安装中心距 $a' = 69.75$ mm，求其重合度。

7.25　设计一无根切的齿轮齿条机构，$z_1 = 15$，$m = 10$ mm，$\alpha = 20°$，正常齿制。求：（1）齿轮的 r_1，r_1'，s_1，h_{a1}，h_{f1}，r_{a1}，r_{f1}；（2）齿条的 s_2，h_{a2}，h_{f2} 以及齿轮中心至齿条分度线之间的距离 L？

7.26　已知一对标准直齿圆柱齿轮，$z_1 = 20$，$z_2 = 42$，$\alpha = 20°$，$m = 8$ mm，正常齿制，安装中心距 $a' = 250$ mm。试求此时的啮合角 α'，该对齿轮是否作无侧隙啮合？现根据需要改成一对标准斜齿圆柱齿轮传动，基本参数 $z_1 = 20$，$z_2 = 42$，$a' = 250$ mm，$m_n = 8$ mm。求斜齿圆柱齿轮的螺旋角 β，此时是否为无侧隙啮合？

7.27　已知一对标准斜齿圆柱齿轮，$z_1 = 20$，$z_2 = 38$，$m_n = 8$ mm，$\alpha_n = 20°$，$\beta = 13°$，$h_{an}^* = 1$，$c_n^* = 0.25$，齿轮宽度 $B = 30$ mm。求：中心距 a'，分度圆半径 r_1、r_2，轴面重合度 ε_β，当量齿数 z_{v1}、z_{v2}。

7.28　已知 $z_2 = 40$、$d_2 = 200$ mm 的一个蜗轮与一个双头蜗杆啮合。试求它们的模数 m、蜗杆分度圆直径 d_1、中心距 a。

7.29　已知一对标准直齿圆锥齿轮，$z_1 = 14$，$z_2 = 30$，$m = 10$ mm，$\alpha = 20°$，$h_a^* = 1$，$c^* = 0.2$，轴交角为 $90°$。求：分度圆直径 d_1、d_2，齿顶圆 d_{a1}，齿根圆 d_{f1}，当量齿数 z_{v1} 和 z_{v2}。此时小齿轮是否根切？为什么？

第8章 齿轮系及其设计

8.1 齿轮系及其分类

在第 7 章，我们讨论了一对齿轮传动的啮合原理和几何尺寸计算等问题，但在实际机械中，为了满足不同的工作需要，只采用一对齿轮传动往往是不够的，通常采用一系列齿轮进行传动。这种由一系列齿轮组成的传动系统称为齿轮系，简称轮系。

轮系的类型很多，其组成也是各式各样的，一个轮系中可以同时包括圆柱齿轮、圆锥齿轮、蜗轮蜗杆等各种齿轮机构。

根据轮系运转时，各轮的轴线是否平行可以把轮系分为平面轮系和空间轮系。平面轮系由圆柱齿轮组成，其各轮的轴线相互平行，如图 8.1 所示；空间轮系中不但含有圆柱齿轮，而且还包含有圆锥齿轮、交错轴系齿轮、蜗杆蜗轮等空间齿轮。

根据轮系运转时，各轮轴线的位置是否固定，可将轮系分为定轴轮系、周转轮系和复合轮系。

8.1.1 定轴轮系

如图 8.1 所示，轮系运转时，所有齿轮几何轴线的位置都是固定不变的，这种轮系称为定轴轮系。

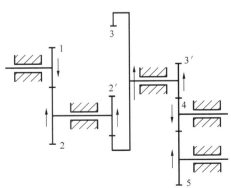

图 8.1　定轴轮系

图 8.1 动画

8.1.2 周转轮系

如图 8.2 所示，轮系运转时，至少有一个齿轮轴线的位置不固定，而是绕某一固定轴线回转，这种轮系称为周转轮系。在该轮系中，绕固定轴线运转的齿轮 1 和 3 称为中心轮或太阳轮；既绕自己的几何轴线 O_2 自转，又随构件 H 一起绕几何轴线 $O_1(O_3、O_H)$ 公转的齿轮 2 称为行星轮；支撑行星轮的构件 H 称为系杆或行星架。

中心轮 1、3 和系杆 H 的回转轴线的位置均固定且重合，通常以它们作为运动的输入或输出构件，称为周转轮系的基本构件。

根据周转轮系所具有的自由度数目的不同，周转轮系可进一步分为以下两类。

（1）差动轮系　在图 8.2(a)所示的周转轮系中，中心轮 1 和 3 均为活动构件，该轮系的自由度为 2。这种自由度为 2 的周转轮系称为差动轮系。

（2）行星轮系　在图 8.2(b)所示的周转轮系中，若将中心轮 3（或 1）固定，则这个轮系的自由度为 1。这种自由度为 1 的周转轮系称为行星轮系。

此外，周转轮系还可以根据其基本构件的不同来分类。若轮系中的太阳轮以 K 表示，行星架用 H 表示，则图 8.2 所示的轮系称为 2K-H 型周转轮系，又称为基本周转轮系，在实际机械中应用较多；图 8.3 所示的轮系称为 3K-H 型周转轮系，其基本构件是三个太阳轮 1、3、4，而行星架 H 只起支撑行星轮的作用，不起传递外力的作用，也不作为输入、输出构件使用。

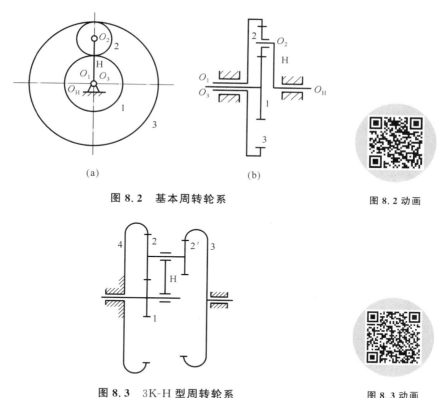

(a)　　　　　　　　　　　　　　　(b)

图 8.2　基本周转轮系　　　　　　　　　　图 8.2 动画

图 8.3　3K-H 型周转轮系　　　　　　　　图 8.3 动画

8.1.3　复合轮系

在工程实际中，除了采用单一的定轴轮系和周转轮系外，还经常采用既含有定轴轮系又含有周转轮系或者由几个基本的周转轮系所组成的复杂轮系，通常把这种轮系称为复合轮系或混合轮系。如图 8.4(a)是由定轴轮系和周转轮系组成的复合轮系，图 8.4(b)是由两个基本周转轮系组成的复合轮系。

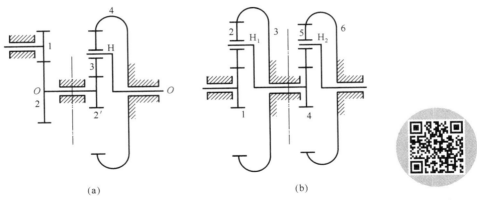

图 8.4　复合轮系

图 8.4 动画

8.2　轮系的传动比

一对齿轮的传动比是指该两齿轮的角速度(或转速)之比,而所谓轮系的传动比,是指轮系中输入轴(首轮)与输出轴(末轮)的角速度(或转速)之比,用 i_{ab} 表示,下标 a、b 为输入轴与输出轴的代号,即

$$i_{ab} = \frac{\omega_a}{\omega_b} = \frac{n_a}{n_b}$$

确定一个轮系的传动比,包括计算其传动比的大小和确定其输入轴与输出轴转向之间的关系。

8.2.1　定轴轮系的传动比

1. 传动比大小的计算

以图 8.5 所示的轮系为例,来讨论定轴轮系传动比大小的计算方法。该轮系由齿轮对 1-2、2-3、3′-4 和 4′-5 组成,设齿轮 1 为主动轮,齿轮 5 为最后的从动轮,则该轮系的总传动比为 $i_{15} = \frac{\omega_1}{\omega_5}\left(\text{或}\frac{n_1}{n_5}\right)$。下面来讨论该传动比大小的计算方法。

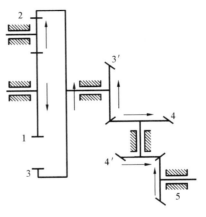

图 8.5　传动比计算示例定轴轮系

图 8.5 动画

　　由图可见,主动轮 1 到从动轮 5 之间的传动,是通过一对对齿轮依次啮合来实现的。为此,首先求出该轮系中各对啮合齿轮传动比的大小

$$i_{12} = \frac{\omega_1}{\omega_2} = \frac{z_2}{z_1} \tag{8.1a}$$

$$i_{23} = \frac{\omega_2}{\omega_3} = \frac{z_3}{z_2} \tag{8.1b}$$

$$i_{3'4} = \frac{\omega_{3'}}{\omega_4} = \frac{z_4}{z_{3'}} \tag{8.1c}$$

$$i_{4'5} = \frac{\omega_{4'}}{\omega_5} = \frac{z_5}{z_{4'}} \tag{8.1d}$$

　　由上述各式可以看出,主动轮 1 的角速度 ω_1 出现在式(8.1a)的分子中,从动轮 5 的角速度 ω_5 出现在式(8.1d)的分母中,而各中间齿轮的角速度 ω_2、ω_3($\omega_{3'}$)、ω_4($\omega_{4'}$) 在这些式子的分子和分母中均各出现一次。因此,为了求得整个轮系的传动比 $i_{15} = \dfrac{\omega_1}{\omega_5}$,可将上述各式两边分别连乘起来。于是有

$$i_{12} \cdot i_{23} \cdot i_{3'4} \cdot i_{4'5} = \frac{\omega_1}{\omega_2} \cdot \frac{\omega_2}{\omega_3} \cdot \frac{\omega_{3'}}{\omega_4} \cdot \frac{\omega_{4'}}{\omega_5} = \frac{\omega_1 \omega_{3'} \omega_{4'}}{\omega_3 \omega_4 \omega_5} = \frac{\omega_1}{\omega_5}$$

即

$$i_{15} = \frac{\omega_1}{\omega_5} = i_{12} \cdot i_{23} \cdot i_{3'4} \cdot i_{4'5} = \frac{z_2}{z_1} \cdot \frac{z_3}{z_2} \cdot \frac{z_4}{z_{3'}} \cdot \frac{z_5}{z_{4'}} = \frac{z_3 z_4 z_5}{z_1 z_{3'} z_{4'}}$$

　　上式表明:定轴轮系的传动比等于组成该轮系的各对啮合齿轮传动比的连乘积;其大小等于各对啮合齿轮中所有从动轮齿数的连乘积与所有主动轮齿数的连乘积之比,即

$$定轴轮系的传动比 = \frac{所有从动轮齿数的连乘积}{所有主动轮齿数的连乘积} \tag{8.2}$$

2. 主、从动轮转向关系的确定

齿轮传动的转向关系可以用正、负号或用箭头表示。

1) 平面定轴轮系

组成这种轮系的齿轮均为圆柱齿轮,一对外啮合齿轮传动,两轮转向相反,结果用"—"号表示;一对内啮合齿轮传动,两轮转向相同,结果用"+"号表示。在平面定轴轮系中,每经过一对外啮合输出轴就改变一次方向,而内啮合传动不改变输出轴的转动方向。故可用轮系中外啮合的次数来确定主、从动轮的转向关系。若轮系中外啮合的次数用 m 表示,则可用 $(-1)^m$ 来确定轮系传动比的正负号,即

$$定轴轮系的传动比 = (-1)^m \frac{所有从动轮齿数的连乘积}{所有主动轮齿数的连乘积} \tag{8.3}$$

　　若计算结果为正,则说明首、末齿轮转向相同;若结果为负,则说明首、末齿轮转向相反。

　　例如对于图 8.1 所示的平面定轴轮系,$m = 3$,所以其传动比为

$$i_{15} = \frac{\omega_1}{\omega_5} = (-1)^3 \frac{z_2 z_3 z_4 z_5}{z_1 z_{2'} z_{3'} z_4} = -\frac{z_2 z_3 z_5}{z_1 z_{2'} z_{3'}}$$

传动比结果为负,说明从动轮 5 与主动轮 1 的转向相反。

　　由图 8.1 可以看出,齿轮 4 同时与齿轮 3′ 和齿轮 5 啮合,对于齿轮 3′ 来讲,它是从动轮,对于齿轮 5 来讲,它又是主动轮。因此,其齿数 z_4 在上式的分子、分母中同时出现,可以约去。齿轮 4 的作用仅仅是改变齿轮 5 的转向,而它的齿数的多少并不影响该轮系传动比的

大小,这样的齿轮为惰轮或过轮。

2) 空间定轴轮系

用正负号表示首、末齿轮转向的方法,只有当首、末齿轮的轴线平行时才有意义,但对空间定轴轮系,由于齿轮的几何轴线并不都是平行的,故其转向关系不能再由$(-1)^m$决定,必须在图中用画箭头的方法确定。如图 8.6 所示:圆柱齿轮机构用一对同向(内啮合)或反向(外啮合)的箭头表示;圆锥齿轮机构用一对同时指向节点或同时背离节点的箭头表示。蜗杆、蜗轮的转向关系,可按左、右手法则来确定:左旋的用左手、右旋的用右手,四指顺着已知运动构件的转向,则大拇指的相反方向即为另一构件啮合点处的圆周速度方向。

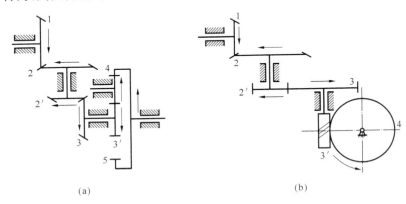

(a)   (b)

图 8.6 空间定轴轮系

尽管空间定轴轮系中所有轮的轴线并不都是平行的,但若首、末两轮的轴线相平行时,它们的转向关系仍可用正负号表示。例如在图 8.6(a)所示的空间定轴轮系中,按上述方法在图中画出箭头判定。由图可知首轮 1 和末轮 5 的转向相反,则其传动比为

$$i_{15} = \frac{\omega_1}{\omega_5} = -\frac{z_2 z_3 z_5}{z_1 z_{2'} z_{3'}}$$

图 8.6(b)所示的空间定轴轮系,因首、末两轮的轴线不平行,故它们的转向关系只能在图上用箭头表示,其传动比不再带符号,只表示大小。所以,其传动比为

$$i_{14} = \frac{\omega_1}{\omega_4} = -\frac{z_2 z_3 z_4}{z_1 z_{2'} z_{3'}}$$

8.2.2 周转轮系的传动比

周转轮系与定轴轮系的区别在于周转轮系中有轴线不固定的行星齿轮,由于行星齿轮既有自转又有公转,故其传动比不能直接用定轴轮系传动比的公式来计算。但是,如果能够设法使系杆 H 固定不动,那么周转轮系就可转化成一个定轴轮系。为此,假想给整个轮系加上一个公共的角速度$-\omega_H$,根据相对运动原理可知,各构件之间的相对运动关系并不改变,但此时系杆的角速度就变成了$\omega_H - \omega_H = 0$,即系杆可视为静止不动。于是,周转轮系就转化成了一个假想的定轴轮系,通常称这个假想的定轴轮系为周转轮系的转化轮系(或转化机构)。

下面以图 8.7 所示的 2K-H 型周转轮系为例,来说明当给整个轮系加上一个公共角速度$(-\omega_H)$后,各构件角速度的变化情况。

如图 8.7 所示,当给整个轮系加上公共角速度$-\omega_H$后,其各构件的角速度变化情况如

表 8.1 所示。

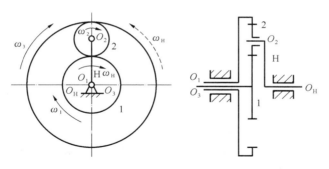

图 8.7　2K-H 型周转轮系

表 8.1　各构件在轮系转化前后的角速度

构 件 代 号	原轮系中的角速度	转化轮系中的角速度
1	ω_1	$\omega_1^H = \omega_1 - \omega_H$
2	ω_2	$\omega_2^H = \omega_2 - \omega_H$
3	ω_3	$\omega_3^H = \omega_3 - \omega_H$
H	ω_H	$\omega_H^H = \omega_H - \omega_H = 0$

表中：ω_1^H、ω_2^H 和 ω_3^H 分别表示转化机构中齿轮 1、2、3 的角速度。由于系杆固定后上述周转轮系就转化成了如图 8.8 所示的定轴轮系，该转化轮系的传动比可以按照定轴轮系传动比的计算方法来计算。因此，对于周转轮系，可以先在其转化轮系中按照定轴轮系传动比的计算方法列出计算公式，然后再由原轮系与转化轮系的角速度关系，求出实际轮系的角速度关系。

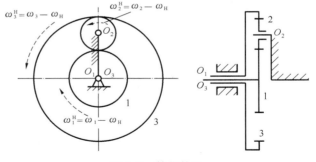

图 8.8　转化轮系

在图 8.8 所示的转化轮系中，根据式(8.3)，齿轮 1 与齿轮 3 的传动比 i_{13}^H 为

$$i_{13}^H = \frac{\omega_1^H}{\omega_3^H} = \frac{\omega_1 - \omega_H}{\omega_3 - \omega_H} = (-1)^1 \frac{z_2 z_3}{z_1 z_2} = -\frac{z_3}{z_1}$$

可见，在图 8.7 所示的差动轮系中，只要给定了 ω_1、ω_3 和 ω_H 三者中的任意两个参数，就可以由上式求出第三个参数。

若轮系为行星轮系时，轮 1 或轮 3 固定，此处假定轮 3 固定，即 $\omega_3 = 0$，则上式可以写为

$$i_{13}^H = \frac{\omega_1^H}{\omega_3^H} = \frac{\omega_1 - \omega_H}{\omega_3 - \omega_H} = \frac{\omega_1 - \omega_H}{0 - \omega_H} = -\frac{z_3}{z_1} = 1 - i_{1H}$$

即

$$i_{1H} = 1 - i_{13}^H = 1 + \frac{z_3}{z_1}$$

若 a、b 为周转轮系中的任意两个齿轮，系杆为 H，则其转化轮系传动比计算的一般公式为

$$i_{ab}^H = \frac{\omega_a^H}{\omega_b^H} = \frac{\omega_a - \omega_H}{\omega_b - \omega_H} = \pm \frac{\text{转化轮系中由 a 至 b 各从动轮齿数的乘积}}{\text{转化轮系中由 a 至 b 各主动轮齿数的乘积}} \qquad (8.4a)$$

若轮系为行星轮系,设固定轮为 b,即 $\omega_b = 0$,则式(8.4a)可以写为

$$i_{ab}^H = \frac{\omega_a^H}{\omega_b^H} = \frac{\omega_a - \omega_H}{0 - \omega_H} = -i_{ab} + 1$$

即

$$i_{aH} = 1 - i_{ab}^H \qquad\qquad (8.4b)$$

若一个周转轮系转化机构的传动比为"＋",则称其为正号机构;若传动比为"－",则称其为负号机构。

应用式(8.4)计算周转轮系传动比时,需要注意以下几点。

(1) 式(8.4)适用于任何基本周转轮系,但要求 a、b 两轮和系杆 H 的几何轴线必须重合。

(2) 式中 i_{ab}^H 是转化机构中轮 a 主动、轮 b 从动时的传动比,其大小和正负号是在转化机构中按定轴轮系的方法来确定的。在具体计算时,要特别注意转化机构传动比 i_{ab}^H 的正负号,它不仅表明在转化机构中轮 a 和轮 b 之间的转向关系,而且将直接影响到周转轮系传动比的大小和正负号。

(3) 式中 ω_a、ω_b 和 ω_H 分别为周转轮系中相应构件的绝对角速度,均为代数量,在使用时要带上相应的正负号,这样求出的角速度就可按其符号来确定转动方向。

【例 8.1】 图 8.9 所示的轮系中,已知各轮齿数为:$z_1 = 28$,$z_2 = 18$,$z_{2'} = 24$,$z_3 = 70$。试求传动比 i_{1H}。

【解】 这是一个 2K-H 型行星轮系。其转化机构的传动比为

$$i_{13}^H = \frac{\omega_1 - \omega_H}{\omega_3 - \omega_H} = \frac{\omega_1 - \omega_H}{0 - \omega_H}$$

$$= -\frac{z_2 z_3}{z_1 z_{2'}} = 1 - i_{1H}$$

由此得到该行星轮系的传动比为

$$i_{1H} = 1 - i_{13}^H = 1 + \frac{z_2 z_3}{z_1 z_{2'}} = 1 + \frac{18 \times 70}{28 \times 24} = 2.875$$

计算结果 i_{1H} 为正值,说明系杆 H 与中心轮 1 的转向相同。

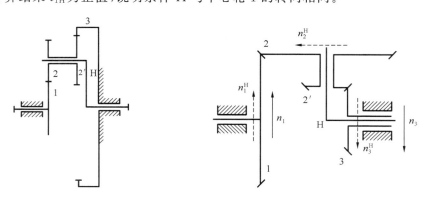

图 8.9　2K-H 型行星轮系　　　　　图 8.10　差动轮系

【例 8.2】 图 8.10 所示的轮系中,已知:$z_1 = z_2 = 48$,$z_{2'} = 18$,$z_3 = 24$,$n_1 = 250$ r/min,$n_3 = 100$ r/min,转向如图 8.10 所示。试求系杆 H 的转速 n_H 的大小及方向。

【解】 这是一个由圆锥齿轮所组成的差动轮系。虽然是空间轮系,但其输入轴和输出轴是平行的。以画虚线箭头的方法确定出该轮系的转化机构中,齿轮 1 与齿轮 3 的转向相

反,如图所示,故其转化机构的传动比为

$$i_{13}^{H} = \frac{n_1^H}{n_3^H} = \frac{n_1 - n_H}{n_3 - n_H} = -\frac{z_2 z_3}{z_1 z_{2'}} = -\frac{48 \times 24}{48 \times 18} = -\frac{4}{3}$$

由已知条件可知 n_1、n_3 的转向相反,设 n_1 为正、n_3 为负,代入上式可得

$$\frac{250 - n_H}{-100 - n_H} = -\frac{4}{3}$$

解得

$$n_H = 20 \ \text{r/min}$$

计算结果为正,说明系杆 H 与齿轮 1 的转向相同,与齿轮 3 的转向相反。

对于由圆锥齿轮组成的周转轮系,在计算传动比时应注意以下两点。

(1) 由于行星轮的轴线与中心轮和系杆的轴线不平行,因而它们的角速度不能按代数量进行加减,故利用转化轮系计算传动比时,只适合于该轮系的基本构件(中心轮 1、3 和系杆 H),而不适合于行星轮 2、2′。当需要知道其行星轮的角速度时,应用角速度向量来进行计算。这里不做详细介绍,可参阅有关资料。

(2) 图中用虚线箭头所表示的是转化轮系中各轮的相对转向。不代表其实际转向。

8.2.3　复合轮系的传动比

复合轮系既不能将整个轮系作为定轴轮系来处理,也不能对整个轮系采用转化轮系的办法。计算复合轮系传动比的正确方法与步骤如下。

(1) 正确划分基本轮系。所谓基本轮系,是指单一的定轴轮系或单一的基本周转轮系。在划分基本轮系时,首先要找出各个基本周转轮系。具体方法是:先找轴线位置不固定的行星轮,支撑行星轮的构件就是系杆 H(注意系杆不一定是杆状),而几何轴线与系杆回转轴线重合且直接与行星轮相啮合的定轴齿轮就是中心轮。这样由行星轮、系杆、中心轮所组成的轮系,就是一个基本的周转轮系。重复上述过程,直至将所有基本周转轮系一一找出。划分出各个基本周转轮系后,剩余的那些由定轴齿轮所组成的部分就是定轴轮系。

(2) 分别列出计算各基本轮系传动比的方程式。

(3) 找出各基本轮系之间的联系。

(4) 将各基本轮系传动比方程式联立求解,即可求得复合轮系的传动比。

【例 8.3】　如图 8.11 所示的轮系中,设已知各轮齿数 z_1、z_2、$z_{2'}$、z_3、z_4、z_5、z_6、$z_{6'}$、z_7,试求传动比 i_{1A}。

【解】　这是一个复合轮系。首先划分各基本轮系。从图中可知,齿轮 3 的轴线不固定,它是一个行星轮,支承该行星轮的构件 H 即系杆,而与行星轮 3 相啮合的定轴齿轮 2′、4 为中心轮。因此:齿轮 2′、3、4 和系杆 H 组成了一个基本周转轮系;同理可以划分出由齿轮 5、6、6′、7 和系杆 A 组成的行星轮系;剩余的齿轮 1 和 2 为一定轴轮系。

下面分别列出各基本轮系传动比的计算式。

在齿轮 1、2 组成的定轴轮系中,有

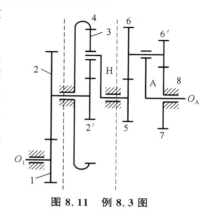

图 8.11　例 8.3 图

$$i_{12} = \frac{n_1}{n_2} = -\frac{z_2}{z_1}$$

在齿轮 2′、3、4 和系杆 H 组成的行星轮系中,有

$$i_{2'H} = \frac{n_{2'}}{n_H} = 1 - i_{2'4}^H = 1 + \frac{z_4}{z_{2'}}$$

在齿轮 5、6、6′、7 和系杆 A 组成的行星轮系中,有

$$i_{5A} = \frac{n_5}{n_A} = 1 - i_{57}^H = 1 - \frac{z_6 z_7}{z_5 z_{6'}}$$

联立上述三式求解,并注意 $n_2 = n_{2'}$,$n_H = n_5$,得

$$i_{1A} = i_{12} \cdot i_{2'5} \cdot i_{5A} = -\frac{z_2}{z_1}\left(1 + \frac{z_4}{z_{2'}}\right)\left(1 - \frac{z_6 z_7}{z_5 z_{6'}}\right)$$

【例 8.4】　图 8.12(a)所示为一电动卷扬机的减速器运动简图,设已知各轮齿数为 $z_1 = 24$,$z_2 = 33$,$z_{2'} = 21$,$z_3 = z_5 = 78$,$z_{3'} = 18$,$z_4 = 30$。试求其传动比 i_{15}。

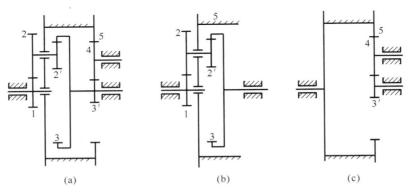

图 8.12　电动卷扬机的减速器运动简图

【解】　这也是一个复合轮系。首先划分各基本轮系。从图中可以看出,双联齿轮 2、2′ 的轴线不固定,它是一个双联行星轮,支承该行星轮的构件 5 为系杆 H,而与行星轮 2、2′ 相啮合的定轴齿轮 1、3 为中心轮。因此,由齿轮 1、2-2′、3 和系杆 5(H) 组成了一个差动轮系,如图 8.12(b)所示。剩余的由定轴齿轮 3′、4 及 5 组成一个定轴轮系,如图 8.12(c)所示。在该轮系中,其差动轮系部分的两个基本构件 3 及 5,被定轴轮系部分封闭起来了,从而使差动轮系部分的两个基本构件 3 和 5 之间保持一定的速比关系,而整个轮系的自由度变为 1,这种轮系称为封闭式差动轮系。

在齿轮 1、2-2′、3 和系杆 5 组成的差动轮系中,有

$$i_{13}^5 = \frac{\omega_1 - \omega_5}{\omega_3 - \omega_5} = -\frac{z_2 z_3}{z_1 z_{2'}}$$

在齿轮 3′、4、5 组成的定轴轮系中,有

$$i_{3'5} = \frac{\omega_{3'}}{\omega_5} = -\frac{z_5}{z_{3'}} = i_{35}$$

联立求解,得

$$i_{15} = \frac{z_2 z_3}{z_1 z_{2'}}\left(1 + \frac{z_5}{z_{3'}}\right) + 1 = \frac{33 \times 78}{24 \times 21}\left(1 + \frac{78}{18}\right) + 1 = 27.23$$

计算结果为正,说明齿轮 1 与齿轮 5(系杆)的转向相同。

8.3　轮系的功用

在各种机械设备中,广泛应用着各种轮系。轮系的功用主要概括为以下几个方面。

8.3.1　定轴轮系的功用

1.实现相距较远的两轴之间的传动

当两轴之间的距离较远时,如果只用一对齿轮直接把输入轴的运动传递给输出轴,如图 8.13 中的齿轮 1 和齿轮 2 所示,这样的话,齿轮的尺寸会很大,既占空间又费材料。如果改用齿轮 a、b、c、d 组成的轮系来传动,便可克服上述缺点。

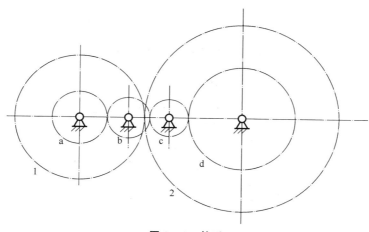

图 8.13　轮系

2.实现分路传动

利用轮系可将输入轴的转动同时传到几根输出轴上。如图 8.14 所示为在滚齿机上实现轮坯与滚刀展成运动的传动简图,通过电动机带动的主轴 Ⅰ 上的齿轮 1 和 3,将运动和动力分两路去带动滚刀和轮坯,以保证所需的准确对滚关系。

3.实现变速传动

在输入轴转速不变的条件下,利用轮系可使输出轴得到若干种不同的工作转速,这种传动称为变速传动。图 8.15 所示为汽车变速箱中的轮系,图中轴 Ⅰ 为动力输入轴,轴 Ⅱ 为输出轴,齿轮 4、6 为滑移齿轮,A、B 为离合器。通过操纵滑移齿轮和离合器可以得到 4 种不同的转速。

4.实现变向传动

轮系中的过轮,虽不影响传动比的大小,但可改变从动轮的转向。图 8.16 所示是车床走刀丝杠的三星轮换向机构。互相啮合着的齿轮 2 和 3 浮套在三角形构件 a 的两个轴上,构件 a 可通过手柄使之绕轮 4 的轴转动。在图 8.16(a)所示的位置上,主动轮 1 的转动经中间齿轮 2 和 3 而传给从动轮 4,从动轮 4 与主动轮 1 的转向相反;如果通过手柄转动三角形构件 a,使齿轮 2 和 3 位于图 8.16(b)所示的位置,则齿轮 2 不参与传动,这时从动轮 4 与主动轮 1 转向相同。

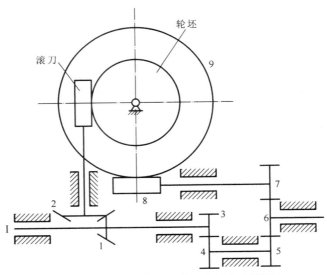

图 8.14　轮坯与滚刀展成运动的传动简图

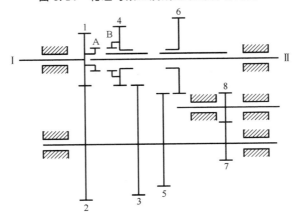

图 8.15　汽车变速箱中的轮系

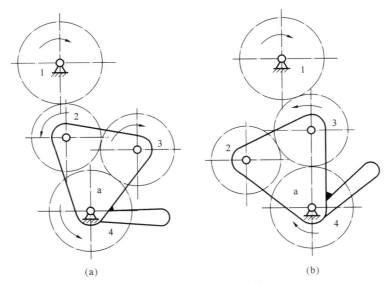

(a)　　　　　　　　　　　　　　(b)

图 8.16　三星轮换向机构

8.3.2　周转轮系的功用

1. 获得大的传动比

在齿轮传动中，一对齿轮的传动比一般不超过 8，当两轴之间需要很大的传动比时，固然可以用多级齿轮组成的定轴轮系来实现，但由于轴和齿轮的数量增多，会导致结构复杂。若采用行星轮系，则只需很少几个齿轮，就可获得很大的传动比。如图 8.17 所示的行星轮系，设各轮齿数为：$z_1 = 100, z_2 = 101, z_{2'} = 100, z_3 = 99$，其传动比 i_{1H} 为

$$i_{1H} = 1 - i_{13}^H = 1 - \frac{z_2 z_3}{z_1 z_{2'}} = 1 - \frac{101 \times 99}{100 \times 100} = \frac{1}{10000}$$

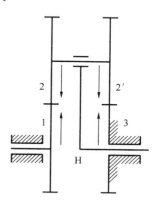

即当系杆 H 转 10000 转时，轮 1 才同向转 1 转，可见行星轮系可获得极大的传动比。但这种轮系的效率很低，且当轮 1 主动时将发生自锁，因此，这种轮系只适用于轻载下的运动传递或作为微调机构。

如果将本例中的 z_3 由 99 改为 100，则

$$i_{1H} = 1 - i_{13}^H = 1 - \frac{z_2 z_3}{z_1 z_{2'}} = 1 - \frac{101 \times 100}{100 \times 100} = -\frac{1}{100}$$

即当系杆 H 转 100 转时，轮 1 反转 1 转，可见行星轮系中齿数的改变不仅会影响传动比的大小，而且还会改变从动轮的转向。

图 8.17　行星轮系示例

2. 实现运动的合成与分解

如前所述，差动轮系有两个自由度。这就意味着可以把两个构件的运动合成为一个构件的运动。

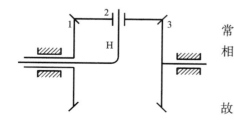

如图 8.18 所示的由圆锥齿轮组成的差动轮系，就被常用于运动的合成。在该轮系中，其中两个中心轮的齿数相等，即 $z_1 = z_3$，其传动比 i_{1H} 为

$$i_{13}^H = \frac{n_1^H}{n_3^H} = \frac{n_1 - n_H}{n_3 - n_H} = -\frac{z_3}{z_1} = -1$$

故

图 8.18　圆锥齿轮组成的差动轮系

$$n_H = \frac{1}{2}(n_1 + n_3)$$

上式说明，系杆 H 的转速是两个中心轮转速的合成，所以这种轮系可用作加法机构。

如果在该轮系中，以系杆 H 和任意一个中心轮（如齿轮 3）作为原动件时，则上式可改写成

$$n_1 = 2n_H - n_3$$

这说明这种轮系又可用作减法机构。

由于转速有正负之分，所以这种加减是代数量的加减。差动轮系的这种特性被广泛应用于机床、计算机和补偿调整等装置中。

同样，利用周转轮系也可以实现运动的分解，即将差动轮系中已知的一个独立运动分解为两个独立的运动。图 8.19 所示为装在汽车后桥上的差动轮系（称为差速器）。发动机的运动从变速箱通过传动轴驱动齿轮 5，齿轮 4 上固连着系杆 H，其上装有行星轮 2。齿轮 1、2、3 及系杆 H 组成一差动轮系。在该轮系中，$z_1 = z_3$，$n_H = n_4$，有

$$i_{13}^H = \frac{n_1^H}{n_3^H} = \frac{n_1 - n_4}{n_3 - n_4} = -\frac{z_3}{z_1} = -1$$

$$n_4 = \frac{1}{2}(n_1 + n_3) \qquad (8.5a)$$

由于差动轮系具有两个自由度,因此,只有圆锥齿轮 5 为主动轮时,圆锥齿轮 1 和 3 的转速是不能确定的,但 $n_1 + n_3$ 却总为常数。当汽车直线行驶时,由于两个后轮所滚过的距离是相等的,其转速也相等,所以有 $n_1 = n_3$,代入式(8.5a),得 $n_1 = n_3 = n_H = n_4$,即齿轮 1、3 和系杆 H 之间没有相对运动。此时,整个轮系形成一个同速转动的整体,一起随轮 4 转动。当汽车转弯时,由于两后轮的转弯半径不相等,则两后轮的转速应不相等($n_1 \neq n_3$)。在汽车后桥上采用差动轮系,就能使汽车沿不同弯道行驶时,自动改变两后轮的转速。

设汽车向左转弯行驶,汽车的两前轮在如图 8.20 所示的梯形转向机构 $ABCD$ 的作用下向左偏转,其轴线与两后轮的轴线相交于点 P,这时整个汽车可以看成是绕着点 C 回转。在两后轮与地面不打滑的条件下,其转速应与弯道半径成正比,由图可得

$$\frac{n_1}{n_3} = \frac{r - L}{r + L} \qquad (8.5b)$$

这是一个附加的约束条件,联立式(8.5a)、(8.5b),得两后轮的转速分别为

$$n_1 = \frac{r - L}{r} n_4$$

$$n_3 = \frac{r + L}{r} n_4$$

可见,当汽车转弯时,可利用后桥上的差速器自动将主轴的转动分解为两后轮的不同转动,其转速 n_1 和 n_3 随弯道半径的不同而变化。此时行星轮 2 除了与系杆 H 一起公转外,还绕系杆 H 做自转。

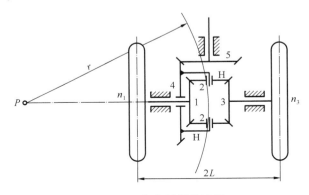

图 8.19 汽车后桥差速器

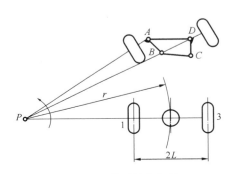

图 8.20 梯形转向机构

3. 实现结构紧凑的大功率传动

在周转轮系中,多采用多个行星轮的结构形式,各行星轮均匀地布置在中心轮周围,如图 8.21 所示,这样既可用多个行星轮来共同分担载荷,又可使各啮合处的径向分力和行星轮公转所产生的离心惯性力得以平衡。可大大改善受理情况。此外,采用内啮合又有效地利用了空间,加之其输入轴和输出轴同轴线,故可减小径向尺寸。即结构紧凑的条件下,实现大功率传动。

图 8.22 所示为某涡轮螺旋桨发动机主减速器的传动简图。其右部是差动轮系,左部是定轴轮系。动力自中心轮 1 输入后,经系杆 H 和内齿轮 3 分两路输往左部,最后在系杆 H 与内齿轮 5 的结合处汇合到一起,输往螺旋桨。由于是功率分路传动,又采用了多个行星轮(图中只画了一个)均布承载,从而使整个装置在体积小、质量小的情况下,实现大功率传动。

该减速器的长度仅 0.5 m 左右,而传递的功率可达 2850 kW。

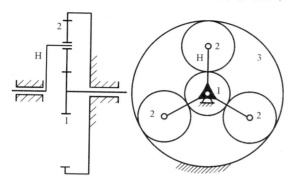

图 8.21　周转轮系

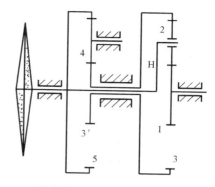

图 8.22　涡轮螺旋桨发动机主减速器传动简图

4. 实现执行构件的复杂运动

由于在周转轮系中,行星轮既自转又公转,工程实际中的一些装置直接利用了行星轮的这一特有的运动特点,来实现机械执行构件的复杂动作。

图 8.23 所示为一种行星搅拌机构的简图。其搅拌器与行星轮固结为一体,从而得到复合运动,增加了搅拌效果。

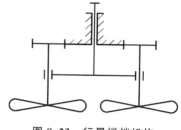

图 8.23　行星搅拌机构

8.4　行星轮系的效率

轮系的效率计算涉及多方面的因素,是一个比较复杂的问题。加之实际加工精度、安装精度和使用情况等都会直接影响到效率的大小,故工程中一般常用实验方法来测定。本节只讨论涉及轮齿啮合损耗的效率计算,因为它对在设计阶段评价方案的可行性(如效率的高低、是否会发生自锁现象等)和进行方案的比较与选择十分有用。

在各种轮系中,定轴轮系的效率计算最为简单,当轮系由 k 对齿轮串联组成时,其传动的总效率为

$$\eta = \eta_1 \eta_2 \cdots \eta_k \tag{8.6}$$

式中：　$\eta_1, \eta_2, \cdots, \eta_k$——每对齿轮的传动效率,可通过查有关手册得到。

由于行星轮系中有既有自转又有公转的行星轮,它的效率不能用定轴轮系的计算公式来计算。本节主要讨论行星轮系效率的计算问题。

在研究周转轮系传动比计算问题时,我们曾通过"转化轮系法"找到了周转轮系与定轴轮系之间的内在联系,从而得到了周转轮系传动比的计算方法;同样,利用"转化轮系法"也可以找出两者在效率方面的内在联系,进而得到计算周转轮系效率的方法。这种方法的理论基础是:齿廓啮合传动时,其齿面摩擦引起的功率损耗取决于齿面间的法向压力、摩擦因数和齿面间的相对滑动速度。而周转轮系的转化轮系与原周转轮系相比,二者的差别仅在于给整个机构附加了一个公共的角速度 $-\omega_H$。经过这样的转化后,各对啮合齿廓间的相对

滑动速度并未改变,其摩擦因数也不会发生变化;此外,只要使周转轮系中作用的外力矩与其转化机构中所作用的外力矩保持相同,则齿面之间的法向压力也不会改变。这说明,只要使周转轮系与其转化机构上作用有相同的外力矩,则由轮齿啮合而引起的摩擦损耗功率 P_f 不变。换言之,只要使周转轮系和其转化机构中所作用的外力矩保持不变,就可以用转化机构中的摩擦损耗功率来代替周转轮系中的摩擦损耗功率,使周转轮系的效率与其转化机构的效率发生联系,从而计算出周转轮系的效率。

下面以图 8.24 所示的 2K-H 行星轮系为例来具体说明这种方法的运用。

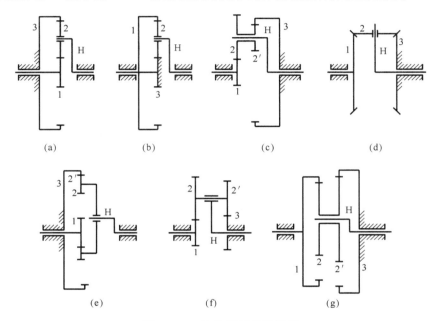

图 8.24 2K-H 行星轮系示例

设中心轮 1 和系杆 H 为受有外力矩的两个转动构件。中心轮 1 的角速度为 ω_1,其上作用有外力矩 M_1;系杆 H 的角速度为 ω_H。则齿轮 1 所传递的功率为

$$P_1 = M_1 \omega_1$$

而在其转化机构中,由于齿轮 1 的角速度为 $\omega_1^H = \omega_1 - \omega_H$,故在外力矩 M_1 保持不变的情况下,齿轮 1 所传递的功率为

$$P_1^H = M_1 \omega_1^H = M_1 (\omega_1 - \omega_H) = P_1 \left(1 - \frac{1}{i_{1H}}\right) \tag{8.7}$$

由上式可以看出:当 $1 - \frac{1}{i_{1H}} > 0$,即 $i_{1H} > 1$ 或 $i_{1H} < 0$ 时,P_1^H 与 P_1 同号,这表明在行星轮系和其转化轮系中,齿轮 1 主动或从动的地位不变,即若齿轮 1 在行星轮系中为主动轮,则其在转化机构中仍为主动轮,反之亦然。当 $1 - \frac{1}{i_{1H}} < 0$,即 $0 < i_{1H} < 1$ 时,P_1^H 与 P_1 异号,这表明在行星轮系和其转化机构中,齿轮 1 的主、从动地位发生变化,即若齿轮 1 原为主动轮,则在转化机构中变为从动轮;若齿轮 1 原为从动轮,则在转化机构中变为主动轮。

下面分两大类进行讨论。

8.4.1　在行星轮系中，中心轮 1 为主动件，系杆 H 为从动件

这时有两种可能的情况：

（1）当 $i_{1H}>1$ 或 $i_{1H}<0$ 时，齿轮 1 在转化机构中仍为主动轮。此时，转化轮系的输入功率为 $P_1^H=M_1(\omega_1-\omega_H)$。若用 P_f 来表示其摩擦损耗功率，则转化机构的效率 $\eta^H=1-\dfrac{P_f}{P_1^H}$，由此可求出其摩擦损耗功率为

$$P_f = P_1^H(1-\eta^H) = M_1(\omega_1-\omega_H)(1-\eta^H) \tag{8.8}$$

由于转化机构是个定轴轮系，因此 η^H 可由式（8.6）求出。在外力矩相同的情况下，上述转化轮系中的摩擦损耗功率 P_f 即为行星轮系中的摩擦损耗功率。

因为在行星轮系中，主动中心轮 1 的输入功率为 $P_1=M_1\omega_1$，故轮系的效率为

$$\eta_{1H} = 1-\frac{P_f}{M_1\omega_1} \tag{8.9}$$

将式（8.8）代入式（8.9），可得

$$\eta_{1H} = 1-\frac{M_1(\omega_1-\omega_H)(1-\eta^H)}{M_1\omega_1} = 1-\left(1-\frac{1}{i_{1H}}\right)(1-\eta^H)$$

$$= \frac{1-\eta^H(1-i_{1H})}{i_{1H}} \tag{8.10}$$

（2）当 $0<i_{1H}<1$ 时，齿轮 1 在转化机构中变为从动轮。此时，转化轮系的输出功率为 $P_1^H=M_1(\omega_1-\omega_H)$，而轮系的输入功率可以表示为输出功率与摩擦损耗功率之和，因此转化轮系的效率为 $\eta^H=1-\dfrac{P_f}{P_1^H+P_f}$，因此可求出其摩擦损耗功率为

$$P_f = \frac{P_1^H(1-\eta^H)}{\eta^H} = \frac{M_1(\omega_1-\omega_H)(1-\eta^H)}{\eta^H}$$

需要指出的是：由于此时在转化机构中齿轮 1 为输出构件，M_1 与 $(\omega_1-\omega_H)$ 的方向相反，故输出功率 P_1^H 表现为负值，因此由上式所求出的摩擦损耗功率 P_f 也将为负值。鉴于在一般的效率计算公式中，摩擦损耗功率均以其绝对值的形式代入，所以需把上式加一负号，即

$$P_f = -\frac{M_1(\omega_1-\omega_H)(1-\eta^H)}{\eta^H} = \frac{M_1(\omega_H-\omega_1)(1-\eta^H)}{\eta^H} \tag{8.11}$$

由于在行星轮系中，主动中心轮 1 的输入功率为 $P_1=M_1\omega_1$，故轮系的效率为

$$\eta_{1H} = 1-\frac{P_f}{M_1\omega_1} \tag{8.12}$$

将式（8.11）代入式（8.12），可得

$$\eta_{1H} = 1-\frac{M_1(\omega_H-\omega_1)(1-\eta^H)}{M_1\omega_1\eta^H} = 1-\frac{\left(1-\frac{1}{i_{1H}}\right)(1-\eta^H)}{\eta^H}$$

$$= \frac{\eta^H-(1-i_{1H})}{i_{1H}\eta^H} \tag{8.13}$$

8.4.2　在行星轮系中，中心轮 1 为从动件，系杆 H 为主动件

这时也有两种可能的情况：

(1) 当 $i_{1H}>1$ 或 $i_{1H}<0$ 时,齿轮 1 在转化机构中仍为从动轮。此时,由于在转化机构中中心轮 1 为从动轮,故可仿照上述类型的第 2 种情况求出其摩擦损耗功率

$$P_f = \frac{M_1(\omega_H - \omega_1)(1 - \eta^H)}{\eta^H} \tag{8.14}$$

由于在行星轮系中,中心轮 1 为从动件,故其输出功率为负值的 $P_1 = M_1\omega_1$,所以行星轮系的效率为

$$\eta_{H1} = 1 - \frac{P_f}{-M_1\omega_1 + P_f} \tag{8.15}$$

将式(8.14)代入式(8.15),整理后可得

$$\eta_{H1} = \frac{i_{1H}\eta^H}{\eta^H - (1 - i_{1H})} = \frac{\eta^H}{1 - i_{H1}(1 - \eta^H)} \tag{8.16}$$

(2) 当 $0<i_{1H}<1$ 时,齿轮 1 在转化机构中变为主动轮。由于齿轮 1 在转化机构中为主动轮,因此可仿照上述类型的第 1 种情况求出其摩擦损耗功率

$$P_f = M_1(\omega_1 - \omega_H)(1 - \eta^H) \tag{8.17}$$

鉴于此时在行星轮系中,中心轮 1 为从动轮,故其输出功率为负值的 $P_1 = M_1\omega_1$,所以行星轮系的效率为

$$\eta_{H1} = 1 - \frac{P_f}{-M_1\omega_1 + P_f} \tag{8.18}$$

将式(8.17)代入式(8.18),整理后可得

$$\eta_{H1} = \frac{i_{1H}}{1 - \eta^H(1 - i_{1H})} = \frac{1}{i_{H1} + \eta^H(1 - i_{H1})} \tag{8.19}$$

由以上两大类四种情况的效率表达式可见,行星轮系的效率是其传动比 i_{1H} 的函数,其具体计算公式又因主动件的不同而各异。其变化曲线如图 8.25 所示,图中设转化轮系的效率 $\eta^H = 0.95$。图中实线为 η_{1H}-i_{1H} 线图,是中心轮 1 为输入件,系杆 H 为输出件的情况;虚线为 η_{H1}-i_{H1} 线图,是系杆 H_1 为输入件,中心轮为输出件的情况。

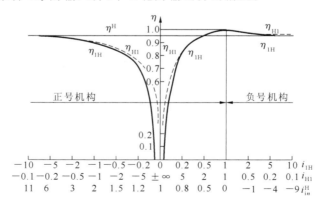

图 8.25　变化曲线

进一步分析行星轮系效率的四个计算公式和效率曲线图,可以得出下面几点重要结论:

(1) 由 2K-H 行星轮系传动比计算公式可知: $i_{1H} = 1 - i_{13}^H$。当转化机构的传动比 $i_{13}^H < 0$ 时,行星轮系为负号机构, $i_{1H}>0$,由效率曲线可以看出,此时无论是中心轮主动还是系杆主动,轮系的效率都很高,均高于其转化机构的效率 η^H。这说明,对于负号机构来说,无论是用作增速还是减速,都具有较高的效率。因此,在设计行星轮系时,若用于传递功率,应尽可

能选用负号机构。但需要指出的是:负号机构的传动比 i_{1H} 的值,只比其转化机构的传动比 i_{13}^H 的绝对值大 1。因此,若希望利用负号机构来实现大的减速比,首先要设法增大其转化机构的传动比的绝对值,这势必要造成机构本身尺寸的增大。

(2) 当转化机构的传动比 $i_{13}^H > 0$ 时,行星轮系为正号机构,$i_{1H} = 1 - i_{13}^H < 1$。由图 8.25 可以看出,在这种情况下,当系杆 H 为主动件时,行星轮系的效率 η_{H1} 总不会为负值,机构将不会发生自锁;而当中心轮 1 为主动件时,η_{1H} 则有可能为负值,故轮系可能发生自锁。在此范围内时,若改为系杆 H 作主动件,虽不会发生自锁,但此时效率却很低。

综上所述,在行星轮系中,存在着效率、传动比和轮系外形尺寸等相互制约的矛盾。因此在设计行星轮系时,应根据工作要求和工作条件,适当选择行星轮系的类型。

8.5　行星轮系的设计简介

在机构运动方案设计阶段,周转轮系设计的主要任务是:合理选择轮系的类型,确定各轮的齿数,选择适当的均衡装置。

8.5.1　行星轮系类型的选择

选择轮系的类型时,主要应从传动比范围、效率高低、承载能力、结构复杂程度及外廓尺寸等几方面考虑。首先是考虑能否满足传动比的要求。如图 8.24 所示的 2K-H 型行星轮系,图 8.24(a)、(b)、(c)、(d)所示的四种类型为负号机构,当以中心轮为主动件时是减速传动,这时输出轴转向与输入轴相同。图 8.24(a)所示的类型,其传动比 $i_{1H} > 2$,实用范围为 $i_{1H} = 2.8 \sim 13$;如果要求的传动比小于 2,可采用图 8.24(b)的类型,其传动比 $i_{1H} < 2$,$i_{1H} = 1.14 \sim 1.56$;图 8.24(c)所示的类型,采用双联行星轮,其传动比可达 $i_{1H} = 8 \sim 16$;图 8.24(d)所示的类型,其传动比 $i_{1H} \leqslant 2$。图 8.24(e)、(f)、(g)所示的三种类型为正号机构,当其转化轮系的传动比 $0 < i_{13}^H < 1$ 时,若以中心轮为主动件,是增速传动,输出轴与输入轴转向相同;当 $1 < i_{13}^H < 2$ 时,若以中心轮为主动件,也是增速传动,但输出轴与输入轴转向相反;当 $i_{13}^H > 2$ 时,$i_{1H} < -1$,若以中心轮为主动件,是减速传动,输出轴与输入轴转向相反;当 $i_{13}^H \to 1$ 时,$i_{1H} \to 0$,即 $i_{H1} = \dfrac{1}{i_{1H}}$ 可达很大,理论上可趋向无穷大。

(1) 当设计的轮系主要用于传递运动时,首要的问题是考虑能否满足工作所要求的传动比,其次兼顾效率、结构复杂程度、外廓尺寸和质量。

如前所述,负号机构的传动比,只比其转化机构的传动比 i_{13}^H 的绝对值大 1,因此单一的负号机构,其传动比均不太大。在设计轮系时,若工作所要求的传动比不太大,则可根据具体情况选用上述负号机构。这时,轮系除了可以满足工作对传动比的要求外,还具有较高的效率。

由于负号机构传动比的大小主要取决于其转化机构中各轮的齿数比,因此,若希望利用负号机构来实现大的传动比,首先要设法增大其转化机构传动比的绝对值,这势必会造成机构外廓尺寸过大。此时可考虑选用复合轮系。

利用正号机构可以获得很大的减速比,且当传动比很大时,其转化机构的传动比将接近于 1,因此,机构的尺寸不至于过大,这是正号机构的优点,其缺点是效率较低。若设计的轮系是用于传动比大而对效率要求不高的场合,可考虑选用正号机构。需要注意的是,正号机构用于增速时,虽然可以获得极大的传动比,但随着传动比的增大,效率将急剧下降,甚至出现自锁现象。

（2）当设计的轮系主要用于传递动力时,首先要考虑机构效率的高低,其次兼顾传动比、外廓尺寸、结构复杂程度和质量。

由"行星轮系的效率"一节中的讨论可知,对于负号机构来说,无论是用于增速还是减速,都具有较高的效率。因此,当设计的轮系主要是用于传递动力时,为了使所设计的机构具有较高的效率,应选用负号机构。若所设计的轮系除了用于传递动力外,还要求具有较大的传动比,而单级负号机构又不能满足传动比的要求时,可将几个负号机构串联起来,或采用负号机构与定轴轮系串联的混合轮系,以获得较大的传动比。

8.5.2　行星轮系中各轮齿数的确定

设计行星轮系时,轮系中各轮的齿数必须同时满足传动比条件、同心条件、装配条件和邻接条件。现以图 8.24(a)为例说明如下。

1.传动比条件

周转轮系用来传递运动,就必须实现工作所要求的传动比 i_{1H},因此各轮齿数必须满足（或近似满足）传动比条件。

因

$$i_{1H} = 1 - i_{13}^{H} = 1 + \frac{z_3}{z_1}$$

故

$$\frac{z_3}{z_1} = i_{1H} - 1$$

由此可得

$$z_3 = (i_{1H} - 1) z_1 \tag{8.20}$$

2.同心条件

周转轮系是一种共轴式的传动装置。为了保证装在系杆上的行星轮在传动过程中始终与中心轮正确啮合,必须使系杆的转轴与中心轮的轴线重合,这就要求各轮齿数必须满足同心条件。对于所研究的行星轮系,如果采用标准齿轮或等变位齿轮传动时,则同心条件是:齿轮 1 和齿轮 2 的中心距应等于齿轮 2 和齿轮 3 的中心距,即

$$r_1 + r_2 = r_3 - r_2$$

由于齿轮 2 同时与齿轮 1 和齿轮 3 啮合,它们的模数应相等,故上式可写成

$$z_1 + z_2 = z_3 - z_2$$

即

$$z_3 = z_1 + 2z_2 \tag{8.21}$$

3.装配条件

周转轮系中,通常采用若干个行星轮。其行星轮的数目和各轮的齿数之间必须满足一定的条件,才能使各个行星轮能够均布地装入两中心轮之间,如图 8.26(a)所示,否则将会因中心轮和行星轮互相干涉,而不能均布装配,如图 8.26(b)所示。

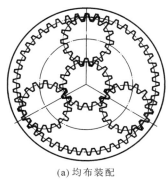
(a) 均布装配

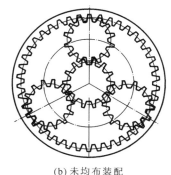
(b) 未均布装配

图 8.26　行星轮装配

如图 8.27 所示,设有 k 个行星轮,则相邻两行星轮之间的圆心角 $\varphi=360°/k$。当在两中心轮之间 O_2 点处装入第一个行星轮后,两中心轮轮齿之间的相对转动位置已通过该行星轮建立了关系。为了在相隔 φ 处装入第二个行星轮,可以设想把中心轮 3 固定起来,转动中心轮 1,使第一个行星轮的位置由 O_2 外转到 O_2',这时中心轮 1 上的点 A 转到点 A' 位置,转过的角度为 θ,根据传动比关系有

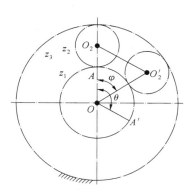

$$\frac{\theta}{\varphi}=\frac{\omega_1}{\omega_H}=i_{1H}-1+\frac{z_3}{z_1}$$

所以

图 8.27　行星轮装配原理图

$$\theta=\left(1+\frac{z_3}{z_1}\right)\varphi=\left(1+\frac{z_3}{z_1}\right)\frac{360°}{k} \qquad (8.22)$$

为了在点 O_2 能装入第二个行星轮,则要求中心轮 1 恰好转过 N 个整数齿,即

$$\theta=N\frac{360°}{z_1} \qquad (8.23)$$

将式(8.23)代入式(8.22),得

$$\frac{z_1+z_3}{k}=N$$

式中:　N——整数;

　　　　$\dfrac{360°}{z_1}$——中心轮 1 的齿距角。

这时,轮 1 与轮 3 的齿的相对位置又回复到与开始装第一个行星轮时一样,故在原来装第一个行星轮的位置点 O_2 处,一定能装入第二个、第三个……,直至第 k 个行星轮。由此可知,要满足装配条件,则两个中心轮的齿数和(z_1+z_3)应能被行星轮个数 k 整除。

在图 8.26(a)中,$z_1=14$、$z_3=42$、$k=3$,故(z_1+z_3)$/k=18.67$,不能满足均布装配条件,将因轮齿彼此干涉而不能装配;在图 8.26(b)中,$z_1=15$、$z_3=45$、$k=3$,故(z_1+z_3)$/k=20$,能满足均布装配条件,从而可以顺利装配。

　　4.邻接条件

　　多个行星轮均布在两个中心轮之间,要求两相邻行星轮的齿顶之间不得相碰,这即为邻接条件。由图 8.27 可见,两相邻行星轮的齿顶不相碰的条件是中心距 $\overline{O_2O_2'}$ 大于行星轮的齿

顶圆直径 d_{a2}，即 $\overline{O_2O_2'} > d_{a2}$，对于标准齿轮传动有

$$2(r_1 + r_2)\sin\frac{180}{k} > 2(r_2 + h_a^* m)$$

即

$$(z_1 + z_2)\sin\frac{180}{k} > (z_2 + h_a^*)$$

8.5.3　行星轮系的均载装置

行星轮系由于在结构上采用了多个行星轮来分担载荷，所以在传递动力时具有承载能力高和单位功率小等优点。但实际上，由于行星轮、中心轮及系杆等各个零件都存在着不可避免的制造和安装误差，导致各个行星轮负担的载荷不均匀，致使行星传动装置的承载能力和使用寿命降低。为了改变这种现象，更充分地发挥它的优势，必须采用结构上的措施来保证载荷接近均匀的分配。目前采用的均载方法是从结构设计上采取措施，使各个构件间能够自动补偿各种误差，为此，常把行星轮系中的某些构件做成可以浮动的。在轮系运转中，如各行星轮受力不均匀，这些构件能在一定范围内自由浮动，从而达到每个行星轮受载均衡的目的。此方法即所谓的"均载装置"。均载装置的类型很多，可参阅有关文献。

图 8.28 是采用双齿或单齿联轴器使中心轮浮动的均载装置。

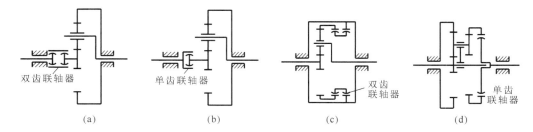

图 8.28　均载装置(1)

图 8.29 是采用弹性元件使中心轮或行星轮浮动的均载装置。

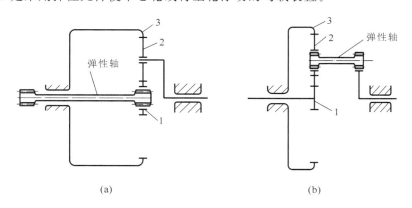

图 8.29　均载装置(2)

8.6　其他类型的行星传动简介

8.6.1　渐开线少齿差行星传动

如图 8.30 所示的行星轮系,中心内齿轮 1 与行星齿轮 2 均为渐开线齿轮,且齿数差很少(一般为 1～4),故称为渐开线少齿差行星传动。这种轮系用于减速时,运动由系杆 H 输入,通过等角速比机构由轴 V 输出。它与前述各种行星轮系的不同之处在于,它输出的是行星轮的绝对转动,而不是中心轮或系杆的绝对运动。由于行星轮 2 除自转外还有随系杆 H 的公转运动,故其中心 O_2 不可能固定在一点。为了将行星轮的运动不变地传递给具有固定回转轴线的输出轴 V,需要在两者间安装一能实现等角速比传动的输出机构。目前用得最

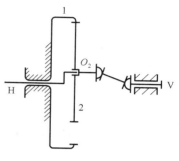

图 8.30　少齿差行星传动

为广泛的是如图 8.31 所示的双盘销轴式输出机构。图中 O_2、O_3 分别为行星轮 2 和输出轴圆盘的中心。在输出轴圆盘上,沿半径为 ρ 的圆周上均匀分布有若干个轴销(一般为 6～12 个),其中心为 B。为了改善工作条件,在这些圆柱销的外边套有半径为 r_x 的滚动销套。将这些带有销套的轴销对应地插入行星轮轮辐上中心为 A、半径为 r_k 的销孔内。若设计时取系杆的偏距 $e = r_k - r_x$,则 O_2、O_3、A、B 将构成平行四边形 O_2ABO_3。由于在运动过程中,位于行星轮上的 O_2A 和位于输出钢圆盘上的 O_3B 始终保持平行,故输出轴 V 将始终与行星轮 2 等速同向转动。

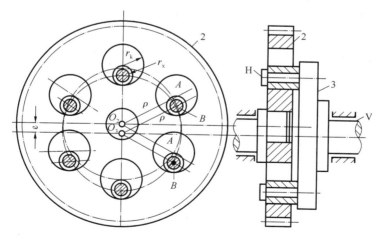

图 8.31　销轴式输出机构

这种少齿差行星齿轮传动只有 1 个中心轮、1 个系杆和 1 个带输出机构的输出轴 V,故又称为 K-H-V 行星轮系。其转化机构的传动比为

$$i_{21}^H = \frac{n_2 - n_H}{n_1 - n_H} = 1 - \frac{n_2}{n_H} = \frac{z_1}{z_2}$$

由此可得

$$\frac{n_2}{n_H} = 1 - \frac{z_1}{z_2} = -\frac{z_1 - z_2}{z_2}$$

故系杆主动、行星轮从动时的传动比为

$$i_{HV} = i_{H2} = -\frac{z_2}{z_1 - z_2}$$

该式表明,当齿数差 $z_1 - z_2$ 很小时,传动比 i_{HV} 可以很大;当 $z_1 - z_2 = 1$ 时,称为一齿差行星传动,其传动比 $i_{HV} = -z_2$。

渐开线少齿差行星传动具有传动比大、结构简单紧凑、体积小、质量小、加工装配及维修方便、传动效率高等优点,被广泛用于冶金机械、食品工业、石油化工、起重运输及仪表制造等行业。但由于齿数差很少,又是内啮合传动,为避免产生齿廓重叠干涉,一般需采用啮合角很大的正传动,从而导致轴承压力增大。加之还需要一个输出机构,故使传递的功率受到一定限制,一般用于中、小功率传动。

8.6.2 摆线针轮行星传动

图 8.32 所示为摆线针轮行星传动的示意图。其中,1 为针轮,2 为摆线行星轮,H 为系杆,3 为输出机构。运动由系杆 H 输入,通过输出机构 3 由轴 V 输出。同渐开线一齿差行星传动一样,摆线针轮行星传动也是一种 K-H-V 型一齿差行星传动。两者的区别仅在于:在摆线针轮传动中,行星轮的齿廓曲线不是渐开线,而是变态外摆线;中心内齿轮采用了针齿,又称为针轮。

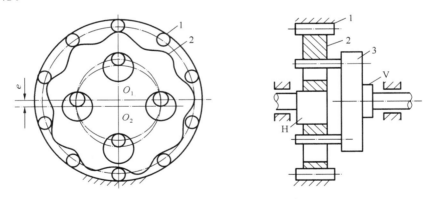

图 8.32 摆线针轮行星传动

同渐开线少齿差行星传动一样,其传动比为

$$i_{HV} = i_{H2} = -\frac{z_2}{z_1 - z_2}$$

由于 $z_1 - z_2 = 1$,故 $i_{HV} = -z_2$。即利用摆线针轮行星传动可获得大传动比。

摆线针轮行星传动具有减速比大、结构紧凑、传动效率高、传动平稳、承载能力高(理论上有近半数的齿同时处于啮合状态)、使用寿命长等优点。此外,与渐开线少齿差行星传动相比,无齿顶相碰和齿廓重叠干涉等问题。因此,日益受到世界各国的重视,在军工、矿山、冶金、造船、化工等工业部门得到广泛应用。

8.6.3 谐波齿轮传动

谐波传动是建立在弹性变形理论基础上的一种新型传动,它的出现为机械传动技术带来了重大突破。图 8.33 所示为谐波传动的示意图。它由 3 个主要构件所组成，即具有内齿的刚轮 1、具有外齿的柔轮 2 和波发生器 H。这 3 个构件和前述的少齿差行星传动中的中心内齿轮 1、行星轮 2 和系杆 H 相当。通常波发生器为主动件，而刚轮和柔轮之一为从动件，另一个为固定件。

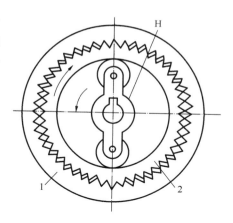

当波发生器装入柔轮内孔时，由于前者的总长度略大于后者的内孔直径，故柔轮变为椭圆形，于是在椭圆的长轴两端产生了柔轮与刚轮轮齿的两个局部啮合区；同时在椭圆短轴两端，两轮轮齿则完全脱开。至于其余各处，则视柔轮回转方向的不同，或处于啮入状态，或处于啮出状态。当波发生器连续转动时，柔轮长短轴的位置不断变化，从而使轮齿的啮合处和脱开处也随之不断变化，于是在柔轮与刚轮之间就产生了相对位移，从而传递运动。

图 8.33　谐波齿轮传动

由于在谐波齿轮传动过程中，柔轮与刚轮的啮合过程与行星齿轮传动类似，故其传动比可按周转轮系的计算方法求得。

当刚轮 1 固定，波发生器 H 主动、柔轮 2 从动时，其传动比为

$$i_{HV} = i_{H2} = -\frac{z_2}{z_1 - z_2}$$

主、从动件转向相反。

当柔轮 2 固定，波发生器主动、刚轮从动时，其传动比为

$$i_{H1} = \frac{z_1}{z_1 - z_2}$$

主、从动件转向相同。

谐波齿轮传动的优点是传动比大且变化范围宽；在传动比很大的情况下，仍具有较高的效率；结构简单、体积小、质量小；由于同时啮合的轮齿对数多，齿面相对滑动速度低，加之多齿啮合的平均效应，使其承载能力强、传动平稳，运动精度高。其缺点是柔轮易发生疲劳损坏；启动力矩大。

近年来谐波齿轮传动技术发展十分迅速，应用日益广泛。在机械制造、冶金、发电设备、矿山、造船及国防工业中（如宇航技术、雷达装置等）都得到了广泛应用。

<h1 style="text-align:center">知 识 拓 展</h1>

中国古代机械中齿轮系的应用

中国古代有许多重要机械都采用齿轮系作为传动装置，其中以指南车和记里鼓车最为著名。指南车是用来指示方向的一种机械装置。据历史考证，指南车是三国时期魏明帝青

龙三年(235 年)由马钧创造的。晋代以来,此车仅作为帝王出行的仪仗。最早提到此车为机械装置的是《宋书·礼志》。《南齐书·祖冲之列传》记载,祖冲之根据古法将指南车改造为铜制机械,圆转灵活,指向为一。《宋史·舆服志》对宋仁宗天圣五年(1027 年)燕肃所造指南车及宋徽宗大观元年(1107 年)吴德仁重新研制指南车的机械结构,做了比较具体的记述。指南车是利用传统的独辕双轮车制,装上能够自动离合的齿轮系而成,车上所立木人伸臂南指,此后不管车向西或向东转弯,因为有一套自动调节转向的反馈机构,所以木人的手臂始终指向南方。指南车在机械发明史上占有重要的地位,英国学者李约瑟称其为"所有的控制论机器的祖先"。

记里鼓车是中国古代能自报行车里数的车制。它是利用汉代鼓车改装而成的。《宋史·舆服志》对宋仁宗天圣五年(1027 年)卢道隆及宋徽宗大观元年(1107 年)吴德仁所造记里鼓车的机械结构,都有具体记载。记里鼓车中装设具有减速作用的传动齿轮和凸轮杠杆等机械,如图 8.34、图 8.35 所示。车行一里,车上的木人受凸轮的牵动,由绳索拉起木人右臂击鼓一槌。记里鼓车的创造,是近代里程表、减速器发明的先驱,是科学技术史上的一项重要贡献。

图 8.34　记里鼓车

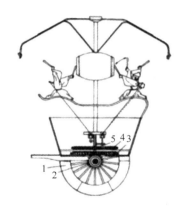

图 8.35　记里鼓车结构示意图

1—右足轮;2—立轮;3—下平轮;
4—中平轮;5—旋风轮

习　　　题

8.1　如何计算定轴轮系的传动比？如何确定平面定轴轮系和空间定轴轮系输出轴的转向？

8.2　什么是惰轮？它在轮系中起什么作用？

8.3　如何计算周转轮系的传动比？何谓周转轮系的"转化机构"？它在计算周转轮系传动比中起什么作用？周转轮系中主、从动件的转向关系如何确定？

8.4　计算复合轮系的传动比时,能否采用转化机构法？如何计算复合轮系的传动比？如何划分一个复合轮系的定轴轮系部分和各基本周转轮系部分？

8.5　何谓正号机构？何谓负号机构？各有什么特点？应用在什么场合？

8.6　设计行星轮系时,轮系中各齿轮的齿数应满足哪些条件?

8.7　在行星轮系传动中为什么要采用均载装置?采用均载装置后会不会影响轮系的传动比?

8.8　何谓少齿差行星传动?摆线针轮传动的齿数差是多少?在谐波传动中柔轮与刚轮的齿数差如何确定?

8.9　题 8.9 图所示为一时钟指针轮系,S、M、H 分别表示秒针、分针、时针。图中括弧内的数字表示该轮的齿数。假设齿轮 B 和 C 的模数相等,试求齿轮 A、B、C 的齿数。

8.10　在题 8.10 图所示的滚齿机工作台传动机构,工作台与蜗轮 5 固联。若已知 $z_1 = z_{1'} = 15$、$z_2 = 35$、$z_{4'} = 1$(右旋),$z_4 = 40$,滚刀 $z_6 = 1$(左旋),$z_7 = 28$,今要切制一个齿数 $z_{5'} = 64$ 的齿轮,应如何选配挂轮组的齿数 $z_{2'}$、z_3 和 z_5。

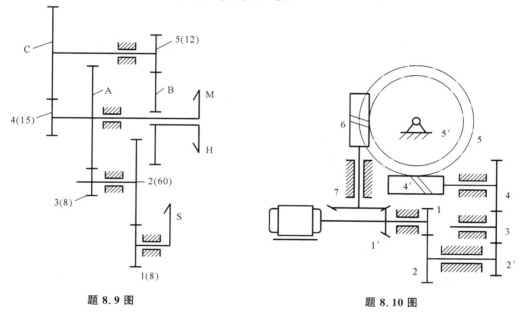

题 8.9 图　　　　　　　　　　　题 8.10 图

8.11　题 8.11 图所示为一手摇提升装置,其中各轮齿数均已知,试求传动比 i_{15},并指出当提升重物时手柄的转向。

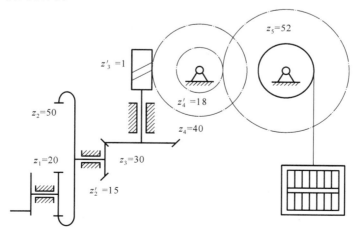

题 8.11 图

8.12　在题 8.12 图所示轮系中,已知 $z_1=20$、$z_2=30$、$z_3=18$、$z_4=68$,齿轮 1 的转速 n_1 $=150$ r/min,试求系杆 H 的转速 n_H 的大小和方向。

8.13　题 8.13 图所示为一装配用电动螺丝刀的传动简图。已知各轮齿数为 $z_1=z_4=7$、$z_2=z_5=16$,若 $n_1=3000$ r/min,试求螺丝刀的转速。

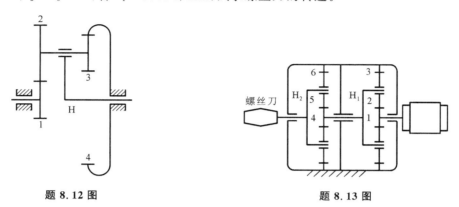

题 8.12 图　　　　　　　　　　　题 8.13 图

8.14　在题 8.14 图所示的复合轮系中,已知各轮齿数为 $z_1=36$、$z_2=60$、$z_3=23$,$z_4=49$、$z_{4'}=69$、$z_5=31$、$z_6=131$、$z_7=94$、$z_8=36$、$z_9=167$,若 $n_1=3549$ r/min,试求系杆 H 的转速 n_H 的大小和方向。

8.15　在题 8.15 图所示三爪电动卡盘的传动轮系中,已知各轮齿数为 $z_1=6$、$z_2=z_{2'}=25$、$z_3=57$、$z_4=56$,试求传动比 i_{1H}。

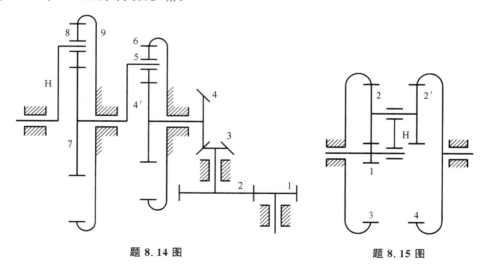

题 8.14 图　　　　　　　　　　　题 8.15 图

8.16　题 8.16 图所示为手动起重葫芦传动系统简图,已知 $z_1=z_{2'}=10$、$z_3=40$,设传动系统的总效率 $\eta=-0.95$,为提升重 $G=10$ kN 的重物,求必须施加于链轮 A 上的圆周力 F。

8.17　题 8.17 图所示轮系中,已知各轮齿数分别为 $z_1=20$、$z_2=38$、$z_3=18$、$z_4=42$、$z_{4'}=24$、$z_5=36$。又知道轴 A 和轴 B 的转速分别为 $n_A=350$ r/min,$n_B=400$ r/min,转向如图所示,试确定轴 C 的转速大小及方向。

8.18　题 8.18 图所示为一种大速比减速器的示意图。动力由齿轮 1 输入,系杆 H 输出。已知各轮齿数分别为 $z_1=12$、$z_2=51$、$z_3=76$、$z_{2'}=49$、$z_4=12$、$z_{3'}=73$。

(1)试求传动比 i_{1H}。

（2）若将齿轮 2 的齿数改为 52（即增加一个齿），则传动比 i_{1H} 又为多少？

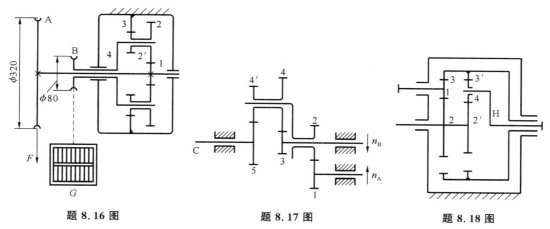

题 8.16 图　　　　　　　　　题 8.17 图　　　　　　　　题 8.18 图

8.19　如题 8.19 图所示轮系中，已知各轮齿数分别为 $z_1=18$、$z_2=27$、$z_{2'}=20$、$z_3=25$、$z_4=18$、$z_5=42$、$z_{5'}=24$、$z_6=36$。又知道轴 B 的转速为 $n_B=600$ r/min，按图示方向回转。试求轴 C 的转速大小和方向。

8.20　在题 8.20 图所示的轮系中，已知各齿轮齿数分别为 $z_1=32$、$z_2=34$、$z_{2'}=36$、$z_3=64$、$z_4=32$、$z_5=17$、$z_6=24$。若轴 A 按图示方向以 1250 r/min 的转速回转，轴 B 按图示方向以 600 r/min 的转速回转，试确定轴 C 的转速大小及转向。

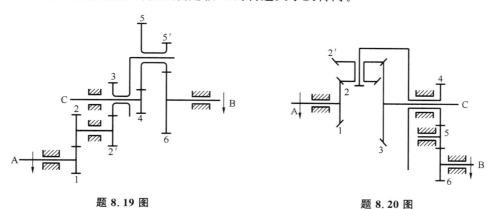

题 8.19 图　　　　　　　　　　　　　题 8.20 图

第 9 章　其他常用机构

9.1　间歇运动机构

在各种类型的机械中,尤其是自动机中,常要求某些执行构件实现周期性的运动和停歇。能够将主动件的连续传动转换成从动件有规律的运动和停歇的机构称为间歇运动机构。间歇运动机构的种类很多,本节主要介绍几种常用的间歇运动机构,目的在于使学生掌握这些常用的间歇运动机构的结构组成、工作原理及使用特点,以便在工程实际中能正确选用。

9.1.1　槽轮机构

1.槽轮机构的组成、工作原理及特点

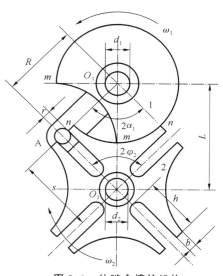

图 9.1　外啮合槽轮机构

槽轮机构又称马耳他机构,如图 9.1 所示。槽轮机构由带有圆销的拨盘 1、具有径向槽的槽轮 2 及机架组成。主动拨盘以等角速度做连续转动,当拨盘上的圆销 A 未进入径向槽时,由于槽轮的内凹锁止弧 nn 被拨盘 1 的外凸锁止弧 mm 锁住,故槽轮静止。当圆销 A 开始进入径向槽时,两锁止弧脱开,槽轮在圆销 A 的驱动下顺时针转动;当圆销 A 在另一侧脱离径向槽时,锁止弧又被锁住,槽轮静止,从而实现槽轮的间歇运动。

槽轮机构的特点是结构简单,工作可靠,运动较平稳。但在启动和停止时加速度变化大,有冲击现象,因此一般用在低速场合。在每个运动循环中,动程不可调节,转角不可太小。所以槽轮机构一般应用在不需要调节转角的传送机构和转位机构中。

2.槽轮机构的类型及应用

槽轮机构分平面槽轮机构和空间槽轮机构两种类型。前者传递两平行轴间运动,后者用来传递两相交轴间运动。平面槽轮机构有外啮合槽轮机构(见图 9.1)和内啮合槽轮机构(见图 9.2)两种。外啮合槽轮机构主、从动轮转向相反,内啮合槽轮机构两轮转向相同。工程中外啮合槽轮应用较多。图 9.3 所示为空间槽轮机构,其从动槽轮 2 呈半球形,槽轮上的槽及锁止弧分布在球面上,主动销轮的轴线、拨销的轴线及槽轮的轴线都汇交于槽轮球心,故该槽轮机构也称球面槽轮机构。

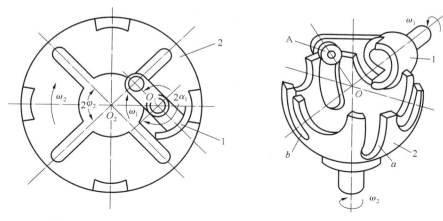

图 9.2 内啮合槽轮机构   图 9.3 空间槽轮机构

槽轮机构一般应用在自动机、仪器仪表中,图 9.4 所示为外啮合槽轮机构在电影放映机中的应用。当拨盘转一周时,圆销 A 拨动槽轮转过 1/4 周,胶片移动一个画格,并停歇一定时间(即放映一个画格)。拨盘继续转动,重复上述运动。利用人眼的视觉暂留特性,当每秒放映 24 幅画面时,即可使人看到连续的画面。该机械也常同其他机构组合,在生产自动线上作为工件或刀架的转位机构。

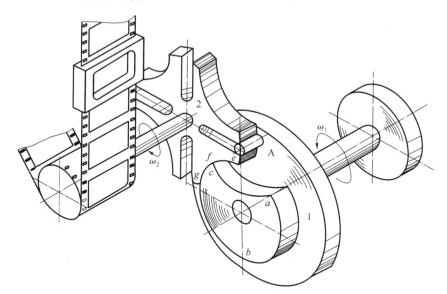

图 9.4 卷片槽轮机构

图 9.5 所示的六角车床刀架转位槽轮机构,刀架 3 上可装六把刀具并与具有相应的径向槽的槽轮 2 固联,拨盘 1 上装有一个圆销 A。拨盘每转一周,圆销进入槽轮一次,驱使槽轮(即刀架)转 60°,从而将下一工序的刀具转换到工作位置。

3.槽轮机构的设计

1) 槽轮机构的运动系数

在图 9.1 所示的外啮合槽轮机构中,当主动拨盘回转一周时,从动槽轮 2 的运动时间 t_d 与主动拨盘 1 转一周的时间 t 之比,称为槽轮机构的运动系数,以 τ 表示,即

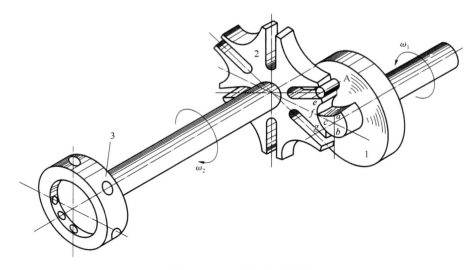

图 9.5 刀架转位槽轮机构

$$\tau = \frac{t_{\mathrm{d}}}{t} \tag{9.1}$$

因拨盘 1 一般为等速转动,所以上述时间的比值可以用拨盘转角的比值表示。对于图 9.1所示的单销外槽轮机构,时间与所对应的转角分别为 $2\alpha_1$ 与 2π。为减少槽轮启动和停止的冲击,使圆销顺利进入、脱出径向槽,要求径向槽的中心线与圆销中心的回转圆相切,即 $O_1A \perp O_2A$,于是可得

$$2\alpha_1 + 2\varphi_2 = \pi$$

设槽轮槽数为 z,则

$$2\varphi_2 = \frac{2\pi}{z}$$

$$2\alpha_1 = \pi - 2\varphi_2 = \pi - \frac{2\pi}{z}$$

代入式(9.1)可得

$$\tau = \frac{t_{\mathrm{d}}}{t} = \frac{2\alpha_1}{2\pi} = \frac{\pi - \dfrac{2\pi}{z}}{2\pi} = \frac{1}{2} - \frac{1}{z} = \frac{z-2}{2z} \tag{9.2}$$

因运动系数 τ 应大于零,由式(9.2)可知外槽轮径向槽的数目 z 应大于或等于 3。从式(9.2)还可看出,τ 总是小于 0.5,即槽轮的运动时间总是小于槽轮的停歇时间。若要使 τ 大于或等于 0.5,即让槽轮的运动时间大于停歇时间,可在拨盘 1 上安装多个圆销,设均匀分布的圆销数为 n,则运动系数为

$$\tau = n\left(\frac{z-2}{2z}\right) \tag{9.3}$$

因 τ 应小于 1,即

$$n\left(\frac{z-2}{2z}\right) < 1$$

由此得

$$n < \frac{2z}{z-2} \tag{9.4}$$

由此式可得槽轮的槽数 z 与圆销数 n 之间的关系,见表 9.1。设计时选择不同的 z 和 n,可获得不同间歇运动规律的槽轮机构。

表 9.1　圆销数 n 与槽数 z 的关系

槽数 z	3	4～5	≥6
圆销数 n	1～5	1～3	1～2

2）基本参数的设计

对于径向槽均匀分布的外槽轮机构,在设计计算时,首先根据工作要求确定槽轮的槽数 z,根据受力和结构尺寸选定中心距 a 和圆销半径 r,最后可按图 9.1 所示的几何关系设计出其他尺寸,见表 9.2。

表 9.2　外啮合槽轮机构尺寸计算公式

圆销中心回转半径	$R_1 = a\sin\varphi_2 = a\sin\left(\dfrac{\pi}{z}\right)$
槽轮外圆半径	$R_2 = a\cos\varphi_2$
槽轮槽长	$h \geqslant R_2 + R_1 - a + r$
槽间夹角	$2\varphi_2 = \dfrac{2\pi}{z}$
运动系数	$\tau = n\left(\dfrac{z-2}{2z}\right)$

【例 9.1】　某自动机的工作台要求有六个工位,转台停歇时进行工艺动作,其中最长的一个工序时间为 30 s。现拟采用槽轮机构来实现间歇转位,试确定槽轮机构主动轮的转速。

【解】　根据题设所述的工作需要,应采用单销六槽的槽轮机构,如图 9.6 所示。当拨盘转一周时,槽轮的运动时间为 t_d,静止时间为 $t_j = 30$ s。本槽轮的运动系数 $\tau = (z-2)/(2z) = 1/3$。拨盘转一周所需的时间为 $t = t_j/(1-\tau) = 45$ s,故槽轮机构主动盘（拨盘）的转速为 $n = \dfrac{60}{45} = \dfrac{4}{3}$ r/min。

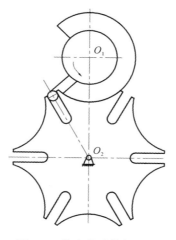

图 9.6　转台停歇槽轮机构

9.1.2　棘轮机构

1.棘轮机构的组成、工作原理及特点

如图 9.7 所示为一外啮合棘轮机构。它由主动摆杆 1、棘爪 2、棘轮 3、止动棘爪 4 和机架组成。为保证棘轮工作可靠,用弹簧 5 使棘爪压紧齿面。当主动摆杆 1 逆时针摆动时,主动棘爪 2 便伸入棘轮 3 的齿间,推动棘轮 3 转动一定角度。当主动摆杆 1 顺时针摆动时,主动棘爪 2 从棘轮的齿背上滑回到原位,棘轮 3 静止不动,从而实现将主动件的往复摆动,转换成从动棘轮的单向间歇运动。

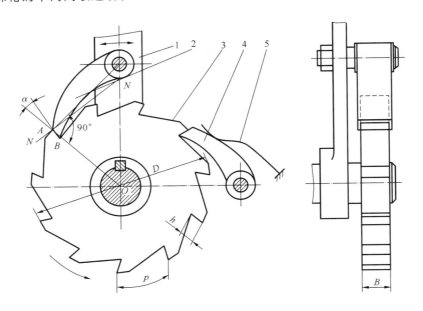

图 9.7　外啮合棘轮机构

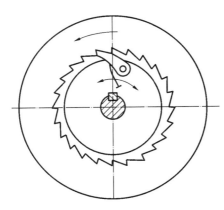

图 9.8　内啮合棘轮机构

棘轮机构的特点是结构简单,加工制造容易。棘轮每次转角和动停时间比可调,这些是棘轮机构的优点。棘轮机构的缺点是工作时有较大的冲击,运动精度较差。故棘轮机构只适用于低速和载荷不大的间歇运动场合。

2.棘轮机构类型及应用

棘轮机构类型较多,分类方法也各不相同,一般常用的分类方法有三种。

(1) 按啮合方式分,可分为外啮合式和内啮合式两种,如图 9.7 和图 9.8 所示。

(2) 按结构形式分,可分为齿式棘轮机构(见图 9.7和图 9.8)和摩擦式棘轮机构(见图 9.9)两种。图 9.9(a)为外啮合式,图 9.9(b)为内啮合式。

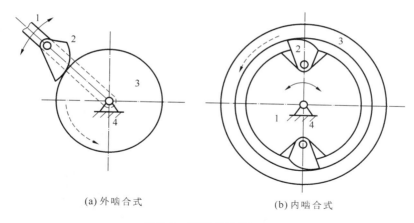

(a) 外啮合式　　　　　　　　　　　　(b) 内啮合式

图 9.9　摩擦式棘轮机构

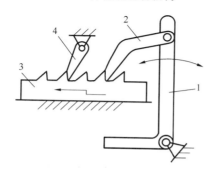

图 9.10　移动式棘轮机构

1—摆杆;2,4—棘爪;3—移动棘轮

（3）按运动形式分,可分为单动式棘轮机构、双动式棘轮机构和双向式棘轮机构三种。图 9.7、图 9.8 和图 9.9 中的从动件做单向间歇转动,图 9.10 中的从动件做单向间歇移动。

图 9.11 所示为双动式棘轮机构,其上装有两个棘爪 2、4 的主动摆杆 1 在其两个方向往复摆动的过程中带动棘爪,两次推动棘轮 3 转动。

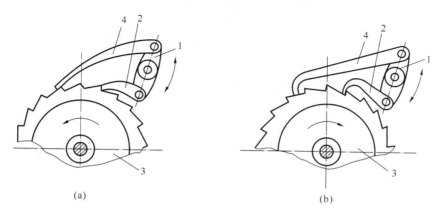

(a)　　　　　　　　　　　　　　　　(b)

图 9.11　双动式棘轮机构

1—摇杆;2,4—棘爪;3—棘轮

图 9.12 所示为双向式棘轮机构。如图 9.12(a)所示,当棘爪处在实线和虚线位置时,棘

轮分别按逆时针和顺时针两个方向做间歇运动。

　　棘轮机构的类型和运动形式多样,因此在工程实际中得到广泛应用。棘轮机构常用于各种机床中,以实现进给、转位和分度的功能。图 9.13 所示的牛头刨床工作台横向进给,就是用棘轮机构来实现的。

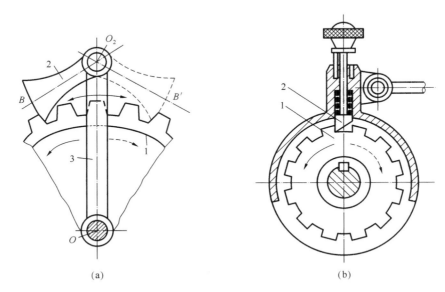

(a)　　　　　　　　　　　　　　　(b)

图 9.12　双向式棘轮机构

1—棘轮;2—棘爪;3—摇杆

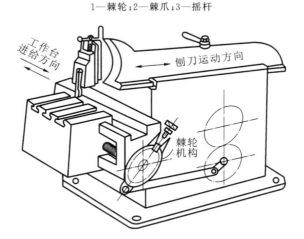

图 9.13　牛头刨床横向进刀机构

　　图 9.14 所示为棘轮机构用于冲床工作台自动转位的例子。机构中转盘式工作台与棘轮固联,$ABCD$ 为一空间四杆机构,当冲头上下移动时,通过连杆 BC 带动摇杆 AB 来回摆动,冲头上升时,摇杆顺时针摆动,通过棘爪带动棘轮和工作台将材料送到冲压位置。当冲头下降时,摇杆逆时针摆动,棘爪在棘轮的齿背上滑动,工作台静止。

　　图 9.15 所示为起重设备中的棘轮制动器。前面图 9.9 所示的摩擦式棘轮机构在工程上可用作单向离合器和超越离合器。自行车中的"飞轮"就是一种超越离合器的应用实例。

3.棘轮机构的设计

1）棘爪自动啮入的条件

为了保证棘轮机构工作的可靠性，在工作行程时，棘轮应能顺利地啮入棘轮齿底并楔紧。如图 9.16 所示，主动棘爪 1 顺时针转动，棘爪进入棘轮 2 的齿槽，棘齿作用在棘爪上的正压力为 N，摩擦力为 F_f。为使棘爪在推动棘轮的过程中紧压齿面滑下齿根部，应使正压力 N 对回转轴 O_1 的力矩大于摩擦力 F_f 对回转轴 O_1 的力矩，即

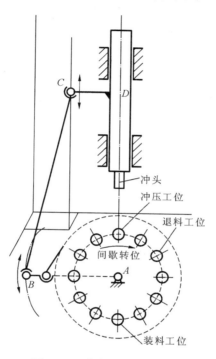

图 9.14 冲床自动转位机构

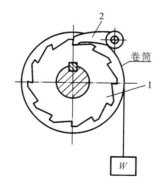

图 9.15 起重设备中的棘轮机构

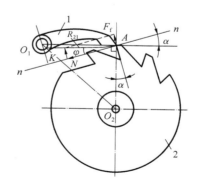

图 9.16 棘爪自动啮入条件

$$N \cdot \overline{O_1 A} \sin\alpha > F_f \cdot \overline{O_1 A} \cos\alpha$$

又

$$\tan\alpha > \frac{F_f}{N}$$

$$F_f = f \cdot N$$

$$f = \tan\varphi = \frac{F_f}{N}$$

故

$$\alpha > \varphi$$

式中: f、φ——棘爪与棘轮齿面间摩擦因数和摩擦角,一般取 $f=0.15\sim0.2$;

α——齿面与径向线所夹的角,称为齿面倾斜角。通常取 $\alpha=20°$。

为使棘爪受力最小,通常要让轴心 O_1、O_2 和点 A 的相对位置满足 $O_1A \perp O_2A$。

2) 几何尺寸设计

棘轮机构的主要参数为模数和齿数。模数 m 一般按标准模数取,可取 1、1.25、1.5、2、2.5、3、4、5、6、8、10、12。齿数 z 可根据对棘轮要求的最小转角来确定,通常 $z=12\sim25$。

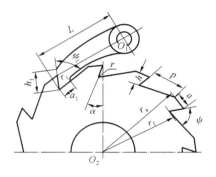

图 9.17 棘轮几何尺寸

其他主要参数(见图 9.17)为

顶圆直径　$d_a = mz$

根圆直径　$d_f = d_a - 2h$(h 为齿高)

齿距　$p = \pi m$

轮宽　$b = (1\sim4)m$

棘爪长度　$m \geqslant 3$ 时,$L = 2p$

　　　　　$m < 3$ 时,L 可根据结构确定。

其余尺寸可参照有关设计资料。

【**例 9.2**】 某牛头刨床送进丝杠的导程 l 为 6 mm,要求设计一棘轮机构,使每次送进量 s 可在 $0.5\sim1.3$ mm 之间做有级调整(共 6 级),设棘轮机构的棘爪由一曲柄摇杆机构的摇杆来推动。试绘出机构运动简图,并作必要的计算和说明。

【**解**】 送进丝杠棘轮机构的运动简图如图 9.18 所示。

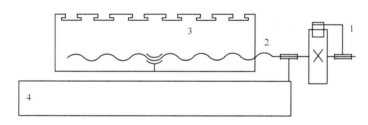

图 9.18 送进丝杠棘轮机构的运动简图

(1) 棘轮最小转角为

$$\varphi_{min} = \frac{2\pi}{l}s_{min} = \frac{2\pi}{6} \times 0.5 = \frac{\pi}{6}$$

(2) 棘轮最大转角为

$$\varphi_{max} = \frac{2\pi}{l}s_{max} = \frac{2\pi}{6} \times 1.3 = \frac{13\pi}{30}$$

（3）棘轮的齿数为

$$z = \frac{2\pi}{\pi/6} = 12$$

（4）每次送进量的调整方法。

① 采用隐蔽棘轮罩来实现送进量的调整。

② 通过改变棘爪摆杆的摆角来实现送进量的调整。

9.1.3　不完全齿轮机构

1. 不完全齿轮机构的工作原理及特点

不完全齿轮机构是由齿轮机构演变而得到的一种间歇运动机构。如图 9.19 所示，主动轮 1 上有一个或几个齿和外凸锁止弧 S_1，从动轮上有根据运动停歇时间的要求而做出的与主动轮相啮合的轮齿和内凹锁止弧 S_2。不完全齿轮机构分为外啮合（见图 9.19）和内啮合（见图 9.20）两种类型。

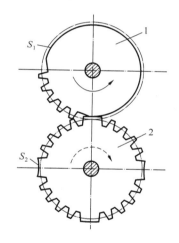

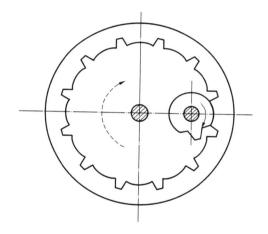

图 9.19　外啮合不完全齿轮机构　　　　　**图 9.20　内啮合不完全齿轮机构**

不完全齿轮机构的特点是结构简单，工作可靠。设计时，从动轮的动、停时间比和从动轮每次转的角度不受机构结构的限制，而是根据需要设计。其缺点是从动件在开始啮合与脱离啮合时存在刚性冲击，故一般只适用于低速、轻载场合。

2. 不完全齿轮机构设计要点

当主动轮的首齿进入啮合时，其齿顶可能被从动轮齿顶挡住（如图 9.21 中点 C 处的虚线部分），不能进入啮合，发生齿顶干涉。为此可将首齿齿顶降低，如图 9.21 中实线所示。此外，为了让从动轮转位后停在预定位置上，主动轮末齿的齿顶也降低。而首末两齿以外的中间各齿保持正常齿高。

为了改善不完全齿轮机构的运动特性，减小开始和终止啮合的冲击，可在主、从动轮上分别装上瞬心线附加杆 K、L，如图 9.22 所示。主动轮在首齿进入啮合前，使 K、L 先进入啮合，让从动轮由静止状态逐渐加速到正常速度，进而进入正常啮合传动。同理，当轮齿退出啮合时，也可借助另一对瞬心线附加杆，使从动轮速度逐渐降至零。

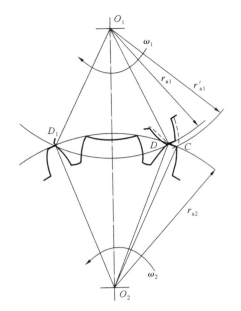

图 9.21　齿顶干涉情况

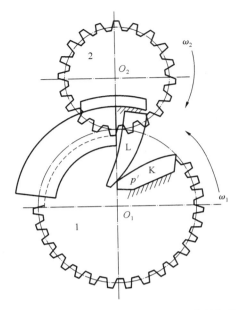

图 9.22　带瞬心线附加杆的不完全齿轮机构

9.2　其他机构

9.2.1　万向联轴节

万向联轴节又称万向铰链机构,它可用于传递轴交角变化的两相交轴间的动力和运动。它广泛应用于汽车、机床等各种机械传动中。

1. 单万向联轴节

如图 9.23 所示,单万向联轴节由主动轴 1、从动轴 3、十字叉头 2 和机架 4 组成。主、从动轴间的夹角为 α,各转动副轴线汇交于一点 O。

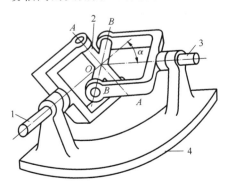

图 9.23　单万向联轴节

1—主动轴;2—十字叉头;3—从动轴;4—机架

在单万向联轴节机构中,当主动轴匀速转一周时,从动轴变速转一周。它们的角速比关系分析如下。

如图 9.24(a)所示,主、从动轴 1、3 的夹角为 α,当两轴回转一周时,点 B 和 A 的轨迹均为一个圆。该两圆所在的平面各垂直于其回转轴,则它们之间的夹角也为 α。若以点 B 的运动平面 I 作为投影面,那么点 B 轨迹的投影为一实际大小的圆,如图 9.24(b)中的 η 圆所示。而点 A 轨迹的投影为一椭圆,如图 9.24(b)中的 ξ 椭圆所示。由于 OB 与 OA 始终互相垂直,且 OB 在投影面内,由投影定理可知,它们的投影也互相垂直。当 OB 的投影位置在 OB₀(分析起始位置)时,OA 的投影在位置 OA₀。当轴 1 转动 φ₁ 角时,OB 的投影由 OB₀ 转至 OB₁,则 OA 的投影由 OA₀

转至 OA_1'。因 OB_1 和 OA_1' 垂直,则 $\angle A_0OA_1'$ 也等于 φ_1,该角是轴 3 转角 φ_3 的投影。为了得到 φ_3 的真实大小,可将点 A 的运动平面 III 绕 OA_0 转动 α 角而与点 B 的运动平面相垂直,这时点 A_1 的投影 A_1' 与点 A_1'' 重合,而 $A_1''(A_1')Q \perp OA_0$,则 $\angle A_1''OA_0 = \varphi_3$。由图得

$$\frac{\tan\varphi_1}{\tan\varphi_3} = \frac{\dfrac{QA_1'}{OQ}}{\dfrac{QA_1''}{OQ}} = \frac{QA_1'}{QA_1''}$$

由图 9.24(a)可知

$$\frac{QA_1'}{QA_1''} = \frac{QA_1'}{QA_1} = \cos\alpha$$

则有

$$\frac{\tan\varphi_1}{\tan\varphi_3} = \cos\alpha$$

将上式对时间求导并整理得

$$i_{31} = \frac{\omega_3}{\omega_1} = \frac{\cos\alpha}{1 - \sin^2\alpha\cos^2\varphi_1}$$

显然,随着两轴夹角 α 的增大,传动比 i_{31} 和 ω_3 也增大,速度波动将影响机器的正常工作。故应用单万向联轴节时 α 角不宜过大,一般不超过 $35° \sim 45°$。

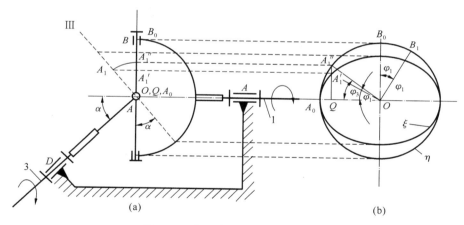

图 9.24　单万向联轴节角速比关系

2. 双万向联轴节

为了克服单万向联轴节从动轴速度波动的缺点,工程上常应用双万向联轴节,如图 9.25 所示。用中间轴 Q 将两个单万向联轴节连起来。

为了使主、从动轴角速度恒相等,必须满足下面两个条件。

(1) 主、从动轴 I、III 和中间轴 Q 应位于同一平面内,且中间轴两端叉面也应位于同一平面内。

(2) 中间轴与主、从动轴之间的夹角必须相等,即 $\alpha_{12} = \alpha_{23}$。

根据第一个条件,轴 Q 相当于图 9.24 中的轴 1,而双万向联轴节的轴 I、III 相当于单万向联轴节的轴 3,由前述分析可得

$$\tan\varphi_Q = \tan\varphi_1\cos\alpha_{12}, \quad \tan\varphi_Q = \tan\varphi_3\cos\alpha_{23}$$

由第二个条件 $\alpha_{12} = \alpha_{23}$,得 $\varphi_1 = \varphi_3$,即 $\omega_1 = \omega_3$。

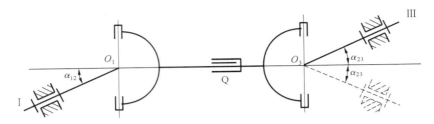

图 9.25　双万向联轴节主、从动轴角速度恒相等条件

9.2.2　螺旋机构

1. 螺旋机构的组成及工作原理

具有螺旋副的机构称为螺旋机构。图 9.26 所示为最简单的三杆螺旋机构,它由螺杆 1、螺母 2、机架 3 组成,也称单螺旋机构。

图 9.27 所示为三杆双螺旋机构。螺杆 1 与机架 3 在 A 处组成螺旋副;螺杆 1 与螺母 2 在 B 处组成螺旋副;螺母 2 与机架 3 在 C 处组成移动副。

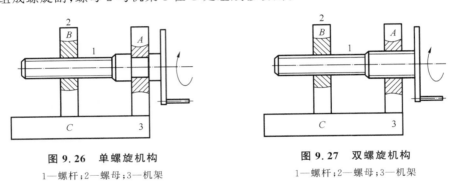

图 9.26　单螺旋机构	图 9.27　双螺旋机构
1—螺杆;2—螺母;3—机架	1—螺杆;2—螺母;3—机架

设螺旋副 A、B 的导程分别为 l_A 和 l_B。当螺杆 1 转动 φ 角时,螺母 2 的移动量为

$$s_2 = \frac{\varphi}{2\pi}(l_A \mp l_B)$$

式中:"一"号用于两螺旋副旋向相同时,"＋"号用于两螺旋旋向相反时。比如,若两螺旋副的旋向均为右旋,当螺杆 1 按图示方向移动时,螺旋副 A 处的螺杆将沿其轴线向左移动,螺旋副 B 处的螺杆将相对螺母 2 向左移动,即螺母 2 相对螺杆 1 向右移动,故螺母 2 的位移为上述两个位移的绝对值之差。同理,当两螺旋副的旋向均为左旋时,螺母 2 的位移为上述两个位移的绝对值之和。

2. 螺旋机构的类型及特点

如图 9.27 所示螺旋机构,当两螺旋副旋向相同时称为差动螺旋机构,当两螺旋副旋向相反时称为复式螺旋机构。按螺杆与螺母之间的摩擦类型可分为滑动螺旋机构和滚动螺旋机构。滑动螺旋机构中摩擦为滑动摩擦。滚动螺旋机构中螺杆与螺母的螺纹滚道间装有滚动体,使螺杆与螺母间构成滚动摩擦。

螺旋机构的特点为:结构简单,加工制造方便,运动准确,工作平稳无噪声。合理选择螺纹导程角可使其具有自锁性,但这种螺旋机构效率低。螺旋机构可获得很大的传动比。

9.2.3　组合机构

1.机构的组合

随着生产过程机械化、自动化程度的提高和发展,前面介绍的如齿轮机构、平面连杆机构及凸轮机构等基本机构远远不能满足各种各样的运动要求及实现一些复杂轨迹的要求,有时可以考虑采用一些基本机构的组合,使执行构件的运动规律、轨迹达到预定设计要求。实行机构组合,使各基本机构既能发挥原来的长处,又可避免本身的局限性,使它们构成一个优良的机构系统,用以满足生产中的各种要求。机构组合常用以下几种方式。

1)串联式组合

在机构组合系统中,每一个前置子机构的输出构件是其后续子机构的输入构件,这样的组合方式称为串联式组合。图 9.28(a)所示为一串联式组合实例。图中,构件 5、1、2 组成凸轮机构,为前置子机构。构件 2、3、4、5 组成连杆机构,为后续子机构。构件 2 既是前一子机构的从动件,又是后一子机构的主动件。这种串联式组合可用图 9.28(b)所示框图表示。

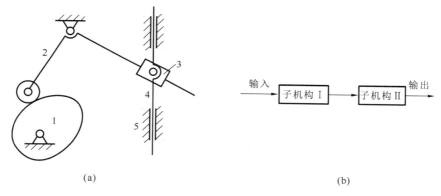

(a)　　　　　　　　　　　　　　　　(b)

图 9.28　串联式组合

2)并联式组合

在机构组合系统中,几个机构有同一个输入构件,而它们的输出运动又同时输给一个多自由度的子机构,这样的组合方式称为并联式组合。图 9.29(a)所示即并联式组合的实例。图中四杆机构 $BCDE$、四杆机构 $NMKH$ 有同一个输入构件,即凸轮 A,两个四杆机构(子机构Ⅰ、子机构Ⅱ,见图 9.29(b))的输出运动同时输给五连杆机构(子机构Ⅲ,见图 9.29(b))、EF、GH。并联式组合可用图 9.29(c)所示框图表示。

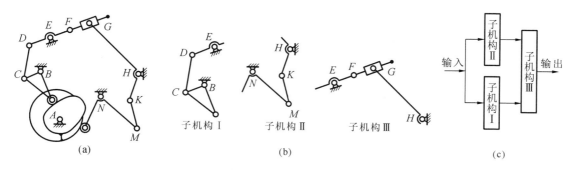

(a)　　　　　　　　　(b)　　　　　　　　　(c)

图 9.29　并联式组合

3）反馈式组合

在机构组合系统中,若一个多自由度的子机构的一个输入运动是通过一个或几个单自由度子机构从该多自由度子机构的输出构件回授的,这种组合方式称为反馈式组合。图9.30所示即反馈式组合的实例。图中,蜗杆1既能绕自身轴线转动,又能沿轴线移动,它与蜗轮2组成自由度为2的子机构Ⅰ,凸轮2与从动件3组成自由度为1的凸轮机构,即子机构Ⅱ。其中蜗杆1的一个输入运动(沿轴向的移动),就是通过凸轮机构从蜗轮2回授的。反馈式组合可用图9.30(b)所示框图表示。

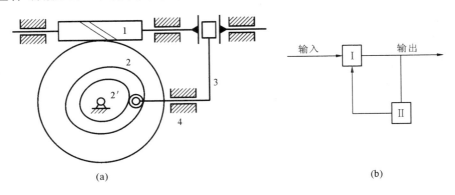

图 9.30   反馈式组合

4）运载式组合

在机构组合系统中,将一个单自由度机构安装在另一个单自由度机构的运动构件上,两子机构各自完成自身运动的同时,其叠加的运动是所要求的输出运动。图9.31(a)所示即为运载式组合的实例。运载机构是二杆机构1、5(子机构Ⅰ)。被运载机构是1、2、3、4组成的导杆机构(子机构Ⅱ)。两机构由各自的主动件带动,子机构Ⅱ实现点 M(马头)忽上忽下及马的俯仰动作,子机构Ⅰ实现马沿圆周前进的动作。这三个运动合成马飞奔向前的形象。运载式组合可用图9.31(b)所示框图表示。

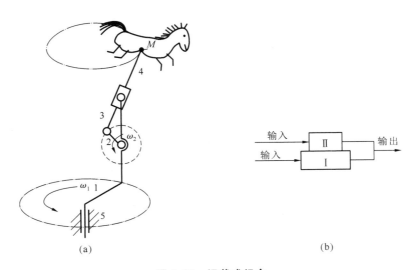

图 9.31   运载式组合

2.常用组合机构

组合机构与机构组合是有区别的。在机构的组合中,各子机构保持原有结构及各自相对独立;而组合机构是一种封闭式的传动机构,即利用一个机构去约束或封闭另一个多自由度机构。在组合机构中,各子机构已不能保持相对独立。下面介绍几种常用的组合机构。

1）凸轮连杆机构

图 9.32 所示为典型的凸轮连杆机构,此机构中,作为基础机构的是自由度为 2 的连杆机构（由构件 1、2、3、4、6 组成）与自由度为 1 的附加机构（构件 5、3、6 组成的凸轮机构）组合而成的。这种组合机构易于准确地实现从动件的复杂运动规律,还可方便地实现滑块的大行程,而凸轮向径的大小差异并不悬殊,凸轮结构尺寸也不很大,设计时,可按工艺要求制定出滑块 4 的运动规律,进而求出点 B 坐标,其点 B 轨迹就是要求设计的凸轮的轮廓曲线。

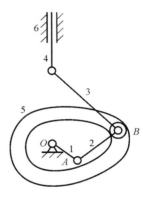

图 9.32　凸轮连杆机构

2）齿轮凸轮机构

齿轮凸轮机构可使从动件实现复杂的运动规律。例如,可使从动件获得变速运动、任意停歇时间的间歇运动、机械传动校正装置中的补偿运动等。图 9.33 所示为齿轮凸轮机构,其基础机构是由齿轮 1、行星轮 2、行星架 H 组成的简单差动轮系,附加机构是由凸轮 3 和铰接在行星轮 2 上的摆件从动件 4 组合的齿轮凸轮机构。机构中从动件中心轮 1 的输出运动即行星架 H 与行星轮 2 相对行星架 H 的运动的合成。

设计这种组合机构时,先根据从动件 1 的运动要求,求得行星轮 2 相对于行星架 H 的运动关系,再按从动件盘形齿轮凸轮轮廓曲线的设计方法设计出凸轮轮廓曲线。

3）齿轮连杆机构

齿轮连杆机构既可实现复杂的运动轨迹,也可实现复杂的运动规律,因组成该机构的子机构均为便于加工的齿轮和连杆,在工程上得到了广泛应用。如图 9.34 所示,该机构中,齿轮 3、齿轮 2、杆 5 和机架 6 组成一自由度为 2 的差动轮系,构件 1、4、5 和 6 组成一自由度为 1 的连杆机构。当主动轮 1 即曲柄 AB 等速回转时,通过齿轮啮合使轮 2 转动,这样,轮 2 的转动与摇杆 5（行星架）往复摆动的合成,便使从动轮 3 按一定规律做变速运动,即做后退运动（如顺时针方向）或短暂停歇的步进运动（逆时针方向）。

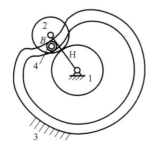

图 9.33　齿轮凸轮机构

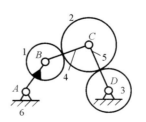

图 9.34　齿轮连杆机构

知 识 拓 展

间歇机构的应用

　　间歇机构是机械工程中常用的一种机构,它可以实现周期性的运动,在各种机械设备中被广泛应用。例如,自动封箱机中的间歇机构(见图9.35)用于控制封箱带的运动。封箱带会在间歇机构的作用下以一定的时间间隔和速度前进,从而实现对包装盒的封口操作。间歇机构的运动稳定可靠,可以确保封箱带的准确封口,提高包装效率。自动化生产线中的装配机器人也采用了间歇机构。通过间歇机构的运动,机器人可以在一定的时间间隔内完成特定的装配动作,如拧紧螺丝、焊接等。间歇机构的精准运动控制能力使得机器人能够高效地完成装配任务,提高生产效率和产品质量。心脏起搏器中的间歇机构用于控制心脏的起搏信号。通过间歇机构的运动,心脏起搏器可以按照一定的时间间隔产生电脉冲信号,从而刺激心脏肌肉收缩,维持心脏的正常节律。间歇机构的稳定性和精准性对于心脏起搏器的质量非常重要。

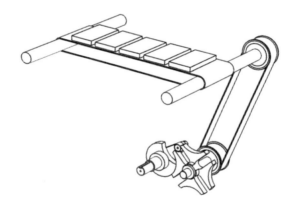

图 9.35　自动封箱机中的间歇机构

棘轮机构在汽车上的应用——安全带

　　汽车安全带是汽车车身受到猛烈撞击时,减少乘客和驾驶员所受伤害的装置。正常情况下乘员可以在座椅上自由匀速地拉动安全带,但当车辆发生碰撞时,由于惯性作用,人体会有向前倾的动作,会带动安全带快速向外拉出,这也就意味着卷线筒的速度会突然增加,卷收器的芯轴会随着织带一起旋转,因此织带会被拉出。芯轴转动时会推动卷收器外壳上的凸轮,带动滑动销移动,从而将棘爪拖入棘轮槽口。当棘爪锁定在轮齿中时,卷收器不能转动,安全带被锁定,从而起到保护乘员的作用。图9.36和图9.37分别为汽车座椅外形和安全带内部装置图。

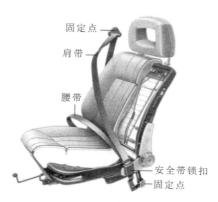

图 9.36　汽车座椅

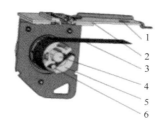 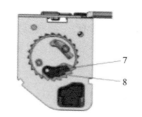 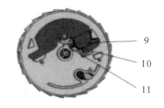

图 9.37　安全带内部装置

1—螺栓孔;2—支架;3—织带;4—扭力杆;5—芯轴;6—滑动销;7—棘爪;8—棘轮;9—凸轮;10—压簧;11—内卡

习　　　题

9.1　在图 9.1 所示的外啮合槽轮机构中,已知拨盘 1 转一周,槽轮停歇时间为 15 s,求主动拨盘 1 的转速 n_1 及槽轮在一周期内的运动时间 t_d。

9.2　试分析单万向联轴节中瞬时传动比不恒等于 1 的原因。使双万向联轴节传动比恒等于 1 的条件是什么?

9.3　如图 9.10 所示的移动式棘轮机构,为保证棘爪能顺利进入棘轮齿底,应满足什么条件?

9.4　为什么不完全齿轮机构的主动轮首、末两轮齿的齿高一般要削减?加上瞬心线附加杆后,是否仍须削减?为什么?

9.5　差动螺旋机构的结构特点是什么?

9.6　机构的组合和组合机构有何区别?

第 10 章　机械效率和自锁

10.1　机　械　效　率

机械在运转过程中,驱动力所做的功总有一部分要消耗在克服有害阻力(主要为摩擦力)上而变为损失功,这完全是一种能量损失,会降低机械的效率。如何降低损失、提高效率在机械工程中具有十分重要的意义。

10.1.1　机械效率的表达形式

如前所述,作用在机械上的驱动力所做的功为驱动功(即输入功),克服生产阻力所做的功为有效功(即输出功)。机械在正常运转时,有

$$W_d = W_r + W_f \tag{10.1}$$

机械的输出功与输入功之比称为机械效率,它反映输入功在机械中的有效利用程度,以 η 来表示

$$\eta = \frac{W_r}{W_d} = 1 - \frac{W_f}{W_d} \tag{10.2a}$$

用功率表示时

$$\eta = \frac{P_r}{P_d} = 1 - \frac{P_f}{P_d} \tag{10.2b}$$

式中：　P_d、P_r、P_f——输入功率、输出功率和损失功率。

由于摩擦损失不可避免,故机械效率 η 总是小于 1 的。因此在设计机械时,为了使其具有较高的机械效率,应尽量减小机械中的损失,主要是减小摩擦损失。

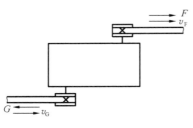

图 10.1　机械传动装置

式(10.2a)或式(10.2b)是用功和功率的形式表示的效率。在机械匀速运转的条件下,驱动力和阻力为常数,也可以把效率用便于计算的力或力矩形式来表示。图 10.1 所示为一机械传动装置的示意图,设 F 为驱动力,G 为生产阻力,v_F 和 v_G 分别为 F 和 G 的作用点沿该力作用线方向的分速度,于是根据式(10.2b)可得

$$\eta = \frac{P_r}{P_d} = \frac{G v_G}{F v_F} \tag{10.3a}$$

假设在该机械中不存在摩擦(这样的机械称为理想机械),为了克服同样的生产阻力 G,所需的驱动力 F_0 称为理想驱动力;同理,驱动力 F 所能克服的生产阻力 G_0 称为理想生产阻

力。对理想机械来说,其效率 $\eta_0 = 1$,即

$$\eta_0 = \frac{Gv_G}{F_0 v_F} = \frac{G_0 v_G}{F v_F} = 1 \qquad (10.3b)$$

将式(10.3b)代入式(10.3a),得

$$\eta = \frac{F_0 v_F}{F v_F} = \frac{F_0}{F} = \frac{G}{G_0} \qquad (10.3c)$$

式(10.3c)说明,机械效率等于理想驱动力 F_0 与实际驱动力 F 之比,也等于实际阻力 G 与理想阻力 G_0 之比。

同理,机械效率也可以用力矩之比的形式来表达,即

$$\eta = \frac{M_{d0}}{M_d} = \frac{M_r}{M_{r0}} \qquad (10.3d)$$

式中： M_{d0} 和 M_d——理想驱动力矩和实际驱动力矩;

M_r 和 M_{r0}——实际阻力矩和理想阻力矩。

综上所述,机械效率可表示为

$$\eta = \frac{理想驱动力（力矩）}{实际驱动力（力矩）} = \frac{实际阻力（力矩）}{理想阻力（力矩）} \qquad (10.4)$$

利用式(10.4)计算效率一般都十分简便,如图 10.8 所示的斜面压榨机,正行程时,由式(4.9)可知其实际驱动力为 $F = G \cdot \tan(\alpha + \varphi)$,理想驱动力为 $F_0 = G \cdot \tan\alpha$,根据式(10.4),该斜面压榨机的机械效率为

$$\eta = \frac{F_0}{F} = \frac{G\tan\alpha}{G\tan(\alpha + \varphi_v)} = \frac{\tan\alpha}{\tan(\alpha + \varphi_v)}$$

反行程时,G 为驱动力,实际驱动力为 $G = F/\tan(\alpha - \varphi_v)$,理想驱动力为 $G_0 = F/\tan\alpha$。此时斜面压榨机的机械效率为

$$\eta = \frac{G_0}{G} = \frac{F/\tan\alpha}{F/\tan(\alpha - \varphi_v)} = \frac{\tan(\alpha - \varphi_v)}{\tan\alpha} \qquad (10.5)$$

对于图 9.26、图 9.27 所示的螺旋机构,其机械效率也可用类似的方法计算。

由式(10.5)和式(10.4)可得拧紧螺母的效率为

$$\eta = \frac{M_0}{M} = \frac{Gd_2\tan\alpha/2}{Gd_2\tan(\alpha + \varphi_v)/2} = \frac{\tan\alpha}{\tan(\alpha + \varphi_v)} \qquad (10.6)$$

式中： M 和 M_0——实际驱动力矩和理想驱动力矩。

放松螺母时,M' 为阻抗力矩,其机械效率为

$$\eta = \frac{M'}{M_0'} = \frac{Gd_2\tan(\alpha - \varphi_v)/2}{Gd_2\tan\alpha/2} = \frac{\tan(\alpha - \varphi_v)}{\tan\alpha} \qquad (10.7)$$

式中： M' 和 M_0'——实际阻抗力矩和理想阻抗力矩。

10.1.2 　机械系统的效率

上述机械效率及其计算主要是指一个机构或一台机器的效率。对于由多个机构或机器组成的机械系统的效率,可根据组成系统的各机构或机器的效率计算求得。若干机构或机器组合为机械系统的方式一般有串联、并联和混联三种,其机械效率的计算也有三种不同的方法。

1.串联系统

如图 10.2 所示为由 k 台机器串联组成的机械系统。设各台机器的效率分别为 η_1,η_2,

$\cdots,\eta_k$,系统的输入功率为 P_d,输出功率为 P_r。这种串联系统功率传递的特点是前一台机器的输出功率即为后一台机器的输入功率。故其机械效率为

$$\eta = \frac{P_r}{P_d} = \frac{P_1}{P_d}\frac{P_2}{P_1}\cdots\frac{P_k}{P_{k-1}} = \eta_1\eta_2\cdots\eta_k \qquad (10.8)$$

此式表明,串联系统的总效率等于组成该机组的各个机器效率的连乘积。由此可见,只要串联系统中任一机器的效率很低,就会使整个系统的效率极低,且串联机器的数目越多,机械效率也越低。

2.并联系统

如图 10.3 所示为由 k 台机器并联组成的系统。设各台机器的效率分别为 $\eta_1,\eta_2,\cdots,\eta_k$,输入功率分别为 $P_1,P_2,\cdots,\eta_k$,则各台机器的输出功率分为 $P_1\eta_1,P_2\eta_2,\cdots,P_k\eta_k$。这种并联系统功率传递的特点是系统的输入功率为各台机器的输入功率之和,其输出功率为各台机器的输出功率之和,于是并联系统的机械效率为

$$\eta = \frac{\sum P_{ri}}{\sum P_{di}} = \frac{P_1\eta_1 + P_2\eta_2 + \cdots + P_k\eta_k}{P_1 + P_2 + \cdots + P_k} \qquad (10.9)$$

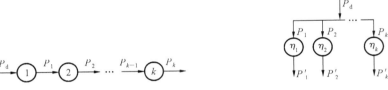

图 10.2 串联机械系统   图 10.3 并联机械系统

此式表明,并联系统的总效率不仅与各台机器的效率有关,而且也与各台机器所传递的功率大小有关。设在各机器中效率最高及最低者的效率分别为 η_{max} 和 η_{min},则 $\eta_{max} < \eta < \eta_{min}$,并且系统的总效率主要取决于传递效率最大的机器的效率。由此可见,要提高并联系统的机械效率,应着重提高传递功率大的传递路线的效率。

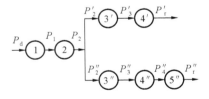

图 10.4 混联系统

3.混联系统

如图 10.4 所示为兼有串联和并联的混联系统。为了计算其总效率,可先将输入功至输出功的路线弄清,然后分别计算出总的输入功率 $\sum P_d$ 和总的输出功率 $\sum P_r$,则混联系统的总机械效率为

$$\eta = \frac{\sum P_r}{\sum P_d} \qquad (10.10)$$

【例 10.1】 在图 10.4 所示的混联机械传动装置中,设各传动机构的效率分别为 $\eta_1 = \eta_2 = 0.98,\eta'_3 = \eta'_4 = 0.96,\eta''_3 = \eta''_4 = 0.94,\eta''_5 = 0.42$。已知输出功率分别为 $P'_r = 5$ kW,$P''_r = 0.2$ kW,求该机械传动装置的机械效率。

【解】 机构 $3'$ 和 $4'$ 串联,故

$$P'_2 = \frac{P'_r}{\eta'_3\eta'_4} = \frac{5}{0.96 \times 0.96}\text{ kW} = 5.425\text{ kW}$$

机构 $3''$、$4''$、$5''$ 串联,故

$$P''_2 = \frac{P''_r}{\eta''_3\eta''_4\eta''_5} = \frac{0.2}{0.94 \times 0.94 \times 0.42}\text{ kW} = 0.539\text{ kW}$$

机构 $3'$、$4'$ 与机构 $3''$、$4''$、$5''$ 组成的并联部分的效率为

$$\eta_{并} = \frac{P'_r + P''_r}{P'_2 + P''_2} = \frac{5 + 0.2}{5.425 + 0.539} = 0.8719$$

所以该机构的总效率为

$$\eta = \frac{\sum P_r}{\sum P_d} = \eta_1 \eta_2 \eta_{并} = 0.98 \times 0.98 \times 0.8719 = 0.837$$

10.2　机械的自锁

在实际机械中,由于摩擦的存在以及驱动力作用方向的问题,有时会出现无论驱动力如何增大,机械都无法运转的现象,这种现象称为机械的自锁。设计机械时,为使机械能够实现预期的运动,必须避免该机械在所需的运动方向上发生自锁,而有些机械的工作又需要具有自锁的特征。

10.2.1　运动副的自锁条件

1. 移动副

如图 10.5 所示,滑块 1 与平台 2 组成移动副。驱动力 F 作用于滑块 1 上,β 为力 F 与滑块 1 和平台 2 接触面的法线 nn 之间的夹角(称为传动角)。φ 为摩擦角。现若将力 F 分解为水平分力 F_t 和垂直分力 F_n,则显然水平分力 F_t 是推动滑块 1 运动的有效分力,其值为

$$F_t = F\sin\beta = F_N \tan\beta$$

而垂直分力 F_n 不仅不会使滑块 1 产生运动,而且还将使滑块和平台接触面间产生摩擦力以阻止滑块 1 的运动,而其所能引起的最大摩擦力为

$$F_{fmax} = F_n \tan\varphi$$

当 $\beta \leqslant \varphi$ 时,有

$$F_t \leqslant F_{fmax}$$

上式说明,在 $\beta \leqslant \varphi$ 时,不管驱动力 F 如何增大(方向维持不变),驱动力的有效分力总是小于驱动力 F 本身所可能引起的最大摩擦力,因而滑块 1 总不能运动,这就是自锁现象。

因此,移动副发生自锁的条件是:作用在滑块上的驱动力作用在其摩擦角之内,即 $\beta \leqslant \varphi$。

2. 转动副

如图 10.6 所示的转动副中,设作用在轴颈上的外载荷为单一力 F,则当力 F 的作用线

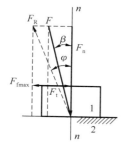

图 10.5　平面副摩擦

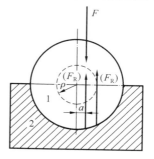

图 10.6　转动副摩擦

在摩擦圆之内时(即 $a \leqslant \rho$),因它对轴颈中心的力矩 $M_a = Fa$,始终小于它本身所引起的最大摩擦力矩 $M_f = F_R \rho = F\rho$。所以力 F 任意增大(力臂 a 保持不变)也不能驱使轴颈转动,即出现了自锁现象。

因此,转动副发生自锁的条件是:作用在轴颈上的驱动力为单一力 F,且其作用于摩擦圆之内,即 $a \leqslant \rho$。

10.2.2 机械的自锁条件

机械的自锁可通过其运动副的自锁条件来判断。因为机械的自锁实质上就是其中的运动副发生了自锁。

当机械发生自锁时,无论驱动力如何增大都不能超过它所产生的摩擦力,即此时驱动力所能做的功 W_d 总不足以克服其所能引起的最大损失功 W_f,根据式(10.2a)知,这时 $\eta \leqslant 0$。故也可以借助机械效率的计算式来判断机构是否发生自锁和分析机械发生自锁的条件。但注意此时 η 已没有一般效率的意义,它只表明机械自锁的程度。当 $\eta = 0$ 时,机械处于临界自锁状态;若 $\eta < 0$,则其绝对值越大,表明自锁越可靠。

由于机械自锁时,机械已不能运动,所以这时它所能克服的生产阻抗力 $G \leqslant 0$。$G < 0$ 意味着只有当阻抗力反向变为驱动力后,才能使机械运动。故也可利用当驱动力任意增大时,$G \leqslant 0$ 是否成立来判断机械是否自锁,并据此确定机械的自锁条件。

下面我们通过实例来说明如何确定机械的自锁条件。

1. 偏心夹具

在图 10.7 所示的偏心夹具中,1 为夹具体,2 为工件,3 为偏心圆盘。当用力 F 压下手柄时,将工件夹紧,以便对工件进行加工。当作用在手柄上的力 F 去掉后,为了使夹具不至于自动松开,则需要该夹具具有自锁性。在图中,A 为偏心盘的几何中心,偏心盘的外径为 D,偏心距为 e,偏心盘轴颈的摩擦圆半径为 ρ,求该夹具的自锁条件。

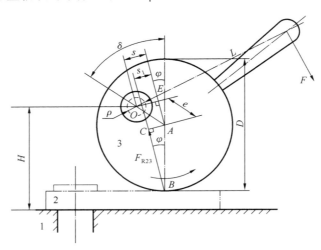

图 10.7 偏心夹具

将偏心盘放大,图中虚线小圆为轴颈的摩擦圆。当作用在手柄上的力 F 去掉后,偏心盘有沿逆时针方向转动即放松的趋势,由此可定出总反力 F_{R23} 的方位如图所示。分别过点 O、

A 作 $\boldsymbol{F}_{\text{R23}}$ 的平行线。要偏心夹具反行程自锁,总反力应穿过摩擦圆,即应满足条件

$$s - s_1 \leqslant \rho \qquad\qquad (10.11\text{a})$$

由直角三角形 ABC 和 OAE 知

$$s_1 = \overline{AC} = \frac{D\sin\varphi}{2} \qquad\qquad (10.11\text{b})$$

$$s = \overline{OE} = e\sin(\delta - \varphi) \qquad\qquad (10.11\text{c})$$

式中:角 δ 为楔紧角,将式(10.11b)、(10.11c)代入式(10.11a)可得到偏心夹具的自锁条件

$$e\sin(\delta - \varphi) - (D\sin\varphi)/2 \leqslant \rho$$

2. 螺旋机构

对于图 9.26、图 9.27 所示的螺旋机构,根据式(10.7)可得其自锁条件为

$$\eta = \frac{\tan(\alpha - \varphi_{\text{v}})}{\tan\alpha} \leqslant 0$$

即

$$\alpha \leqslant \varphi_{\text{v}}$$

3. 斜面压榨机

在图 10.8 所示的斜面压榨机中,如在滑块 2 上施加一定的力 $\boldsymbol{F}$,即可产生一压紧力将物体 4 压紧。图中 $\boldsymbol{G}$ 为被压紧的物体对滑块 3 的反作用力。显然,当力 $\boldsymbol{F}$ 撤去后,该机构在力 $\boldsymbol{G}$ 的作用下应具有自锁性,现来分析其自锁条件。为了确定此压榨机在力 $\boldsymbol{G}$ 作用下的自锁条件,可先求出当 $\boldsymbol{G}$ 为驱动力时,该机械的阻抗力 $\boldsymbol{F}$。设各接触面的摩擦因数均为 f。首先,根据各接触面间的相对运动及已知的摩擦角 $\varphi = \arctan f$,作出两滑块所受的总反力,如图 10.8(a)所示。然后分别取滑块 2 和 3 为分离体,列出力平衡方程式 $\boldsymbol{F} + \boldsymbol{F}_{\text{R12}} + \boldsymbol{F}_{\text{R32}} = 0$ 及 $\boldsymbol{G} + \boldsymbol{F}_{\text{R13}} + \boldsymbol{F}_{\text{R23}} = 0$,并作出力多边形,如图 10.8(b)所示,于是由余弦定理可得

$$F = F_{\text{R32}}\sin(\alpha - 2\varphi)/\cos\varphi$$

$$G = F_{\text{R23}}\cos(\alpha - 2\varphi)/\cos\varphi$$

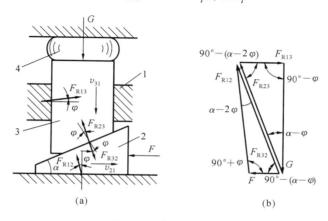

图 10.8　斜面压榨机

由 $F_{\text{R23}} = F_{\text{R32}}$,故可得

$$F = G\tan(\alpha - 2\varphi)$$

令 $F \leqslant 0$，得

$$\tan(\alpha - 2\varphi) \leqslant 0$$

即

$$\alpha \leqslant 2\varphi$$

此时，无论驱动力 G 如何增大，始终有 $F \leqslant 0$，所以 $\alpha \leqslant 2\varphi$ 为斜面压榨机反行程（G 为驱动力时）的自锁条件。

必须注意的是，机械的自锁只是在一定的受力条件和受力方向下发生的，而在另外的情况下却是可动的。如图 10.8 所示的斜面压榨机，要求在力 G 的作用下自锁，滑块 2 不能松退，但在力 F 的作用下滑块 2 向左移动而压紧物体 4，力 F 反向也可使滑块 2 向右移动而松开物体，即以 F 为驱动力时，压榨机是不自锁的。这就是机械自锁的方向性。

【例 10.2】　大型机床装配过程中需要将床身平面调平，通常在底座 1 处放置四个斜面自锁机构，如图 10.9 所示，该机构由螺旋机构和斜面机构组成。当转动圆盘 4 时，由螺旋机构带动活动构件 3 向右移动，从而将机床向上顶起，当床身调平后该机构反向自锁。设移动副摩擦因数均为 f，构件 2 的斜面倾斜角为 λ，F_r 为螺纹对构件 3 的阻抗力。试分析在螺纹满足反行程自锁的前提下，忽略构件 4 与 2 的摩擦，以 F_d 作为驱动力时的机构自锁条件。

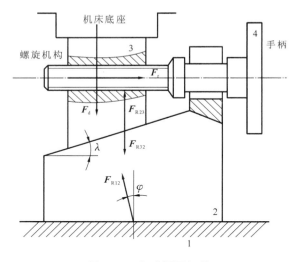

图 10.9　机床调平机构

1—底座；2—构件；3—活动构件；4—圆盘

【解】　（1）对机构中的各构件进行受力分析。

根据摩擦因数 f 计算 φ（$\varphi = \arctan f$），确定作用于构件 2 和 3 的总反力方向，如图 10.9 所示。

（2）分析构件 2。

根据力的平衡条件列出平衡方程，因为 F_{R32} 为驱动力，所以自锁条件为 $F_{R32} \leqslant F_{R12}$，即驱动力作用线在摩擦角之内，$\lambda - \varphi \leqslant \varphi$。

由此可得，当 $\lambda \leqslant 2\varphi$ 时，构件 2 自锁。

知 识 拓 展

基于偏心凸轮增力自锁机构的冲击式气动夹具

　　基于偏心凸轮增力自锁机构的冲击式气动夹具的工作原理如图 10.10 所示。在汽缸内放置一个无杆的活塞,活塞的中部加工有一个通过活塞中心的轴向长槽,其轴向长度远大于驱动偏心凸轮转动的驱动杠杆球头直径。在初始位置时,驱动杠杆球头位于长槽的右侧。当活塞在缸左腔压缩空气的作用下,以一定加速度向右运动一段距离后,轴向槽左壁才与驱动杠杆球头部相接触,并给球头施加一个冲击力。在此冲击力的作用下,驱动杠杆驱动偏心凸轮以 O_2 为轴心,做顺时针方向摆动。活塞所受的轴向力经过驱动杠杆与偏心凸轮的作用放大后,由偏心凸轮向外输出作用力 F_o,该作用力用来夹紧工件(图 10.10 中所示即夹紧位置),此后便可对工件进行切削加工。由于偏心凸轮夹紧机构具有自锁功能,切削加工过程中可停止向汽缸供气,以实现节能。

　　切削加工完毕后,气动换向阀换位,使压缩空气进入汽缸右腔。活塞同样以一定加速度向左运动一段距离后,通过轴向槽右壁给驱动杠杆球头施加一个冲击力,从而驱动偏心凸轮做逆时针方向摆动,工件即被松开。

　　由于松开偏心凸轮夹紧机构所需要的作用力要显著大于夹紧时施加的作用力。因此,活塞冲击力的主要意义在于,松开工件时能提供远大于静力平衡状态下作用于活塞上的轴向力。

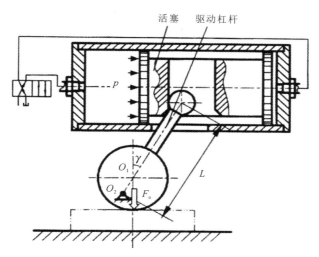

图 10.10　基于偏心凸轮增力自锁机构的冲击式气动夹具工作原理

基于斜楔增力自锁机构的冲击式气动夹具

　　基于斜楔增力自锁机构的冲击式气动夹具的工作原理如图 10.11 所示,它的工作原理与图 10.10 中的基于偏心凸轮增力自锁机构的冲击式气动夹具的工作原理类似:二者的汽缸部分结构完全相同,不同之处是将图 10.10 中的偏心凸轮机构换成了带孔的斜楔,驱动杠杆换成了两端都带有球头的杠杆,一端球头以较大的空隙插入活塞的轴向长槽中,另一端球头以适当的间隙配合插入斜楔上的孔中。

当压缩空气进入缸左腔,力通过杠杆-斜楔的二次放大后,由力输出件向外输出作用力 F,该作用力用于夹紧工件及实现自锁。当压缩空气进入缸右腔,仍然可以利用活塞与杠杆球头部产生的冲击力,实现用较小的系统压力推动杠杆,驱使斜楔做反向运动。同时,力输出件在复位弹簧的推动作用下向上运动,完成复位,松开工件。

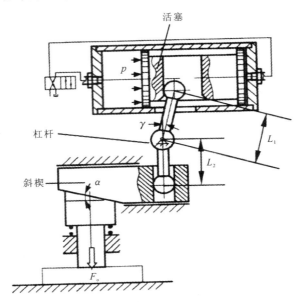

图 10.11　基于斜楔增力自锁机构的冲击式气动夹具工作原理

习　　题

10.1　如何计算机械系统的效率? 通过对串联系统及并联系统的效率进行计算,对我们设计机械传动系统有何重要启示?

10.2　当作用在转动副中轴颈上的外力为一力偶矩时,也会发生自锁吗?

10.3　自锁机械根本不能运动,对吗? 试举例说明。

10.4　题 10.4 图所示为一焊接用的楔形夹具。利用这个夹具把两块要焊接的工件 1 和 1′预先夹紧,以便焊接。图中 2 为夹具体,3 为楔块。试确定其自锁条件(即当夹紧后,楔块 3 不会自动松脱出来的条件)。

10.5　如题 10.5 图所示,电动机通过 V 带传动及圆锥、圆柱齿轮传动带动工作机 A 和 B。设每对齿轮的效率 $\eta=0.98$(包括轴承的效率在内),带传动的效率 $\eta=0.92$。工作机 A、B 的功率分别为 $P_A=5\text{ kW}$,$P_B=2\text{ kW}$。效率分别为 $\eta_A=0.8$、$\eta_B=0.6$,试求电动机所需的功率。

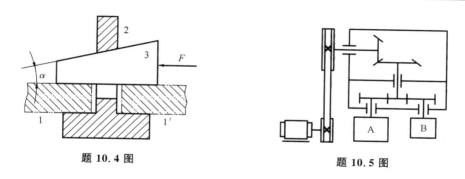

题 10.4 图   题 10.5 图

10.6 题 10.6 图所示为一颚式破碎机,在破碎矿石时要求矿石不至于被向上挤出,试问角 α 应满足什么条件? 经分析可得出什么结论?

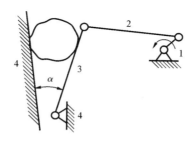

题 10.6 图

10.7 题 10.7 图所示为一超越离合器,当行星轮 1 沿顺时针方向转动时,滚柱 2 将被楔紧在楔形间隙中,从而带动外圈 3 也沿顺时针方向转动。设已知摩擦因数 $f=0.08$, $R=60$ mm, $h=45$ mm。为保证离合器能正常工作,试确定滚柱直径 d 的合理范围。

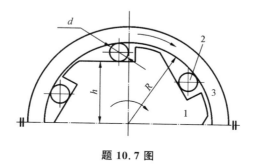

题 10.7 图

第 11 章　机械的平衡

11.1　机械平衡的目的和内容

11.1.1　机械平衡的目的

机械在运转时,活动构件由于加速、机构不对称或材质不均匀等将产生不平衡惯性力,不平衡惯性力在运动副中会引起附加的动压力。这不仅会增大运动副的摩擦和构件中的内应力,降低机械效率和使用寿命,而且由于这些惯性力的大小和方向一般都是周期性变化的,所以将引起机械及其基础的强迫振动。如果其频率接近机械的共振频率,则将引起极其不良的后果。不仅会影响机械本身的正常工作和使用寿命,而且还会使附近的工作机械和厂房建筑受到影响甚至破坏。

机械平衡的目的就是设法将构件的不平衡惯性力加以平衡,以消除或减小惯性力的不良影响。特别是对高速、精密机械必须设法完全或部分地消除惯性力,减小或消除附加动压力,减轻有害的机械振动。

但应指出,有一些机械却是利用构件所产生的不平衡惯性力引起的振动来工作的。如按摩机、打夯机、振动运输机等。对于这类机械,则应该考虑如何合理利用不平衡惯性力的问题。

11.1.2　平衡的内容及分类

在机械中,各构件的结构与运动形式不同,其所产生的惯性力和平衡方法也不同。机械的平衡问题分为下述两类。

1. 转子的平衡

绕固定轴线回转的构件又称为转子。其平衡问题可通过调整自身的质量和质心的位置予以解决。转子的平衡又分为刚性转子的平衡和挠性转子的平衡两种。

(1) 刚性转子的平衡　对于刚性较好,工作转速低于$(0.6 \sim 0.75) n_{c1}$(n_{c1}为转子的第一阶共振转速)的转子,其旋转轴线的挠曲变形可以忽略不计,这类转子称为刚性转子。其平衡按理论力学中的力系平衡理论进行。如果只要求其惯性力平衡,则称为静平衡;如果同时要求惯性力和惯性力矩平衡,则称为动平衡。刚性转子的平衡是本章要介绍的主要内容。

(2) 挠性转子的平衡　对于质量和跨度很大,而径向尺寸较小,工作转速高于$(0.6 \sim 0.75) n_{c1}$的转子,其旋转轴线的挠曲变形不可忽略不计,这类转子称为挠性转子。由于挠性转子在工作过程中会产生较大的弯曲变形,从而使惯性力显著增大,这类平衡问题比较复杂,需做专门研究,本章不做详细介绍。

2.机构的平衡

机构中做往复移动或平面复合运动的构件,其产生的惯性力无法在该构件上平衡,而必须就整个机构加以研究。设法使各运动构件的惯性力的合力和合力偶得到完全的或部分的平衡。以消除或降低其不良影响。由于惯性力的合力和合力偶最终均由机械的基础所承受,故又称这类平衡问题为机械在机座上的平衡。

11.2　刚性转子的平衡

为了使转子得到平衡,在设计时就要根据转子的结构,通过计算将转子设计成平衡的。下面分别讨论刚性转子的静平衡和动平衡。

11.2.1　刚性转子的静平衡

1.静平衡的概念

对于轴向尺寸较小的盘状转子(转子的轴向宽度 b 与其直径 D 之比,即宽径比 $b/D <$ 0.2),例如齿轮、盘形凸轮、带轮、链轮和叶轮等,它们的质量可以近似视为分布在垂直于其回转轴线的同一平面内。在此情况下,若其质心不在回转轴线上,则当其转动时,其偏心质量就会产生惯性力。因这种不平衡现象在转子静止时即可表现出来,故称其为静不平衡。

对这类转子进行静平衡时,可在转子上增加或去除一部分质量,使其质心与回转轴心重合,从而使转子的惯性力得以平衡。

2.静平衡的计算

如图 11.1 所示,设有一盘形不平衡转子,具有偏心质量 m_1、m_2,它们的回转半径分别为 r_1、r_2,当回转体以角速度 ω 回转时,各偏心质量所产生的惯性力分别为

$$\boldsymbol{F}_{\mathrm{I}i} = m_i \omega^2 \boldsymbol{r}_i \tag{11.1}$$

式中：　$\boldsymbol{r}_i$——第 i 个偏心质量的向径。

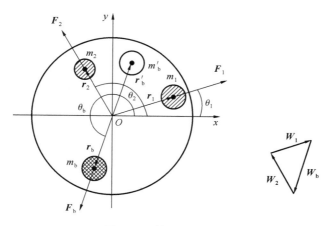

图 11.1　静平衡的计算

据平面力系平衡的原理,若要使转子静平衡,只要在同一回转面内加一平衡质量 m_b,使其产生的离心惯性力 $\boldsymbol{F}_\mathrm{b}$ 与原有各偏心质量产生的离心惯性力之和 $\boldsymbol{F}_{\mathrm{I}i}$ 等于零,即转子的静

平衡条件为

$$\sum \boldsymbol{F} = \boldsymbol{F}_{b} + \sum \boldsymbol{F}_{1i} = 0 \tag{11.2}$$

设平衡质量 m_b 的向径为 $\boldsymbol{r}_b$,则式(11.2)可写成

$$m_b \omega^2 \boldsymbol{r}_b + m_1 \omega^2 \boldsymbol{r}_1 + m_2 \omega^2 \boldsymbol{r}_2 = 0$$

消去 ω^2 后可得

$$m_b \boldsymbol{r}_b + m_1 \boldsymbol{r}_1 + m_2 \boldsymbol{r}_2 = 0 \tag{11.3}$$

式中： $m_i r_i$——质径积,它相对地表达了各质量在同一转速下的惯性力的大小和方位。

平衡质径积 $m_b r_b$ 的大小和方位可由图解法求得。如图 11.1 所示,选择合适的比例尺,按矢径 $\boldsymbol{r}_1$、$\boldsymbol{r}_2$ 的方向作矢量 $\boldsymbol{W}_1$、$\boldsymbol{W}_2$,以代表质径积 $m_1 r_2$、$m_2 r_2$,则封闭矢量 $\boldsymbol{W}_b$ 就代表平衡质径积 $m_b r_b$。

平衡质径积的 $m_b r_b$ 大小和方位也可由解析法求得。建立直角坐标系(见图 11.1),根据力平衡条件,由 $\sum F_x = 0$ 及 $\sum F_y = 0$ 可得

$$(m_b r_b)_x = -\sum m_i r_i \cos\theta_i \tag{11.4a}$$

$$(m_b r_b)_y = -\sum m_i r_i \sin\theta_i \tag{11.4b}$$

其中 θ_i 为第 i 个偏心质量 m_i 的矢径 $\boldsymbol{r}_i$ 与 x 轴方向的夹角(从 x 轴正向到 $\boldsymbol{r}_i$,沿逆时针方向为正)。则平衡质径积的大小为

$$m_b r_b = [(m_b r_b)_x^2 + (m_b r_b)_y^2]^{1/2} \tag{11.5}$$

根据转子结构选定 r_b 的值,再确定 m_b 的值。一般只要结构允许,r_b 应尽可能选大些,以使 m_b 的值小些。平衡质量的相位角可由下式求得：

$$\theta_b = \arctan[(m_b r_b)_y/(m_b r_b)_x] \tag{11.6}$$

若转子的实际结构不允许在某一矢径 $\boldsymbol{r}_b$ 的末端安装平衡质量,也可在相反方向上的对应位置处(r_b' 末端)去除一部分质量使其平衡,只要保证 $m_b r_b = m_b' r_b'$ 即可。

根据上面的分析可见,静不平衡的转子无论有多少个偏心质量,只要在同一平衡面内增加或去除一个平衡质量就可获得平衡,故静平衡又称为单面平衡。

11.2.2　刚性转子的动平衡

1.动静平衡的概念

当转子的轴向尺寸较大($b/D \geqslant 0.2$) 时,如内燃机曲轴、电动机转子和机床转子等,其质量就不能视为分布在同一平面内了。这时,其偏心质量往往是分布在几个不同的回转平面内,在这种情况下,即使转子的质心位于回转轴上,如图 11.2 所示,由于各偏心质量所产生的离心惯性力不在同一回转平面内,因而将形成惯性力偶,所以仍然是不平衡的,而且该力偶的作用方位是随转子的回转而变化的,故不但会在支撑中引起附加动压力,也会引起机械设备的振动。这种不平衡现象只有在转子运转的情况下才能显示出来,故称其为动不平衡。对这类转子进行动平衡时,要求转子在运转时各偏心质量产生的惯性力和惯性力偶矩同时得到平衡。

2.动平衡的计算

图 11.3 所示为一长转子,根据其结构,设其偏心质量 m_1、m_2、m_3 分别位于回转平面 1、2、3 内,它们各自的回转半径分别为 r_1、r_2、r_3,方向如图所示,当转子以角速度 ω 回转时,各

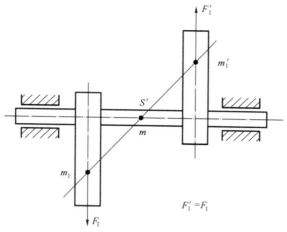

图 11.2　偏心质量不在同一平面内的平衡

偏心质量所产生的惯性力 F_1、F_2、F_3 将形成空间力系,所以转子的动平衡条件为:各偏心质量(包括平衡质量)产生的惯性力的矢量和为零,以及这些惯性力所构成的力矩矢量和为零,即

$$\sum \boldsymbol{F} = 0, \quad \sum \boldsymbol{M} = 0 \tag{11.7}$$

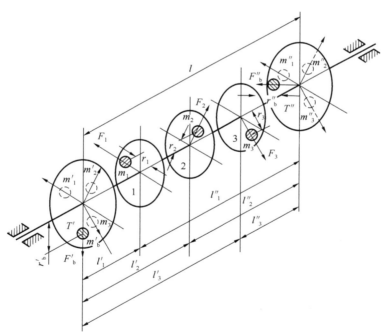

图 11.3　偏心质量分布在三个面内的平衡

　　为了使转子获得动平衡,选定两个垂直于轴线的平面 T' 及 T'' 作为平衡基面。将各离心惯性力分别分解到平衡基面 T' 及 T'' 内。偏心质量 m_1 所在平面到 T' 和 T'' 的距离分别为 l_1'、l_1'',则 F_1 分解到平面 T' 和 T'' 中的力 F_1' 及 F_1'' 分别为

$$F_1' = \frac{l_1''}{l} F_1, \quad F_1'' = \frac{l_1'}{l} F_1$$

同理,F_2、F_3 分解到平面 T' 和 T'' 中的力分别为

$$F_2' = \frac{l_2''}{l}F_2, \quad F_2'' = \frac{l_2'}{l}F_2$$

$$F_3' = \frac{l_3''}{l}F_3, \quad F_3'' = \frac{l_3'}{l}F_3$$

这样就把空间力系的平衡问题,转化为两个平面汇交力系的平衡问题了。只要在平衡基面 T' 及 T'' 内适当地各加一平衡质量,使两平衡基面内的惯性力之和分别为零,这个转子便可得以动平衡。

至于两个平衡基面 T' 及 T'' 内的平衡质量的大小和方位的确定,则与前述静平衡的计算方法完全相同,这里不再赘述。

由以上分析可知,对于任何动不平衡的刚性转子,无论其具有多少个偏心质量,以及分布于多少个回转平面内,都只要在选定的两个平衡基面内分别各加上或除去一个适当的平衡质量,即可得到完全平衡。故动平衡又称为双面平衡。

平衡基面的选取需要考虑转子的结构和安装空间,以便于安装或除去平衡质量。此外,应考虑力矩平衡的效果,两平衡基面间的距离适当大一些。同时,在条件允许的情况下,将平衡质量的矢径 r_b 也取大一些,力求减小平衡质量 m_b。

11.3　刚性转子的平衡实验

在设计时,经过上述平衡计算在理论上已经平衡的转子,由于制造和装配时存在误差,材质的不均匀性等原因,仍会产生新的不平衡。这时已无法用计算来进行平衡,而只能借助于平衡实验,用实验的方法来确定出其不平衡量的大小和方位,然后利用增加或除去平衡质量的方法予以平衡。

11.3.1　静平衡实验

如图 11.4 所示,在做静平衡时,把转子支撑在两水平放置的摩擦很小的导轨或滚轮上。当存在偏心质量时,转子就会转动直至质心处于最低位置时才能停止,这时可在质心相反的方向上加上校正平衡质量,再重新使转子转动;反复增减平衡质量,直至转子呈随遇平衡状态,这说明转子的质心已与轴线重合,即转子已达到静平衡。

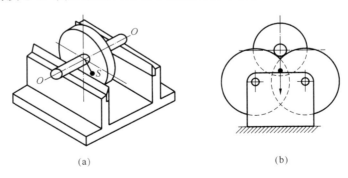

(a)　　　　　　　　　　　　　　　　(b)

图 11.4　静平衡实验

上述这种静平衡实验设备结构比较简单,操作也很方便,如果能降低其转动部分的摩擦也能达到一定的平衡精度。但这种静平衡设备在做静平衡时需反复进行实验,故工作效率较低,因此对于批量转子的平衡,需要能够直接迅速地测出转子偏心质量的大小和方位,并直接进行快速平衡的设备。图 11.5 所示即为一种满足此要求的平衡机的原理图。该平衡机本质上是一个可朝任何方向倾斜的单摆,当将不平衡转子安装到平衡机台架上时,单摆就倾斜,如图 11.5(b)所示。倾斜方向指出偏心质量的方位,而摆角 θ 则给出了偏心质量的大小。由此可确定应加的平衡质量的大小和方位。

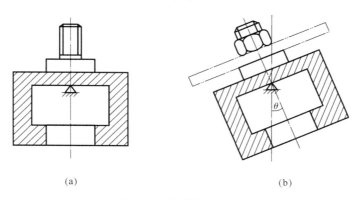

(a)　　　　　　　　　　　　　　(b)

图 11.5　平衡机原理图

11.3.2　动平衡实验

转子的动平衡实验一般需在专用的动平衡机上进行。动平衡机有各种不同的类型,各种动平衡机的构造及工作原理也基本相同,它们都是通过测量支架的振幅及它的相位来测定转子不平衡量的大小和方位的。在动平衡机上进行转子动平衡实验效率高,又能达到较高的精度,因此是生产上常用的方法。

图 11.6 所示为一种动平衡机的工作原理示意图。它由驱动系统、试件的支撑系统和不平衡量的测量系统这三个主要部分组成。

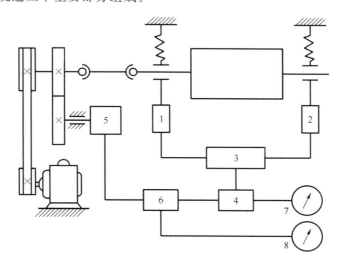

图 11.6　动平衡实验

驱动系统中,目前常采用变速电动机经过一级 V 带传动,并用万向联轴器与实验转子相连。

实验转子的支撑系统是一个弹性系统,它能保证实验转子旋转后,由不平衡量引起的振动使支撑部分按一定的方式振动，以便于传感器 1、2 拾得振动信号。

测量系统的任务是把传感器拾得的振动信号，处理成不平衡质径积的大小和方位。由传感器 1、2 得到的信号先由解算电路 3 进行处理，然后经放大器 4 将信号放大，最后由仪表 7 指示出不平衡质径积的大小。将基准信号发生器 5 产生的电信号和选频信号一起输入鉴相器 6，经鉴相器处理后在仪表 8 上指示出不平衡质径积的相位。

11.3.3　现场实验

前面提到的转子平衡实验都是在专用的平衡机上进行的。而对于一些尺寸很大的转子，如几十吨重的大型发动机转子等，要在实验机上进行平衡是很困难的。另外，有些高速转子，虽然在制造期间已经过平衡实验达到良好的平衡状态，但由于装运、蠕变和工作温度过高或电磁场的影响等原因，仍会发生微小变形而造成不平衡。在这些情况下，一般可进行现场平衡。所谓现场平衡，就是通过直接测量机器中转子支架的振动，来反映转子的不平衡大小和方位，进而确定应加平衡质量的大小及方位，并加重或去重进行平衡。

11.4　转子的平衡精度

经过平衡实验的转子，其不平衡量已大大减小，但仍然会残存一些不平衡量。在实际中，根据工作要求，对转子的平衡要求过高是不必要的，因此应该对不同工作条件的转子规定适当的许用不平衡量。

转子的许用不平衡量有两种表示方法，质径积表示法和偏心距表示法。如设转子的质量为 m，许用不平衡质径积以 $[mr]$ 表示，而其质心至回转轴线的许用偏心距为 $[e]$，则两者的关系为

$$[e] = \frac{[mr]}{m} \tag{11.8}$$

偏心距是一个与转子质量无关的绝对量，而质径积则是与转子质量有关的一个相对量。通常，对于具体给定的转子，用许用不平衡质径积较好。因为它比较直观，便于平衡操作。而在衡量转子平衡的优劣或衡量平衡的检测精度时，则用许用偏心距为好，因为便于比较。

关于转子的许用不平衡量，目前我国尚未定出标准，表 11.1 是根据国际标准化制定的各种典型转子的平衡等级和许用不平衡量，可供参考选用。表中转子的许用不平衡量以平衡精度 A 的形式给出。

表 11.1　各种典型转子的平衡等级和许用不平衡量

平衡等级 G	$A = \dfrac{[e]\omega}{1000}/(\text{mm/s})$	典型转子示例
G4000	4000	刚性安装的具有奇数个汽缸的低速船用柴油机曲轴传动装置
G1600	1600	刚性安装的大型二冲程发动机曲轴传动装置
G630	630	刚性安装的大型四冲程发动机曲轴传动装置；弹性安装的船用柴油机曲轴传动装置
G250	250	刚性安装的高速四缸柴油机曲轴传动装置

平衡等级 G	$A = \dfrac{[e]\omega}{1000}/(\mathrm{mm/s})$	典型转子示例
G100	100	六缸和六缸以上高速柴油机曲轴传动装置;汽车、机车用发动机整体(汽油机或柴油机)
G40	40	汽车轮、轮毂、轮组、传动轴;弹性安装的六缸和六缸以上高速四冲程发动机(汽油机或柴油机)曲轴传动装置;汽车、机车用发动机曲轴传动装置
G16	16	特殊要求的传动轴(螺旋桨轴、万向联轴器);破碎机械的零件;农业机械的零件;汽车和机车发动机(汽油机或柴油机)部件;特殊要求的六缸和六缸以上发动机曲轴传动装置
G6.3	6.3	作业机械的零件;船用主汽轮机齿轮(商船用);离心机鼓轮;风扇;装配好的航空燃气轮机;泵转子;机床和一般的机械零件;普通电动机转子;特殊要求的发动机部件
G2.5	2.5	燃气轮机和汽轮机,包括船用主汽轮机(商船用);刚性汽轮发动机转子;透平压缩机;机床传动装置;特殊要求的中型和大型电动机转子;小型电动机转子;透平驱动泵
G1	1	磁带录音仪和录音机的传动装置;磨床的传动装置;特殊要求的小型电动机转子
G0.4	0.4	精密磨床主轴、砂轮盘及电动机转子;陀螺仪

注:(1) ω 为转子的角速度,rad/s;$[e]$ 为许用偏心距,μm。

　　(2) 按国际标准,低速柴油机的活塞速度小于 9 m/s,高速柴油机的活塞速度大于 9 m/s。

　　(3) 曲轴传动装置是包括曲轴、飞轮、离合器、带轮、减振器、连杆回转部分等的组件。

对于动不平衡的转子,由表中数据求出许用偏心距 $[e]$,并根据式(11.8)求出不平衡质径积 $[mr]$ 后,应将其分配到两个平衡基面上。

11.5　平面机构的平衡

机构中做往复移动或平面复合运动的构件,其在运动过程中产生的惯性力无法在该构件上平衡,而必须就整个机构加以研究。具有往复运动构件的机构在许多机械中是经常使用的,如汽车发动机、高速柱塞泵、活塞式压缩机、振动剪床等。由于这些机械的速度比较高,所以平衡问题常成为影响产品质量的关键问题之一。

当机构运动时,其各运动构件所产生的惯性力可以合成为一个通过机构质心的总惯性力和一个总惯性力偶矩,总惯性力和总惯性力偶矩全部由基座承受。因此,为了消除机构在基座上引起的动压力,就必须设法平衡总惯性力和总惯性力偶矩。故机构平衡的条件是总惯性力 $\boldsymbol{F}_{\mathrm{I}}$ 和总惯性力偶矩 M 分别为零,即

$$F_{\mathrm{I}} = 0, \quad M = 0 \tag{11.9}$$

在平衡计算中,总惯性力偶矩对基座的影响应当与外加的驱动力矩和阻抗力矩一并研究(因为这三者都将作用到基座上),但是由于驱动力矩和阻抗力矩与机械的工作性质有关,单独平衡惯性力偶矩往往没有意义,故这里只讨论总惯性力的平衡问题。

设机构的总质量为 m,其质心 S' 的加速度为 $\boldsymbol{a}_{S'}$,则机构的总惯性力 $\boldsymbol{F}_{\mathrm{I}} = -m\boldsymbol{a}_{S'}$。由于质量 m 不可能为零,所以要使总惯性力 $F_{\mathrm{I}} = 0$,必须使 $a_{S'} = 0$,即应使机构的质心静止不动。

根据这个论断,在对机构进行平衡时,应增加平衡质量使机构的质心静止不动。下面介绍几种典型四杆机构的平衡方法。

11.5.1　利用平衡质量平衡

1. 质量代换法

在实际计算中,为了简化计算过程,可以设想把构件的质量,按一定条件用集中于机构某选定点的假想的集中质量来代替,这种方法称为质量代换法。这个假想的集中质量称为代换质量,代换质量所在的位置称为代换点。为了使构件在质量代换前后的惯性力和惯性力偶矩保持不变,应满足下列三个条件:

（1）代换前后构件的质量不变;

（2）代换前后构件的质心位置不变;

（3）代换前后构件对质心轴的转动惯量不变。

根据上述三个代换条件,若将图 11.7 中连杆 BC 的质量分别用集中在 B、K 两点的集中质量 m_B、m_K 来代换,（B、S_2、K 三点位于同一直线上）,则可列出三个方程

$$\left.\begin{array}{l} m_B + m_K = m_2 \\ m_B b = m_K k \\ m_B b^2 + m_K k^2 = J_{S2} \end{array}\right\} \tag{11.10}$$

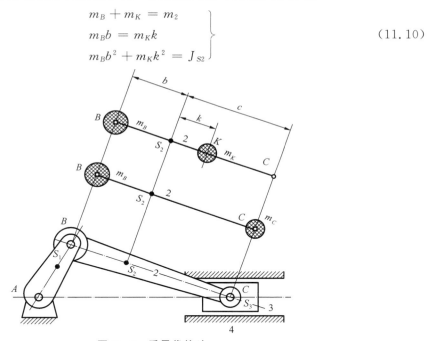

图 11.7　质量代换法

在此方程组中有四个未知量（b、k、m_B、m_K）,故有一未知量的值可任选。在工程上一般先选定代换点 B 的位置（即选定 b）,其余三未知量可由下式求出

$$\left.\begin{array}{l} k = \dfrac{J_{S2}}{m_2 b} \\[2mm] m_B = \dfrac{m_2 k}{b + k} \\[2mm] m_K = \dfrac{m_2 b}{b + k} \end{array}\right\} \tag{11.11}$$

这种同时满足上述三个代换条件的质量代换称为动代换,其优点是在代换后,构件的惯

性力和惯性力偶都不会发生改变。但代换点 K 的位置不能随意选择,以免给工程计算带来不便。

为了便于计算,工程上常采用只满足前两个代换条件的静代换。这时仍有四个未知量,但只有两个方程,故两个代换点的位置均可任选,即可同时选定 b、c,则有

$$\left.\begin{array}{l} m_B = \dfrac{m_2 c}{b+c} \\[3mm] m_C = \dfrac{m_2 b}{b+c} \end{array}\right\} \tag{11.12}$$

因静代换不满足代换的第三个条件,故在代换后,构件的惯性力偶会产生一定的误差,但此误差能为一般工程计算所接受。因其使用简便,更常为工程所采纳。

2.利用平衡质量完全平衡

在图 11.8 所示的铰链四杆机构中,设构件 1、2、3 的质量分别为 m_1、m_2、m_3。其质心分别位于 S_1'、S_2'、S_3' 处。为了进行平衡,先将构件 2 的质量 m_2 用分别集中于 B、C 两点的两个集中质量 m_{2B} 及 m_{2C} 所代换,而其大小根据式(11.12)得

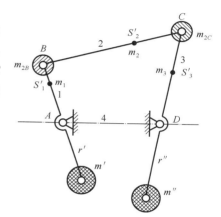

$$m_{2B} = \frac{m_2 l_{CS_2'}}{l_{BC}}$$

$$m_{2C} = \frac{m_2 l_{BS_2'}}{l_{BC}}$$

然后在构件 1 的延长线上加一平衡质量 m' 来平衡构件 1 的质量 m_1 和 m_{2B},使构件 1 的质心移动到固定轴 A 处,所需的平衡质量 m' 为

图 11.8　平面机构的平衡(1)

$$m' = \frac{m_{2B} l_{AB} + m_1 l_{AS_1'}}{r'}$$

同理,可在构件 3 的延长线上加一平衡质量 m'',使其质心移至固定轴 D 处,m'' 为

$$m'' = \frac{m_{2C} l_{DC} + m_3 l_{DS_3'}}{r''}$$

加上了平衡质量 m' 和 m'' 以后,机构的总质心应位于 AD 线上一固定点,即 $\boldsymbol{a}_{S'} = 0$,所以机构的惯性力已得到平衡。

运用同样的方法,可以对图 11.9 所示的曲柄滑块机构进行平衡。为使机构的总质心固定在轴 A 处,m' 和 m'' 可由下式求得:

$$m' = \frac{m_2 l_{BS_2'} + m_3 l_{BC}}{r'}$$

$$m'' = \frac{(m' + m_2 + m_3) l_{AB} + m_1 l_{AS_1'}}{r''}$$

根据研究,要完全平衡 n 个构件的单自由度机构的惯性力,应至少加 $n/2$ 个平衡质量,这将使机构的质量大大增加,故实际上往往采用下述的部分平衡法。

3.利用平衡质量部分平衡

对图 11.10 所示的曲柄滑块机构进行平衡时,先运用质量代换将连杆 2 的质量用集中于 B、C 两点的质量 m_{2B}、m_{2C} 来代换,将曲柄 1 的质量 m_1 用集中于 B、A 两点的质量 m_{1A}、

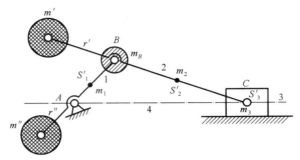

图 11.9 平面机构的平衡(2)

m_{1B} 来代换。此时,机构的惯性力只有两部分:集中在点 B 的质量 $m_B = m_{2B} + m_{1B}$ 所产生的离心惯性力 $\boldsymbol{F}_{IB}$ 和集中于点 C 的质量 $m_C = m_{2C} + m_3$ 所产生的往复惯性力 $\boldsymbol{F}_{IC}$。为了平衡离心惯性力 $\boldsymbol{F}_{IB}$,只要在曲柄的延长线上加一平衡质量 m',使之满足

$$m' = \frac{m_B l_{AB}}{r}$$

即可,而往复惯性力 $\boldsymbol{F}_{IC}$ 因其大小随曲柄转角 φ 的不同而不同,所以平衡往复惯性力 $\boldsymbol{F}_{IC}$ 就不像平衡离心惯性力 $\boldsymbol{F}_{IB}$ 那样简单。下面介绍往复惯性力的平衡方法。

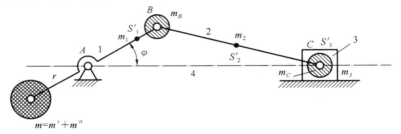

图 11.10 平面机构的平衡(3)

由运动分析可得滑块 C 的加速度方程为

$$a_C \approx -\omega^2 l_{AB} \cos\varphi$$

因而集中质量 m_C 所产生的往复惯性力为

$$F_{IC} \approx m_C \omega^2 l_{AB} \cos\varphi$$

为了平衡惯性力 $\boldsymbol{F}_{IC}$,可在曲柄的延长线上距点 A 为 r 的地方再加上一个平衡质量 m'',并使

$$m'' = \frac{m_C l_{AB}}{r}$$

将平衡质量 m'' 产生的离心惯性力 $\boldsymbol{F}_1''$ 分解为一水平分力 $\boldsymbol{F}_{Ih}''$ 和一铅直分力 $\boldsymbol{F}_{Iv}''$,则有

$$F_{Ih}'' = m''\omega^2 r\cos(180° + \varphi) = -m_C \omega^2 l_{AB} \cos\varphi$$
$$F_{Iv}'' = m''\omega^2 r\sin(180° + \varphi) = -m_C \omega^2 l_{AB} \sin\varphi$$

由于 $\boldsymbol{F}_{Ih}'' = -\boldsymbol{F}_{IC}$,故 $\boldsymbol{F}_{Ih}''$ 已与往复惯性力 $\boldsymbol{F}_{IC}$ 平衡。不过此时又多了一个新的不平衡惯性力 $\boldsymbol{F}_{Iv}''$,此铅直方向的惯性力对机械的工作也很不利。为了减少此不利因素,可取

$$F_{Ih}'' = (1/3 \sim 1/2)F_{IC}$$

即取

$$m'' = \frac{(1/3 \sim 1/2)m_C l_{AB}}{r}$$

也就是只平衡惯性力的一部分。这样既可以减小往复惯性力 $\boldsymbol{F}_{IC}$ 的不良影响,又可使在铅直

方向上产生的新的不平衡惯性力 F''_{IV} 不至于太大,同时,所需加的配重也较小。一般说来,这对机械的工作较为有利。

对于四缸、六缸、八缸发动机,若各缸的往复质量取得一致,在各缸的适当排列下,往复质量之间即可自动达到力与力矩的完全平衡,对消除发动机的振动很有利。为此,对同一台发动机,应选相同质量的活塞,各连杆的质量、质心位置也应保持一致。为此,在一些高质量发动机的生产中,采用了全自动连杆质量调整机、全自动活塞质量分选机等先进设备。

【例 11.1】 图 11.11 所示盘状转子上有两个不平衡质量:$m_1 = 1.5$ kg,$m_2 = 0.8$ kg,$r_1 = 140$ mm,$r_2 = 180$ mm。现用去重法来平衡,求所需挖去的质量的大小和相位(设挖去质量处的半径 $r = 130$ mm)。

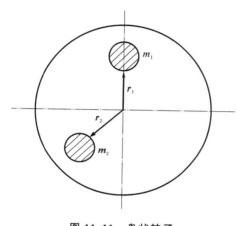

图 11.11 盘状转子

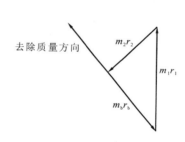

图 11.12 矢量图

【解】 不平衡质径积为

$$m_1 r_1 = 225 \text{ kg} \cdot \text{mm}$$
$$m_2 r_2 = 180 \text{ kg} \cdot \text{mm}$$

静平衡条件为

$$m_b r_b + m_1 r_1 + m_2 r_2 = 0$$

作图 11.12,解得

$$m_b r_b = 140 \text{ kg} \cdot \text{mm}$$

于是,应加平衡质量

$$m_b = \frac{140}{140} \text{ kg} = 1 \text{ kg}$$

因此,应在矢量的反方向 140 mm 处去除 1 kg 的质量。

11.5.2 利用对称机构平衡

1.利用对称机构达到完全平衡

如图 11.13 所示的机构,由于其左右两部分对 A 完全对称,故可使惯性力在 A 处所引起的动压力得到完全平衡。在图 11.14 所示的 ZG12-6 型高速冷镦机中,就利用与此类似的方法获得了较好的平衡效果,使机器转速提高到 350 r/min,而振动仍较小。它的主传动机构为曲柄滑块机构 ABC,平衡装置为四杆机构 $AB'C'D'$,由于杆 $C'D'$ 较长,点 C' 的运动轨迹近似于直线,加在点 C' 处的平衡质量 m' 即相当于滑块 C 的质量 m。

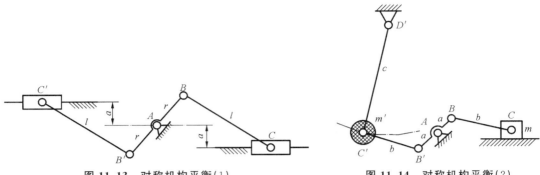

图 11.13 对称机构平衡(1)   图 11.14 对称机构平衡(2)

如上所述,利用对称机构可得到很好的平衡效果,只是采用这种方法将使机构的体积大为增加。工程上往往采用非完全对称机构平衡部分惯性力。

2.利用非完全对称机构达到部分平衡

部分平衡是只平衡掉机构总惯性力的一部分。如图 11.15 所示机构中,当曲柄 AB 转动时,滑块 C 和 C' 的加速度方向相反,它们的惯性力方向也相反,故可以相互抵消。但由于两滑块运动规律不完全相同,所以只是部分平衡。

在图 11.16 所示的机构中,当曲柄 AB 转动时,两连杆 BC、B'C' 和摇杆 CD、C'D 的惯性力也可以部分抵消。

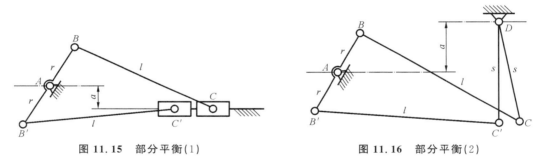

图 11.15 部分平衡(1)   图 11.16 部分平衡(2)

11.5.3 利用弹簧平衡

如图 11.17 所示,通过合理选择旋转弹簧的刚度系数 k 和弹簧的安装位置,可以使连杆 BC 的惯性力得到部分平衡。

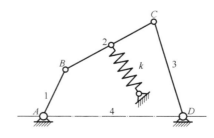

图 11.17 利用弹簧平衡

需要指出的是,对于精密设备,要获得高品质的平衡效果,仅在最后才做机械的平衡检测是不够的,应在机械生产的全过程中(即原材料的准备、加工装配等各个环节)都关注平衡问题。

知　识　拓　展

汽车轮胎动平衡

　　当轮胎被安装在车辆的轮毂上时,轮胎的重量分布可能会不均匀。这可能是由于轮胎本身的制造差异、胎压不均匀、轮毂的不规则性或安装过程中的误差等原因引起的。不均匀的轮胎重量分布会导致轮胎在高速行驶中产生振动和震动,从而影响驾驶的舒适性、稳定性和操控性能。通过对轮胎和轮毂进行校正,以确保均匀分布轮胎的重量、减少振动、提高车辆的平顺性和操控性的过程称为汽车轮胎动平衡。如果汽车轮胎动平衡异常,会导致以下几个方面的问题。

　　(1) 增加油耗　转动不平衡造成的振动会增加发动机、变速箱、悬挂等部件的负荷,从而增加油耗。

　　(2) 加速轮胎磨损　转动不平衡造成的振动会使轮胎与地面接触不均匀,导致局部磨损加剧,缩短轮胎寿命。

　　(3) 损伤悬挂系统　转动不平衡造成的振动会使悬挂系统承受额外冲击功,导致弹簧、减震器等部件老化、变形或断裂。

　　(4) 影响转向稳定性　转动不平衡造成的振动,会使方向盘抖动或偏离中心位置,影响驾驶员控制方向。

汽车动平衡的检测与校正步骤

　　(1) 拆卸车轮　将车轮从汽车上拆卸下来,放在动平衡机上,固定好轮毂。

　　(2) 输入参数　根据轮胎的尺寸、形状等信息,输入相应的参数到动平衡机上,以便进行精确的测量。

　　(3) 启动测量　启动动平衡机,使车轮高速旋转起来,动平衡机会自动测量车轮的转速、质量分布等数据,并显示在屏幕上。

　　(4) 分析结果　根据动平衡机显示的数据,分析车轮是否存在转动不平衡的情况,以及不平衡的位置和程度。一般来说,数值越大,表示车轮越不平衡;数值为 0,则表示车轮已达到了动平衡最佳状态。

　　(5) 贴配重　根据动平衡机显示的结果,选择合适的配重(铅块),并贴在轮毂边缘相应的位置上。配重的大小和位置要尽量精确,以保证效果。

　　(6) 复测确认　贴好配重后,再次启动动平衡机进行复测,确认数值是否达到 0 或接近 0。如果还有不平衡现象,需要调整配重或重新贴配重,直到达到满意的结果。

　　(7) 安装车轮　完成动平衡检测和校正后,将车轮重新安装到汽车上,并拧紧螺丝。

　　一般建议汽车每行驶 1 万公里或半年左右就做一次动平衡检测和校正。如果出现以下情况,则需要提前做动平衡检测:

　　(1) 汽车行驶或转弯时抖动、方向盘有抖动感;

（2）更换或维修过轮胎、轮毂；

（3）将轮胎拆卸进行补胎后；

（4）原来的平衡块脱落或变形。

习　　题

11.1　机械平衡的目的是什么？机械平衡有哪几类？

11.2　什么是静平衡？什么是动平衡？各至少需要几个平衡平面？

11.3　静平衡、动平衡的力学条件各是什么？

11.4　动平衡的构件一定是静平衡的，反之亦然，对吗？为什么？

11.5　在题 11.5 图所示的钢制圆盘中，已知偏心质量 $m_2 = 2m_1 = 500$ g，它们的回转半径分别为 $r_1 = r_2 = 100$ mm，方位如图所示。为使圆盘平衡，试求所需的平衡质量的大小和方位，取 $r_b = 120$ mm。

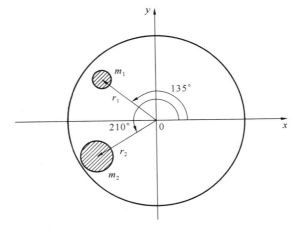

题 11.5 图

11.6　在题 11.6 图所示的转子中，已知偏心质量 $m_1 = 10$ kg，$m_2 = 15$ kg，$m_3 = 20$ kg，$m_4 = 10$ kg，它们的回转半径分别为 $r_1 = 40$ cm，$r_2 = r_4 = 30$ cm，$r_3 = 20$ cm，方位如图所示。若置于平衡基面 Ⅰ 及 Ⅱ 中的平衡质量 $m_{bⅠ}$ 及 $m_{bⅡ}$ 的回转半径均为 50 cm，试求 $m_{bⅠ}$ 及 $m_{bⅡ}$ 的大小和方位（$l_{12} = l_{23} = l_{34}$）。

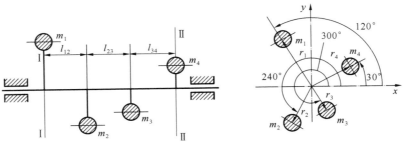

题 11.6 图

11.7　高速水泵的凸轮轴系由 3 个互相错开 120°的偏心轮组成，每个偏心轮的质量为

0.4 kg,偏心距为 12.7 mm,设在平衡平面 L 和 R 中各装一个平衡质量 m_{bL} 和 m_{bR} 使之平衡,其回转半径为 10 mm,其他尺寸如题 11.7 图所示(单位:mm)。求 m_{bL} 和 m_{bR} 的大小和方位。

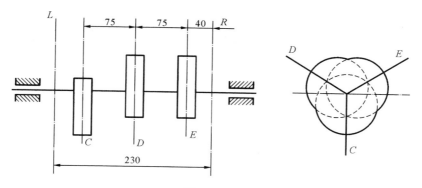

题 11.7 图

11.8　题 11.8 图所示为一个一般机器转子,已知转子的质量为 20 kg,其质心至两平衡基面 Ⅰ 及 Ⅱ 的距离分别为 $l_1 = 100$ mm,$l_2 = 200$ mm,转子的转速 $n = 3000$ r/min,试确定在两个平衡基面 Ⅰ 及 Ⅱ 内的许用不平衡质径积。当转子转速提高到 $n = 5000$ r/min 时,其许用不平衡质径积又各为多少?

11.9　如题 11.9 图所示的曲柄滑块机构中,已知各杆长度分别为 $l_{AB} = 80$ mm、$l_{BC} = 240$ mm,曲柄1、连杆2的质心分别为 S_1、S_2,且有 $l_{AS_1} = l_{BS_2} = 80$ mm,滑块3的质量为 $m_3 = 0.6$ kg。若该机构的总惯性力完全平衡,试确定曲柄质量 m_1 及连杆质量 m_2 的大小。

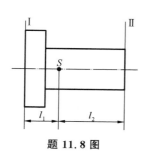

题 11.8 图

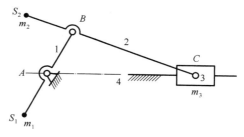

题 11.9 图

第12章 机械系统的运转及其速度波动的调节

12.1 概 述

机械系统是由原动机、传动机构和执行机构等组成的。前面各章中,在对机构进行运动分析及力分析时,认为原动件的运动规律是已知的,而且在多数情况下假设它做等速运动。实际上,原动件的运动规律是由机构中各构件的质量、转动惯量和作用在机构上的外力等因素所决定的。在一般情况下,原动件的速度和加速度并不是恒定的,因此研究在外力作用下机械系统的真实运动规律,对于设计机械,特别是高速、重载、高精度以及高自动化的机械具有十分重要的意义。

机械运转过程中,外力变化所引起的速度波动,会导致运动副中产生附加的动压力,并导致机械振动,降低机械的寿命、效率和工作可靠性。研究速度波动产生的原因,掌握通过合理设计来减少速度波动的方法,是工程设计者应具备的能力。

为研究机械的真实运动规律与机械运转过程中的速度波动情况,首先应了解机械的运转过程以及作用在机械上的力。

12.1.1 机械运转的三个阶段

机械系统从启动到停止的整个运转过程通常分为三个阶段:启动阶段、稳定运转阶段和停车阶段。如图 12.1 所示为原动件的角速度 ω 随时间 t 变化的曲线。

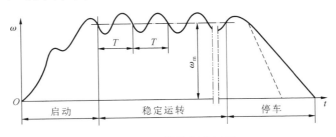

图 12.1 机械的运转过程

（1）启动阶段 原动件的角速度 ω 由零逐渐上升,直至达到正常运转速度。在此阶段,驱动功 W_d 大于阻抗功 W_g（输出功 W_r＋损失功 W_f）,因此,机械积蓄动能。其功能关系为

$$W_d = W_g + E \tag{12.1}$$

（2）稳定运转阶段 原动件的平均角速度 ω_m 保持为一常数,而原动件的角速度 ω 通常还会出现周期性波动。由于在一个周期的始末,原动件的角速度是相等的,则在一个运动循

环以及整个稳定运转阶段,机械的总驱动功与总阻抗功是相等的,即

$$W_d = W_g \tag{12.2}$$

这种稳定运转称为周期变速稳定运转(如活塞式压缩机的运转情况即属此类)。如果原动件的角速度 ω 在稳定运转过程中恒定不变,则称为等速稳定运转(如鼓风机等)。

(3) 停车阶段　在停车阶段,驱动功 $W_d = 0$,系统利用停车前储存的动能继续克服阻力做功,直到储存的动能全部耗尽,机械系统才完全停止运动。这一阶段的功能关系为

$$E = -W_g \tag{12.3}$$

为了缩短停车时间,在许多机械上都安装了制动装置,如图 12.1 中的虚线所示为安装制动器后,停车阶段原动件的角度 ω 随时间 t 的变化曲线。

启动阶段与停车阶段统称为过渡阶段。多数机械是在稳定运转阶段进行工作的,但需频繁启动与制动的起重机等类型的机械,其工作过程有相当一部分处于过渡阶段。

12.1.2　作用在机械上的力

在研究机械的真实运动规律时,必须知道作用在机械上的力。当忽略了机械中各构件的重力以及运动副中的摩擦力时,作用在机械上的力可分为驱动力和生产阻力。

各种原动机的作用力(或力矩)与其运动参数(位移、速度、时间)之间的关系称为机械特性。根据原动机特性的不同,它们发出的驱动力可以是不同运动参数的函数。如蒸汽机、内燃机等原动机发出的驱动力是活塞位置的函数;用弹簧作为驱动件时,其机械特性是位移的线性函数;机器中应用最广泛的原动机——电动机发出的驱动力矩是转子角速度 ω 的函数等。

当用解析法研究机械在外力作用下的运动时,原动机发出的驱动力必须以解析式表示出。为此,可以将原动机的机械特性曲线的有关部分近似地以简单的代数多项式表示出来,例如可以用直线或抛物线方程来表示。如图 12.2 所示交流异步电动机的机械特性曲线,其稳定工作段为 BC 段,在这段区间内,当电动机的输出角速度随外载荷的增加而降低时,电动机所发出的驱动力矩 M 将随之增大;而当电动机的输出角速度随外载荷的减小而升高时,电动机所发出的驱动力矩 M 又将随之降低,直到完全停止。一般对于稳定工作区间,BC

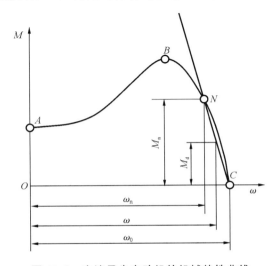

图 12.2　交流异步电动机的机械特性曲线

段可以近似地以通过点 N 和点 C 的直线代替。点 N 的转矩 M_n 为电动机的额定转矩,它所对应的角速度 ω_n 为电动机的额定角速度。点 C 对应的角速度 ω_0 为同步角速度,这时电动机的转矩为零。当机械特性曲线的 BC 段用过点 C、N 的直线近似代替时,直线上任意一点所确定的驱动力矩 M_d 可以由下式表示:

$$M_d = \frac{M_n}{\omega_0 - \omega_n}(\omega_0 - \omega) \tag{12.4}$$

式中:M_n、ω_n、ω_0 可以从电动机产品目录中查出。

　　至于机械执行构件所承受的生产阻力的变化规律,完全取决于机械工艺过程的特点。有些机械在一段生产过程中,生产阻力可以认为是常数(如车床);而另一些机械的生产阻力是执行构件位置的参数(如曲柄压力机);还有一些机械的生产阻力是执行构件速度的参数(如鼓风机、搅拌机等);也有极少数机械,其生产阻力是时间的函数(如球磨机)。

　　驱动力和生产阻力的确定,涉及许多专业知识,可查阅相关资料。

12.2　机械系统运动方程

12.2.1　机械系统运动方程的一般表达式

　　研究机械的运转问题时,需要建立作用在机械上的力、构件的质量、转动惯量和其运动参数之间的函数关系式,这种函数关系式即为机械的运动方程。

　　根据动能定理可知,在 dt 瞬间内机械系统总动能的增量为 dE,等于在该瞬间作用于该机械系统的各外力所做的元功之和 dW。于是即可列出该机械系统运动方程的微分表达式为

$$dE = dW \tag{12.5}$$

　　对于图 12.3 所示的曲柄滑块机构,设:曲柄 1 为原动件,其角速度为 ω_1,曲柄 1 的质心 S_1 在点 O 处,其转动惯量为 J_1;连杆 2 的角速度为 ω_2,质量为 m_2,其对质心 S_2 的转动惯量为 J_{S2},质心 S_2 的速度为 v_{S2};滑块 3 的质量为 m_3,其质心 S_3 在点 B 处,速度为 v_3。且已知在此机构上作用有驱动力矩 M_1 与工作阻力 F_3,则该机构在 dt 瞬间的动能增量为

$$dE = d\left(\frac{J_1\omega_1^2}{2} + \frac{m_2 v_{S2}^2}{2} + \frac{J_{S2}\omega_2^2}{2} + \frac{m_3 v_3^2}{2}\right)$$

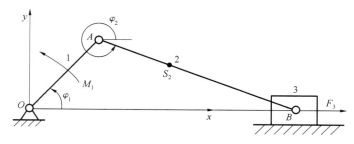

图 12.3　曲柄滑块机构

各外力在瞬间 dt 所做的元功为

$$dW = (M_1\omega_1 - F_3 v_3)\,dt = P\,dt$$

由式(12.5)可得出此曲柄滑块机构的运动方程为

$$\mathrm{d}\left(\frac{J_1\omega_1^2}{2}+\frac{m_2 v_{S2}^2}{2}+\frac{J_{S2}\omega_2^2}{2}+\frac{m_3 v_3^2}{2}\right)=(M_1\omega_1 - F_3 v_3)\,\mathrm{d}t \tag{12.6}$$

同理,如果机械系统由 n 个活动构件组成,作用在构件 i 上的作用力为 F_i,力矩为 M_i,力 F_i 的作用点的速度为 v_i,构件的角速度为 ω_i,则可得出机械系统运动方程的一般形式为

$$\mathrm{d}\left[\sum_{i=1}^{n}\left(\frac{m_i v_{Si}^2}{2}+\frac{J_{Si}\omega_i^2}{2}\right)\right]=\left[\sum_{i=1}^{n}(F_i v_i\cos\alpha_i \pm M_i\omega_i)\right]\mathrm{d}t \tag{12.7}$$

式中:α_i 为作用在构件 i 上的外力 F_i 与该力作用点的速度 v_i 间的夹角;"$\pm$"号的选取取决于作用在构件 i 上的力偶矩 M_i 与该构件的角速度 ω_i 的方向是否相同,相同时取"$+$"号,相反时取"$-$"号。

12.2.2　机械系统的等效动力学模型

1.等效动力学模型的建立

机械系统的运动方程一般都较复杂,而且求解也很烦琐。但是对于单自由度的机械系统,只要知道其中一个构件的运动规律,其余所有构件的运动规律就可随之求得。因此,把复杂的机械系统简化成一个构件(称为等效构件),建立最简单的等效动力学模型,将使研究机械真实运动的问题大为简化。转化时,根据质点系动能定理,将作用于机械系统上的所有外力和外力矩、所有构件的质量和转动惯量,都向等效构件转化,转化的原则是保证在转化前后动力学效果不变,即:等效构件的质量或转动惯量所具有的动能,应等于整个系统的总动能;等效构件上的等效力、等效力矩所做的功或所产生的功率,应等于整个系统的所有力、所有力矩所做的功或所产生的功率之和。

为便于计算,通常将绕定轴转动或做直线移动的构件取为等效构件。如图 12.4 所示:当取等效构件为绕定轴转动的构件时,作用于其上的等效力矩为 M_e,它具有的绕定轴转动的等效转动惯量为 J_e;当取等效构件为做直线移动的构件时,作用在其上的力为等效力 F_e,其具有的等效质量为 m_e。

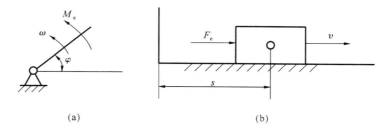

(a)　　　　　　　　　　　　　(b)

图 12.4　等效动力学模型

2.等效量的计算

(1) 等效力矩和等效力　由式(12.7)可知,作用在机械中所有外力和外力矩所产生的功率之和为

$$P=\sum_{i=1}^{n}(F_i v_i\cos\alpha_i \pm M_i\omega_i) \tag{12.8}$$

若等效构件为绕定轴转动的构件,其上作用有假想的等效力矩 M_e,等效构件的角速度为 ω,则等效构件上作用的等效力矩所产生的功率应等于整个机械系统中所有外力、外力矩所产生的功率之和,则有

$$M_e\omega = \sum_{i=1}^{n}(F_i v_i \cos\alpha_i \pm M_i\omega_i)$$

于是得

$$M_e = \sum_{i=1}^{n}\left[F_i\cos\alpha_i\left(\frac{v_i}{\omega}\right)\pm M_i\left(\frac{\omega_i}{\omega}\right)\right] \qquad (12.9)$$

同理,当取移动构件为等效构件,其速度为 v 时,仿照以上推导过程,可得作用于其上的等效力为

$$F_e = \sum_{i=1}^{n}\left[F_i\cos\alpha_i\left(\frac{v_i}{v}\right)\pm M_i\left(\frac{\omega_i}{v}\right)\right] \qquad (12.10)$$

(2) 等效转动惯量和等效质量　由式(12.7)可知,整个系统所具有的动能为

$$E = \sum_{i=1}^{n}\left(\frac{m_i v_{Si}^2}{2} + \frac{J_{Si}\omega_i^2}{2}\right) \qquad (12.11)$$

若等效构件为绕定轴转动的构件,其角速度为 ω,其对转动轴假想的等效转动惯量为 J_e,则根据等效构件所具有的动能应等于机械系统中各构件所具有的动能之和,可得

$$E = \frac{1}{2}J_e\omega^2 = \sum_{i=1}^{n}\left(\frac{m_i v_{Si}^2}{2} + \frac{J_{Si}\omega_i^2}{2}\right)$$

于是得

$$J_e = \sum_{i=1}^{n}\left[m_i\left(\frac{v_{Si}}{\omega}\right)^2 + J_{Si}\left(\frac{\omega_i}{\omega}\right)^2\right] \qquad (12.12)$$

同理,当取移动构件为等效构件且其速度为 v 时,仿照以上推导过程,可得作用于其上的等效质量为

$$m_e = \sum_{i=1}^{n}\left[m_i\left(\frac{v_{Si}}{v}\right)^2 + J_{Si}\left(\frac{\omega_i}{v}\right)^2\right] \qquad (12.13)$$

从以上公式可以看出,各等效量仅与构件间的速比有关,而与各构件的实际速度无关。对于单自由度的机械系统,其传动机构的速比是由机构类型和结构尺寸决定的,因此一旦机构类型和结构尺寸已经确定,其原动件与其余构件之间的速比就已确定,即速比与原动件的具体速度大小无关。因此可在事先不知道原动件实际速度的情况下,通过假定一个原动件速度,求出各项速比以及各等效量。

当取转动构件为等效构件时,机械系统的运动方程(12.7)可写为

$$\mathrm{d}\left(J_e\frac{\omega_1^2}{2}\right) = M_e\omega_1\mathrm{d}t \qquad (12.14)$$

当取移动构件为等效构件时,机械系统的运动方程(12.7)可写为

$$\mathrm{d}\left(m_e\frac{v_1^2}{2}\right) = F_e v_3\mathrm{d}t \qquad (12.15)$$

【例 12.1】　图 12.5 所示为齿轮-连杆机构。设已知轮 1 的齿数 $z_1=20$,转动惯量为 J_1;轮 2 的齿数为 $z_2=60$,它与曲柄 2′ 的质心在点 B 处,其对轴 B 的转动惯量为 J_2,曲柄长为 l;滑块 3 和构件 4 的质量分别为 m_3、m_4,其质心分别在点 C 及 D 处。在轮 1 上作用有驱动力矩 M_1,在构件 4 上作用有阻抗力 F_4,现取曲柄为等效构件,试求在图示位置时的 J_e 及 M_e。

【解】　根据式(12.12)有

$$J_e = J_1\left(\frac{\omega_1}{\omega_2}\right)^2 + J_2 + m_3\left(\frac{v_3}{\omega_2}\right)^2 + m_4\left(\frac{v_4}{\omega_2}\right)^2 \qquad (12.16\mathrm{a})$$

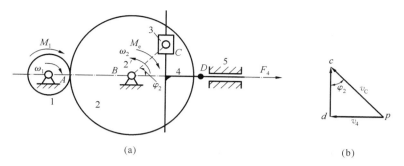

图 12.5　齿轮-连杆机构

而由速度分析(见图 12.5(b))可知

$$v_3 = v_C = \omega_2 l \tag{12.16b}$$

$$v_4 = v_C \sin\varphi_2 = \omega_2 l \sin\varphi_2 \tag{12.16c}$$

故

$$J_e = J_1 (z_2/z_1)^2 + J_2 + m_3 (\omega_2 l/\omega_2)^2 + m_4 (\omega_2 l \sin\varphi_2/\omega_2)^2$$

$$= 9J_1 + J_2 + m_3 l^2 + m_4 l^2 + m_4 l^2 \sin^2\varphi_2 \tag{12.16d}$$

根据式(12.9)有

$$M_e = M_1 (\omega_1/\omega_2) + F_4 (v_4/\omega_2) \cos 180°$$

$$= M_1 (z_2/z_1) - F_4 (\omega_2 l \sin\varphi_2)/\omega_2 = 3M_1 - F_4 l \sin\varphi_2 \tag{12.16e}$$

　　由式(12.16d)可见,等效转动惯量是由常量和变量两部分组成的。由于在一般机械系统中速比为变量的活动构件在其构件的总数中占比较小,又由于这类构件通常出现在机械系统的低速端,因而其等效转动惯量较小。故为了简化计算,常将等效转动惯量中的变量部分以其平均值近似代替,或将其忽略不计。

12.2.3　运动方程的其他表达形式

　　前面推导的机械运动方程(12.14)和式(12.15)为能量微分形式的运动方程。为了便于对某些问题进行求解,尚需求出用其他形式表达的运动方程,为此将式(12.12)简写为

$$d(J_e \omega^2/2) = M_e \omega dt = M_e d\varphi \tag{12.17}$$

再将式(12.17)改写为

$$\frac{d(J_e \omega^2/2)}{d\varphi} = M_e$$

即

$$J_e \frac{d(\omega^2/2)}{d\varphi} + \frac{\omega^2}{2} \frac{dJ_e}{d\varphi} = M_e \tag{12.18}$$

式中

$$\frac{d(\omega^2/2)}{d\varphi} = \frac{d(\omega^2/2)}{dt} \frac{dt}{d\varphi} = \omega \frac{d\omega}{dt} \frac{1}{\omega} = \frac{d\omega}{dt}$$

将其代入式(12.18)中,即可得力矩形式的机械运动方程

$$J_e \frac{d\omega}{dt} + \frac{\omega^2}{2} \frac{dJ_e}{d\varphi} = M_e \tag{12.19}$$

　　此外,将式(12.19)对 φ 进行积分,还可得到动能形式的机械运动方程

$$\frac{1}{2}J_e\omega^2 - \frac{1}{2}J_{e0}\omega_0^2 = \int_{\varphi_0}^{\varphi} M_e \, \mathrm{d}\varphi \tag{12.20}$$

式中: φ_0 为 φ 的初始值,而 $J_{e0}=J_e(\varphi_0)$, $\omega_0=\omega(\varphi_0)$。当选用移动构件为等效构件时,其运动方程为

$$m_e \frac{\mathrm{d}v}{\mathrm{d}t} + \frac{v^2}{2}\frac{\mathrm{d}m_e}{\mathrm{d}s} = F_e \tag{12.21a}$$

$$\frac{1}{2}m_e v^2 - \frac{1}{2}m_{e0}v_0^2 = \int_{s_0}^{s} F_e \, \mathrm{d}s \tag{12.21b}$$

　　由于选回转构件为等效构件时计算各等效参量比较方便,并且求得其真实运动规律后,也便于计算机械中其他构件的运动规律,所以常选用回转构件为等效构件。但当在机构中作用有随速度变化的一个力或力偶时,最好选这个力或力偶所作用的构件为等效构件,以利于方程的求解。

12.3　机械系统运动方程的求解

　　机械运动方程建立后,便可求解已知外力作用下机械系统的真实运动规律。由于机械系统是由不同的原动机与执行机构组合而成的,因此等效力矩可能是位置、速度或时间的函数。此外,等效力矩可以用函数式表示,也可以用曲线或数值表格给出。因此,求解运动方程的方法也不尽相同,一般有解析法、数值计算法和图解法等。下面就几种常见的情况,对解析法和数值计算法加以简要的介绍。

　　1. 等效转动惯量和等效力矩均为位置的函数

　　如果机械受到的驱动力矩 M_d 和所受到的阻抗力矩 M_r 都可视为位置的函数,则等效力矩 M_e 也是位置的函数,即 $M_e=M_e(\varphi)$。在此情况下,如果等效力矩的函数形式 $M_e=M_e(\varphi)$ 可以积分,且其边界条件已知,即当 $t=t_0$ 时,$\varphi=\varphi_0$、$\omega=\omega_0$、$J_e=J_{e0}$,于是由式(12.20)可得

$$\frac{1}{2}J_e(\varphi)\omega^2(\varphi) = \frac{1}{2}J_{e0}\omega_0^2 + \int_{\varphi_0}^{\varphi} M_e(\varphi) \, \mathrm{d}\varphi$$

从而可求得

$$\omega = \sqrt{\frac{J_{e0}}{J_e(\varphi)}\omega_0^2 + \frac{2}{J_e(\varphi)}\int_{\varphi_0}^{\varphi} M_e(\varphi) \, \mathrm{d}\varphi} \tag{12.22}$$

　　等效构件的角加速度 α 为

$$\alpha = \frac{\mathrm{d}\omega}{\mathrm{d}t} = \frac{\mathrm{d}\omega}{\mathrm{d}\varphi}\frac{\mathrm{d}\varphi}{\mathrm{d}t} = \frac{\mathrm{d}\omega}{\mathrm{d}\varphi}\omega \tag{12.23}$$

　　有时为了进行初步估算,可以近似假设等效力矩 $M_e=$ 常数,等效转动惯量 $J_e=$ 常数。此时式(12.23)可简化为

$$\frac{J_e \mathrm{d}\omega}{\mathrm{d}t} = M_e$$

即

$$\alpha = \frac{\mathrm{d}\omega}{\mathrm{d}t} = \frac{M_e}{J_e} \tag{12.24}$$

　　由式(12.24)可得

$$\omega = \omega_0 + \alpha t \tag{12.25}$$

若 $M_e(\varphi)$ 是以线图或表格形式给出的,则只能用数值积分法求解。

2.等效转动惯量是常数,等效力矩是速度的函数

由电动机驱动的鼓风机、搅拌机等的机械系统就属于这种情况。对于这类机械,应用式(12.19)来求解是比较方便的。由于

$$M_e(\omega) = M_{ed}(\omega) - M_{er}(\omega) = \frac{J_e \mathrm{d}\omega}{\mathrm{d}t}$$

将式中的变量分离后,得

$$\mathrm{d}t = \frac{J_e \mathrm{d}\omega}{M_e(\omega)}$$

积分得

$$t = t_0 + J_e \int_{\omega_0}^{\omega} \frac{\mathrm{d}\omega}{M_e(\omega)} \qquad (12.26)$$

式中: ω_0——计算开始时的初始角速度。

由式(12.25)解出 $\omega = \omega(t)$ 以后,即可求得角加速度 $\alpha = \mathrm{d}\omega/\mathrm{d}t$。欲求 $\varphi = \varphi(t)$ 时,可利用以下关系式:

$$\varphi = \varphi_0 + \int_{t_0}^{t} \omega(t)\mathrm{d}t \qquad (12.27)$$

3.等效转动惯量是位置的函数,等效力矩是位置和速度的函数

用电动机驱动的刨床、冲床等的机械系统就属于这种情况。其中,包含有速比不等于常数的机构,故其等效转动惯量是变量。

这类机械系统的运动方程可根据式(12.14)列为

$$\mathrm{d}\frac{J_e(\varphi)\omega^2}{2} = M_e(\varphi,\omega)\mathrm{d}\varphi$$

这是一个非线性微分方程,若 ω、φ 变量无法分离,则不能用解析法求解,而只能采用数值法求解。下面介绍一种简单的数值解法——差分法。为此,将上式改写为

$$\mathrm{d}\frac{J_e(\varphi)\omega^2}{2} + J_e(\varphi)\omega\mathrm{d}\omega = M_e(\varphi,\omega)\mathrm{d}\varphi \quad (12.28)$$

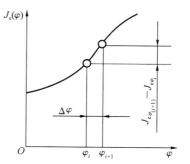

图 12.6 $J_e(\varphi)$-φ 曲线

又如图 12.6 所示,将转角 φ 等分为 n 个微小的转角 $\Delta\varphi = \varphi_{i+1} - \varphi_i (i=0,1,2,\cdots,n)$。而当 $\varphi = \varphi_i$ 时,等效转动惯量 $J_e(\varphi)$ 的微分 $\mathrm{d}J_{ei}$ 可以用增量 $\Delta J_{ei} = J_{e\varphi_{(i+1)}} - J_{e\varphi_i}$ 来近似地代替,并简写成 $\Delta J_i = J_{i+1} - J_i$。同样,当 $\varphi = \varphi_i$ 时,角速度 $\omega(\varphi)$ 的微分 $\mathrm{d}\omega_i$ 可以用增量 $\Delta\omega_i = \omega_{\varphi_{(i+1)}} - \omega_{\varphi_i}$ 来近似地代替,并简写为 $\Delta\omega_i = \omega_{i+1} - \omega_i$。于是,当 $\varphi = \varphi_i$ 时,式(12.28)可写为

$$\frac{(J_{i+1} - J_i)\omega_i^2}{2} + J_i\omega_i(\omega_{i+1} - \omega_i) = M(\varphi_i,\omega_i)\Delta\varphi$$

求解 ω_{i+1},得

$$\omega_{i+1} = \frac{M_e(\varphi_i,\omega_i)\Delta\varphi}{J_i\omega_i} + \frac{3J_i - J_{i+1}}{2J_i}\omega_i \qquad (12.29)$$

式(12.29)可利用计算机方便地求解。

12.4　机械的周期性速度波动及其调节

12.4.1　产生周期性速度波动的原因

机械运转过程中,其上所作用的外力或力矩的变化,会导致机械运转速度的波动。过大的速度波动对机械的工作是不利的。因此,在机械设计阶段应采取措施,设法降低机械运转的速度波动程度,将其限制在许可的范围内,以保证机械的工作质量。

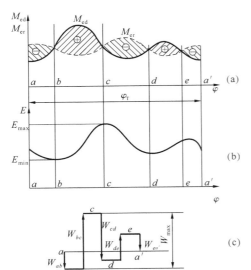

图 12.7　能量变化曲线图

作用在机械上的等效驱动力矩和等效阻力矩即使在稳定运转状态下往往也是等效构件转角 φ 的周期性函数,如图 12.7(a)所示。在某一时段内,等效驱动力矩和等效阻力矩所做的驱动功和阻抗功分别为

$$W_{d}(\varphi) = \int_{\varphi_a}^{\varphi} M_{ed}(\varphi)\,\mathrm{d}\varphi \qquad (12.30)$$

$$W_{r}(\varphi) = \int_{\varphi_a}^{\varphi} M_{er}(\varphi)\,\mathrm{d}\varphi \qquad (12.31)$$

机械动能的增量为

$$\begin{aligned}
\Delta E &= W_{d}(\varphi) - W_{r}(\varphi) \\
&= \int_{\varphi_a}^{\varphi} \left[M_{ed}(\varphi) - M_{er}(\varphi) \right]\mathrm{d}\varphi \\
&= \frac{J_{e}(\varphi)\omega^2(\varphi)}{2} - \frac{J_{ea}\omega_a^2}{2} \qquad (12.32)
\end{aligned}$$

机械动能 $E(\varphi)$ 的变化曲线如图 12.7(b)所示。

分析图 12.7(a)中 bc 段曲线的变化可以看出,由于力矩 $M_{ed} > M_{er}$,因而机械的驱动功大于阻抗功,多余出来的功在图中以"＋"号标识,称之为盈功。在这一阶段,等效构件的角速度由于动能增加而上升。在图中 cd 段,由于 $M_{ed} < M_{er}$,因而驱动功小于阻抗功,不足的功在图中以"－"号标识,称之为亏功。在这一阶段,等效构件的角速度由于动能减少而下降。如果在等效力矩 M_e 和等效转动惯量 J_e 变化的公共周期内,即图中对应于等效构件转角 φ_a 到 $\varphi_{a'}$ 的一段,驱动功等于阻抗功,机械动能的增量等于零,即

$$\int_{\varphi_a}^{\varphi_{a'}} (M_{ed} - M_{er})\,\mathrm{d}\varphi = \frac{J_{ea'}\omega_{a'}^2}{2} - \frac{J_{ea}\omega_a^2}{2} = 0 \qquad (12.33)$$

于是,经过等效力矩与等效转动惯量变化的一个公共周期,机械的动能、等效构件的角速度都将恢复到原来的数值。可见,等效构件的角速度在稳定运转过程中将呈现周期性的波动。

12.4.2　速度波动程度的衡量指标

为了对机械稳定运转过程中出现的周期性速度波动进行分析,下面先介绍衡量速度波动程度的几个参数。

图 12.8 所示为在一个周期内等效构件角速度的变化曲线,其中最大角速度和最小角速度分别为 ω_{max} 和 ω_{min},则在周期 φ_T 内的平均角速度 ω_m 应为

$$\omega_m = \frac{\int_0^{\varphi_T} \omega \mathrm{d}\varphi}{\varphi_T} \qquad (12.34)$$

在工程实际中,常用最大角速度 ω_{max} 和最小角速度 ω_{min} 的算术平均值来表示,即

$$\omega_m = \frac{\omega_{max} + \omega_{min}}{2} \qquad (12.35)$$

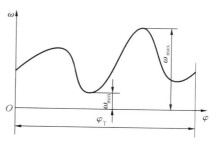

图 12.8　角速度波动曲线

构件的最大角速度与最小角速度之差 $\omega_{max} - \omega_{min}$ 表示构件角速度波动的幅度,但它不能表示机械运转速度的不均匀程度,因为当角速度波动幅度相同时,对低速机械运转性能的影响较严重,而对高速机械运转性能的影响较小。因此用机械运转速度不均匀系数来表示机械运转速度波动的程度,并将其定义为角速度波动的幅度 $\omega_{max} - \omega_{min}$ 与平均角速度 ω_m 之比,即

$$\delta = \frac{\omega_{max} - \omega_{min}}{\omega_m} \qquad (12.36)$$

若已知 ω_m 和 δ,则由式(12.35)和式(12.36)得

$$\omega_{max} = \omega_m \left(1 + \frac{\delta}{2}\right) \qquad (12.37)$$

$$\omega_{min} = \omega_m \left(1 - \frac{\delta}{2}\right) \qquad (12.38)$$

$$\omega_{max}^2 - \omega_{min}^2 = 2\delta\omega_m^2 \qquad (12.39)$$

δ 越小,角速度波动也越小。不同类型的机器对运转均匀程度的要求是不同的。表 12.1 给出了某些常用机器运转速度不均匀系数的许用值,供设计时参考。

表 12.1　常用机器运转速度不均匀系数的许用值 $[\delta]$

机器的名称	$[\delta]$	机器的名称	$[\delta]$
碎石机	1/20～1/5	水泵、鼓风机	1/30～1/50
冲、剪、锻床	1/20～1/7	造纸机、织布机	1/40～1/50
轧压机	1/10～1/25	纺纱机	1/60～1/100
汽车、拖拉机	1/20～1/60	直流发电机	1/100～1/200
金属切削机床	1/20～1/50	交流发电机	1/200～1/300

设计时,机械运转速度不均匀系数不得超过允许值,即

$$\delta \leqslant [\delta] \qquad (12.40)$$

【例 12.2】　机组在稳定运转时期主轴上的等效阻力矩变化曲线 M_r 如图 12.9 所示,等效驱动力矩为常数,主轴的平均角速度 $\omega_m = 10$ rad/s。为减小主轴的速度波动,现加装一个飞轮,其转动惯量为 $J_f = 9.8$ kg·m²,不计主轴及其他构件的质量和转动惯量。试求:

(1) 等效驱动力矩 M_d;

(2) 主轴的最大角速度 ω_{max} 和最小角速度 ω_{min} 发生时的 φ 值,并求最大盈亏功 ΔW_{max};

(3) 机组运转速度不均匀系数 δ。

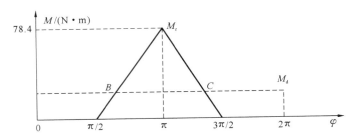

图 12.9　力矩变化曲线

【解】　（1）由 $M_d \times 2\pi = \dfrac{1}{2} \times \pi \times M_{r\max}$，有

$$M_d = \frac{M_{r\max}}{4} = \frac{78.4}{4}\ \text{N} \cdot \text{m} = 19.6\ \text{N} \cdot \text{m}$$

（2）$\omega_{\max}$ 发生在 B 点，对应主轴转角为 φ_B；$\omega_{\min}$ 发生在 C 点，对应主轴转角为 φ_C。

$$\varphi_B = \frac{\pi}{2} + \frac{19.6}{78.4} \times \frac{\pi}{2} = \frac{5}{8}\pi, \qquad \varphi_C = \frac{3\pi}{2} - \frac{19.6}{78.4} \times \frac{\pi}{2} = \frac{11}{8}\pi$$

$$\Delta W_{\max} = \frac{1}{2} \times (78.4 - 19.6) \times \left(\frac{11}{8}\pi - \frac{5}{8}\pi\right)\ \text{J} = 69.27\ \text{J}$$

（3）机组运转不均匀系数为

$$\delta = \frac{\Delta W_{\max}}{\omega_m^2 J_f} = \frac{69.27}{10^2 \times 9.8} = 0.0707$$

12.4.3　周期性速度波动的调节

如前所述，机械运转的速度波动对机械的工作是不利的，它不仅影响机械的工作质量，也会影响到机械的效率和寿命，所以必须设法加以控制和调节，将其限制在许可的范围之内。调节周期性速度波动，最常用的方法是在机械系统中安装一个具有较大转动惯量的飞轮。由于飞轮的转动惯量很大，当机械出现盈功时，它可以以动能的形式将多余的能量储存起来，从而使主轴角速度上升的幅度减小；反之，当机械出现亏功时，飞轮又可释放出储存的能量，以弥补能量的不足，从而使主轴角速度下降的幅度减小。从这个意义上讲，飞轮在机械中的作用就是相当于一个能量储存器。

12.4.4　飞轮的简易设计

1. 飞轮转动惯量的确定

由图 12.7（b）可见，在点 b 处机械出现能量最小值 $E_{\min}$，而在点 c 处出现能量最大值 $E_{\max}$，故在 φ_b 与 φ_c 之间将出现最大盈亏功 $\Delta W_{\max}$，即驱动功与阻抗功之差的最大值

$$\Delta W_{\max} = E_{\max} - E_{\min} = \int_{\varphi_b}^{\varphi_c} [M_{ed}(\varphi) - M_{er}(\varphi)]\,\mathrm{d}\varphi \qquad (12.41)$$

如果忽略等效转动惯量中的变量部分，即设 $J_e =$ 常数，则当 $\varphi = \varphi_b$ 时，$\omega = \omega_{\min}$，当 $\varphi = \varphi_c$ 时，$\omega = \omega_{\max}$。则可得

$$\Delta W_{\max} = E_{\max} - E_{\min} = \frac{J_e(\omega_{\max}^2 - \omega_{\min}^2)}{2} = J_e \omega_m^2 \delta$$

对于机械系统原来具有的等效转动惯量 J_e，等效构件的速度不均匀系数将为

$$\delta = \frac{\Delta W_{\max}}{J_e \omega_{\mathrm{m}}^2}$$

设在等效构件上添加的飞轮的转动惯量为 J_{F}，则有

$$\delta = \frac{\Delta W_{\max}}{(J_e + J_{\mathrm{F}})\omega_{\mathrm{m}}^2} \tag{12.42}$$

可见，只要 J_{F} 足够大，就可达到调节机械周期性速度波动的目的。

由式(12.40)和式(12.42)可导出飞轮的等效转动惯量 J_{F} 的计算公式为

$$J_{\mathrm{F}} \geqslant \frac{\Delta W_{\max}}{\omega_{\mathrm{m}}^2 [\delta]} - J_e \tag{12.43}$$

如果 $J_e \ll J_{\mathrm{F}}$，则 J_e 可以忽略不计，于是式(12.43)可近似写为

$$J_{\mathrm{F}} \geqslant \frac{\Delta W_{\max}}{\omega_{\mathrm{m}}^2 [\delta]} \tag{12.44}$$

又如果将平均角速度 ω_{m} 用平均转速 n（单位：r/min）代换，则有

$$J_{\mathrm{F}} \geqslant \frac{900 \Delta W_{\max}}{\pi^2 n^2 [\delta]} \tag{12.45}$$

上述飞轮转动惯量是按飞轮安装在等效构件上计算的，若飞轮没有安装在等效构件上，则还需作等效换算。

由式(12.44)可知：

（1）当 $\Delta W_{\max}$ 与 ω_{m} 一定时，J_{F}-δ 关系曲线为一等边双曲线，如图 12.10 所示。由图可知，当 δ 很小时，略微减小 δ 的数值就会使飞轮转动惯量 J_{F} 增加很多。因此，设计飞轮时，只要满足机器运转不均匀系数的许用值即可，过分追求机器的运转平稳会导致飞轮过大，使机器趋于笨重并增加成本。

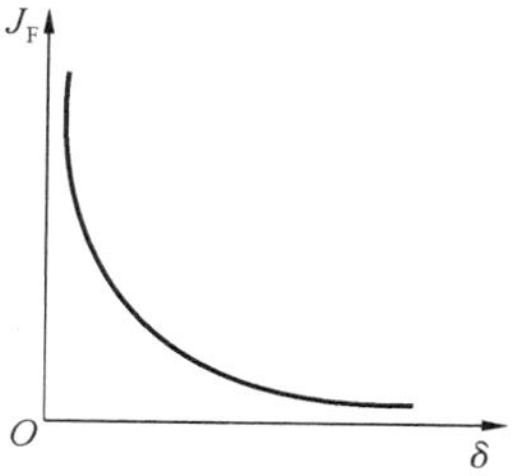

（2）由于 J_{F} 不可能为无穷大，若 $\Delta W_{\max} \neq 0$，则 $[\delta]$ 不可能为零，即安装飞轮后机械的速度仍有波动，只是幅度有所减小而已。

图 12.10　飞轮转动惯量的变化曲线

（3）当 $\Delta W_{\max}$ 与 δ 一定时，J 与 ω_{m} 的平方成反比，为了减小飞轮的转动惯量，宜将飞轮安装在高速轴上，但有些机器考虑到主轴刚性较好，所以仍将飞轮安装在机器的主轴上。

利用式(12.44)计算飞轮转动惯量，关键是确定最大盈亏功 $\Delta W_{\max}$。最大盈亏功 $\Delta W_{\max}$ 可借助能量指示图来确定。如图 12.7(c)所示，取点 a 作为起点，按比例用铅垂向量依次表示相应位置 M_{ed} 和 M_{er} 之间所包围的面积 W_{ab}、W_{bc}、W_{cd}、W_{de} 和 $W_{ea'}$，盈功向上画，亏功向下画。因为在一个循环的始末位置的动能相等，所以能量指示图的首尾应在同一水平线上，即形成台阶形的折线。由图明显看出，点 b 处动能最小，点 c 处动能最大，而图中折线的最高点和最低点的距离 $W_{\max}$ 就代表了最大盈亏功 $\Delta W_{\max}$ 的大小。

【例 12.3】　在电动机驱动的剪床中，已知剪床主轴上的阻力矩变化曲线如图 12.11 所示。因采用电动机驱动，可认为驱动力矩 M_{d} 为常数，电动机转速为 1500 r/min。求许用机械运转不均匀系数 $\delta = 0.05$ 时，所需安装在电动机主轴上的飞轮的转动惯量。

【解】　（1）求驱动力矩 M_{d}　在一个运动周期中，驱动力矩 M_{d} 和阻力矩 M_{r} 所做的功分别为

$$W_{\mathrm{d}} = \int_0^{2\pi} M_{\mathrm{d}} \mathrm{d}\varphi = M_{\mathrm{d}} 2\pi$$

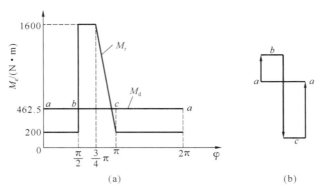

图 12.11 力矩变化曲线

$$W_r = \int_0^{2\pi} M_r \mathrm{d}\varphi = \left[200 \times 2\pi + (1600-200)\frac{\pi}{4} + \frac{1}{2}(1600-200)\frac{\pi}{4} \right] \mathrm{J} = 2906 \ \mathrm{J}$$

稳定运转时,根据一个周期中功相等的原理求出驱动力矩为

$$M_d = \frac{W_r}{2\pi} = \frac{2906 \ \mathrm{J}}{2\pi} = 462.5 \ \mathrm{J}$$

作出 $M_d - \varphi$ 曲线,如图 12.11 虚线所示。

(2) 确定最大盈亏功 W_{max} 图 12.11 中标有正号的面积表示盈功,标有负号的面积表示亏功。M_d-φ 曲线与 M_r-φ 曲线所包围的各小块面积所代表的功分别为

$$W_1 = \left[(462.5-200)\frac{\pi}{2} \right]\mathrm{J} = 412.3 \ \mathrm{J}$$

$$W_2 = \left\{ \left[(1600-462.5)\frac{\pi}{4} + \frac{1}{2}(1600-462.5)\frac{1600-462.5}{1600-200}\times\frac{\pi}{4} \right] \right\}\mathrm{J} = 1256.3 \ \mathrm{J}$$

$$W_3 = \left\{ \left[(462.5-200)\pi + \frac{1}{2}(462.5-200)\left(\frac{\pi}{4} - \frac{\pi}{4}\times\frac{1600-462.5}{1600-200}\right) \right] \right\}\mathrm{J} = 844 \ \mathrm{J}$$

确定最大盈亏功借助于能量指示图,如图 12.11(b) 所示。由图可见,点 b 具有最大动能 E_{max},对应于最大角速度 ω_{max};点 c 具有最小动能 E_{min},对应于最小角速度 ω_{min},则 b、c 两点间的距离就代表最大盈亏功 W_{max},即等于 S_2。

(3) 求飞轮转动惯量 J_F 按式(12.45),有

$$J_F = \frac{900\Delta W_{max}}{\pi^2 n^2 [\delta]} = \frac{900 \times 1256.3}{\pi^2 \times 1500^2 \times 0.05} \ \mathrm{kg \cdot m^2}$$
$$= 1.02 \ \mathrm{kg \cdot m^2}$$

2. 飞轮尺寸的确定

求得飞轮的转动惯量以后,就可以确定其尺寸。最佳设计是以最少的材料来获得最大的转动惯量 J_F,即应把质量集中在轮缘上,故飞轮常做成图 12.12 所示的形状。与轮缘相比,轮辐及轮毂的转动惯量较小,可忽略不计。设 G_A 为轮缘的重量,D_1、D_2 和 D 分别为轮缘的外径、内径和平均直径,则轮缘的转动惯量近似为

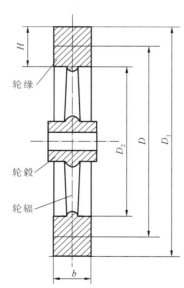

图 12.12 确定飞轮尺寸

$$J_F \approx J_A = \frac{G_A(D_1^2 + D_2^2)}{8g} \approx \frac{G_A D^2}{4g}$$

或

$$G_A D^2 = 4g J_F \tag{12.46}$$

式中：$G_A D^2$ 表示飞轮矩，其单位为 N・m²。由式(12.51)可知，当选定飞轮的平均直径 D 后，即可求出飞轮轮缘的重量 G_A。至于平均直径 D 的选择，应适当选大一些，但又不宜过大，以免轮缘因离心力过大而破裂。

设轮缘的宽度为 b，材料单位体积的重量为 γ(单位为 N/m³)，则

$$G_A = \pi D H b \gamma$$

于是

$$Hb = \frac{G_A}{\pi D \gamma} \tag{12.47}$$

式中：D、H 及 b 的单位为 m。当飞轮的材料及比值 H/b 选定后，即可求得轮缘的横剖面尺寸 H 和 b。

12.5　机械的非周期性速度波动及其调节

非周期性速度波动是由于机械机械驱动力(矩)或阻力(矩)不规则的变化造成的随机的速度波动。如果驱动功 W_d 在长时间内总是小于阻抗功 W_r，则机械运转的速度将会不断下降，直至停车。如果驱动功 W_d 在较长时间内总是大于阻抗功 W_r，则机械运转的速度将会不断升高，当超过机械所允许的最高转速时，机械将不能正常工作，甚至可能出现"飞车"现象，导致机械破坏。

对于非周期性速度波动，安装飞轮是不能达到调节目的的，这是因为飞轮的作用是吸收和释放能量，它既不能创造能量，也不能消耗能量。非周期性速度波动的调节问题可分为两种情况。

（1）当机械的原动机所发出的驱动力矩是速度的函数且具有下降趋势时，机械具有自动调节非周期速度波动的能力。

对选用电动机作为原动机的机械，电动机本身就可使其等效驱动力矩和等效阻力矩自动协调一致。如图 12.2 所示，当 $M_{ed} < M_{er}$ 而使电动机速度下降时，电动机所产生的驱动力矩将自动增大；当 $M_{ed} > M_{er}$ 而使电动机转速上升时，电动机所产生的驱动力矩将自动减小，以使 M_{ed} 与 M_{er} 自动重新达到平衡，电动机的这种性能称为自调性。

（2）对于没有自调性的机械系统(如采用蒸汽机、汽轮机或内燃机为原动机的机械系统)，就必须安装一种专门的调节装置——调速器，来调节机械出现的非周期性速度波动。调速器的种类很多，按执行机构分类，主要有机械式、气动液压式、电液式和电子式，等等。

图 12.13 所示为机械式离心调速器的工作原理图。原动机 2 的输入功与供气量的大小成正比。当负载突然减小时，原动机 2 和工作机 1 的主轴转速升高，由锥齿轮驱动的调速器的主轴的转速也随之升高，飞球因离心力增大而飞向上方，带动圆筒 N 上升，并通过套环和连杆机构将节流阀关小，使蒸汽输入量减小；反之，当负载突然增加时，原动机及调速器主轴转速下降，飞球因离心力减小而下落，通过套环和连杆机构将节流阀开大，使供气量增加，从而增大驱动力。

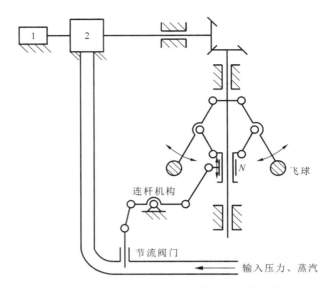

图 12.13　机械式离心调速器的工作原理图
1—工作机；2—原动机

调速器实际上是一个反馈装置,其作用是自动调节能量,使输入功与负载所消耗的功(包括摩擦损失功)达成平衡,以保持速度稳定。有关调速器更深入的研究及设计等问题已超出本课程的研究范围,这里不再讨论。

知 识 拓 展

从瓦特飞轮到现代智能控制

18世纪末,詹姆斯·瓦特最早发明了用于蒸汽机速度波动调节的飞轮调速器,其核心构件为一组飞轮和连杆,能够根据蒸汽机的转速自动调整蒸汽节流阀,以保证蒸汽机在不同负载下稳定运行,这一创新性的发明使蒸汽机能够适应负载变化,提高了工作效率和可靠性,推动了工业革命时期机械工程技术的发展。随着电子信息技术的飞速发展,数字控制方法被引入机械设计,新增了许多机械系统的速度波动调节方法。我国著名科学家黄旭华院士提出并改进了多种电机调速技术,涵盖了直流电机、异步电机和同步电机等不同类型的电机,有效解决了电机速度波动问题。同时在智能控制方面引入了智能控制方法,包括模糊控制、神经网络控制、闭环控制等,并将以上方法应用于我国第一艘核潜艇的运动控制中,在核潜艇的运动性能控制上取得了显著成效。

习　　题

12.1　通常机器的运转过程分为几个阶段? 各阶段的功能特征是什么? 何谓等速稳定

运转和周期变速稳定运转？

　12.2　试述机器运转过程中产生周期性速度波动及非周期性速度波动的原因,以及调节的方法。

　12.3　机器等效动力学模型中,等效质量的等效条件是什么？试写出求等效质量的一般表达式。不知道机构的真实的运动,能否求得其等效质量？为什么？

　12.4　由式 $J_F \geqslant \dfrac{\Delta W_{max}}{\omega_m^2 [\delta]}$,你能总结出哪些重要结论？

　12.5　在题 12.5 图所示轮系中,已知各轮齿数 $z_1 = z_2' = 20$,$z_2 = z_3 = 40$,各轮转动惯量 $J_1 = J_2' = 0.01$ kg·m²,$J_2 = J_3 = 0.04$ kg·m²,作用在 O_3 上的阻力矩 $M = 40$ N·m。当取齿轮 1 为等效构件时,求机构的等效转动惯量 J_e 和等效力矩 M_e。

　12.6　在题 12.6 图所示机构中,已知齿轮 1、2 的齿数分别为 $z_1 = 20$、$z_2 = 40$,各构件尺寸为 $l_{AB} = 0.1$ m,$l_{AC} = 0.3$ m,$l_{CD} = 0.4$ m,转动惯量分别为 $J_1 = 0.001$ kg·m²,$J_2 = 0.0025$ kg·m²,$J_{S_4} = 0.02$ kg·m²,构件 3、4 的质量分别为 $m_3 = 0.5$ kg,$m_4 = 2$ kg(质心在 S_4 处,$l_{CS_4} = 1/2 l_{CD}$),作用在机械上的驱动力矩 $M_1 = 4$ N·m,阻抗力矩 $M_4 = 25$ N·m,试求图示位置处齿轮 1 上的等效转动惯量和等效力矩。

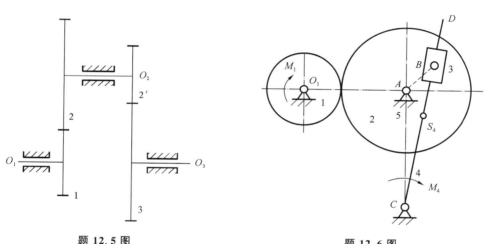

题 12.5 图　　　　　　　　　　　题 12.6 图

　12.7　单缸四冲程发动机近似的等效输出力矩 M_d 如题 12.7 图所示。主轴为等效构件,其平均转速 $n_m = 1000$ r/min,等效阻力矩 M_r 为常数。飞轮安装在主轴上,除飞轮以外其他构件的质量不计,要求运转速度不均匀系数 $\delta = 0.05$。试求:

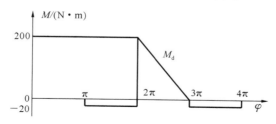

题 12.7 图

　(1)　等效阻力矩 M_r 的大小和发动机的平均功率;

　(2)　稳定运转时为 ω_{max} 和 ω_{min} 的位置及大小;

（3）最大盈亏功 ΔW_{max}；

（4）在主轴上安装的飞轮的转动惯量 J_F；

（5）欲使飞轮的转动惯量减小 1/2，仍保持原有的 δ 值，应采取什么措施？

12.8　已知某机械一个稳定运动循环内的等效阻力矩 M_r 如题 12.8 图所示，等效驱动力矩 M_d 为常数，等效构件的最大及最小角速度分别为 $\omega_{max}=200$ rad/s，$\omega_{min}=180$ rad/s。试求：

（1）等效驱动力矩 M_d 的大小；

（2）运转的速度不均匀系数 δ；

（3）当要求 $\delta<0.05$，不计其余构件的转动惯量时，应装在等效构件上的飞轮的转动惯量 J_F。

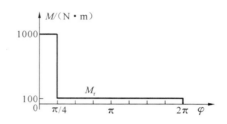

题 12.8 图

12.9　某内燃机的曲柄输出力矩 M_d 随曲柄转角 φ 的变化曲线如题 12.9 图所示，其运动周期 $\varphi_T=\pi$，曲柄的平均转速 $n_m=620$ r/min。当用该内燃机驱动一阻抗力为常数的机械时，如果要求其速度不均匀系数 $\delta=0.01$。试求：

（1）曲柄最大转速 n_{max} 和相应的曲柄转角位置 φ_{max}；

（2）装在曲轴上的飞轮转动惯量 J_F（不计其余构件的转动惯量）。

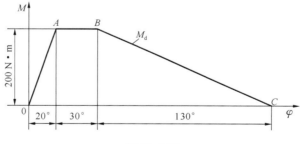

题 12.9 图

第13章 机械系统运动方案的设计

13.1 概　　述

13.1.1 机械设计的一般过程

机械设计时不论设计任务的大小和机械的复杂程度如何,其大致的设计过程均可参照表 13.1。

表 13.1　机械设计的一般过程

设计阶段	主 要 内 容	完 成 标 志
产品规划	(1) 产品开发的必要性,市场需求的分析; (2) 相关产品现阶段国内外的发展水平调研和发展趋势预测; (3) 产品预期达到的最低和最高目标,包括设计水平、技术、经济、社会效益等; (4) 设计和工艺方面需解决的关键问题; (5) 现阶段的准备情况和开发成功的可能性; (6) 费用预算及项目的进度、期限等	(1) 提交可行性报告; (2) 提交设计任务书; (3) 签订技术合同
概念设计	(1) 根据设计任务,做广泛的技术调查,收集整理相关产品的工作原理、运动方案、性能参数等资料和数据; (2) 在进行比较分析和研究的基础上,进行创新构思。提出较理想的工作原理,初步确定几套机构系统的运动方案; (3) 对初步确定的机械系统的运动方案做初步的分析评价,进行优化筛选	给出最佳方案的工作原理图和机构运动简图,以及相应的分析、评价和说明等
技术设计	(1) 在运动、动力分析与设计的基础上进行结构设计和工艺设计; (2) 进行强度、刚度、振动稳定性、热平衡计算等; (3) 绘图和编制相关技术文件	(1) 提交装配图; (2) 提交零件图; (3) 设计计算说明书; (4) 其他相关技术文件
样机试验	通过试制样机或模拟实际,进行实际调试、运转、测试和比较分析等,及时发现问题并提出改进意见和措施,进行产品定型	(1) 提交样机试验报告; (2) 提交改进措施
产品评价	组织专家根据设计任务书,确定评价指标和评价体系,对产品的先进性、实用性、可靠性、安全性、可操作性、经济性、外观及环境保护水平等多方面作出综合评价和鉴定	提交产品鉴定报告

在完成上述工作任务,将机械产品推向市场后,还要做市场调查、走访用户和产品生产

一线,收集整理反馈意见和发现的问题,为产品的改进和升级,做更新换代的准备工作。

在机械设计的具体实施过程中,以上步骤彼此相互关联、相互依赖,有时还要相互交叉、反复进行,只有这样才能使设计不断地得到修正而日臻完善。

13.1.2 机械系统的概念设计

机械系统的概念设计在整个机械设计中起着极其关键的作用。进行机械系统概念设计时,首先要拟定机械的工作原理。实现机械的同一功能可以有不同的工作原理。例如:加工螺栓可以车削、套扣,还可以搓丝;加工平面可磨削、铣削或刨削。工作原理不同就会从根本上导致机械系统传动方案不同,直接体现为机械的大小和复杂程度不同,这对整个机械系统技术的先进性、系统运行和加工制造的可行性、机械设计和安装使用维护的经济性等影响极大。

再者,即使采用同一工作原理,有时也有可能产生几种不同的实现方法,例如:在齿轮加工中广泛应用的滚齿机和插齿机的切齿工作原理就同属范成加工原理,但可以借助不同的加工方法和不同刀具来完成。

所以,只要积极地通过各种途径做广泛的调查研究,并充分发挥设计者的创造性思维和想象力,就可以构思出多种不同的工作原理和原理的不同实现方法,以期日后创造出多种机械系统运动方案。

根据在拟定了机械系统的工作原理和实现方法的基础上,就可以确定机械执行构件的数目和具体的操作工艺动作,并将其进一步分解为若干执行构件简单的常见基本运动形式,如转动、移动、摆动、行星运动或某种曲线运动、复合运动等。随后根据设计任务的要求,决定机械系统运动参数,如转速的大小、移动的快慢、摆角的范围及急回特性等;提出各执行构件的协调动作方案并为机构选择合适的原动机。

在保证各执行构件能实现确定的工艺动作、能满足运动参数要求、能相互协调动作的前提下,选择传动机构。必要时可能需要对所选机构进行组合、变异或创造新机构,随后进行机构的运动设计或机构尺度综合,得出构件的运动几何尺寸,绘制机构运动简图。最终形成满足执行构件运动和动力性能要求的机械系统运动方案。

为考察机构是否全面满足设计任务提出的运动和动力要求,需要对机构进行运动和动力分析,必要时可对机构的参数做适当调整。同时,运动和动力分析的结果也将为日后进行结构、强度等设计提供基础数据。

最后,对系统运动方案进行全面的分析比较与综合评价,从多个方案中权衡利弊筛选出最佳方案。

13.2 机械系统工作原理的确定

为机械系统确定出较理想的工作原理,不但需要设计者具有丰富的机械设计基础理论知识和广博的实践经验,而且要求设计者既能够抓住本质,充分利用前人的技术成果和智慧的结晶,又能够打破习惯性思维模式,积极采用各种创造性设计方法和模式,善于利用物理学、化学、生物学等领域的新成就,勇于探索并注意随时捕捉创新灵感。

机械系统工作原理的确定直接决定了执行构件的整个操作工艺动作,它是选择机械系统运动方案的前提和依据,对最终系统机械功能的好坏、机械结构形式的繁简程度、制造成本的高低及操作使用的难易等产生决定性的影响。一旦在工作原理的选择上出现偏差,则很难设计出好的机械产品,而且后果将是无法补救的。所以,确定出机械系统新颖、合理的工作原理是一件十分重要又相当复杂,而且可能是困难重重的创造性劳动,应当予以高度重视并积极应对。

　　实际机械的功能要求各有不同,不论实现哪一种功能都可能有几种不同的工作原理。如:日常生活中要实现"洁衣"功能,可以水洗,也可以通过空气吹吸或化学溶剂干洗等;而洗衣机水洗,可以采用机械搅拌方式(如波轮式、滚筒式搅拌等),也可以采用超声波振荡方式。

　　如图 13.1 所示,设计一输送板材的机械装置可以采用多种不同的工作原理。图(a)所示为采用机械推压的原理将板材从料仓底部推出,然后用夹料板卡紧取走;图(b)或(c)所示为利用摩擦的原理将板材从料仓顶部或底部用摩擦板或摩擦轮每次分离出一块板材,然后再用夹料板卡紧取走;图(d)或(e)所示为利用气吸的原理将板材从料仓顶部或底部用吸头每次分离出一块板材,然后用夹料板卡紧取走。

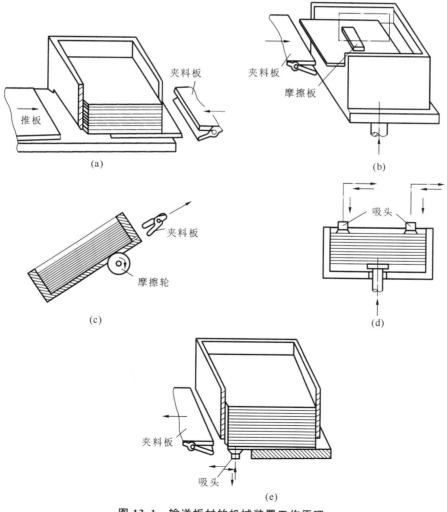

图 13.1　输送板材的机械装置工作原理

图 13.2 所示的家用按摩器的工作原理构思就十分巧妙:在一根回转轴上倾斜安装两个偏心轮,旋转的偏心轮可直接完成对人体的按压按摩,而偏心轮的倾斜布置则完成横向的挤压和扩张按摩。机构的原理设计简单合理,按摩器价格低廉,因此得到消费者的青睐。

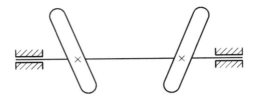

图 13.2　家用按摩器

如图 13.3 所示的分析天平,要求的测量精度为 0.01 mg。靠眼力读出指针微小的偏转角来达到 0.01 mg 的精度几乎是不可能的。拟定天平读数装置原理时,考虑在天平中增加一级光学杠杆,把指针上活动游标的位移放大后投影到玻璃视窗上,再通过游标读数即可读出指针的微小偏转,从而提高了天平测量精度。所以,在拟定机械系统的工作原理时,不要把视野仅仅局限在机械这一狭小的范围内,可以拓展到声、光、电、磁等领域,即使用广义机构,使不可能变为可能。

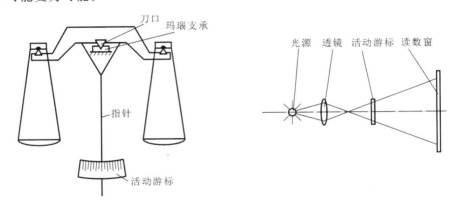

图 13.3　天平机械系统工作原理

13.3　执行机构的选型与组合

机械系统工作原理的确定直接决定了系统将实现的操作工艺动作,将其进一步分解为若干执行构件简单的基本运动。例如:插齿机的插刀一方面做往复直线运动(切削运动),另一方面做回转运动(范成运动),每个运动循环中刀具或轮坯还要做一定量的径向移动(进给和让刀运动);缝纫机的缝纫操作可以分为机针刺步动作、挑线杆的挑线动作、梭子的钩线动作和送步动作。为保证各执行构件能实现预期的运动,为其选配相应的执行机构(包括原动机),并进行适当的组合、变异与创新。

13.3.1　原动机的选择

原动机的运动形式主要有:转动、往复直线运动和往复摆动。如:电动机、液压马达、气动马达和内燃机可做连续的回转运动;液压马达、气动马达也可做往复摆动;油缸、气缸或直线电动机等原动件则可做往复直线运动。发条、重锤、电磁铁有时也可作为原动件使用。

电动机是机械系统中最广泛使用的原动机之一,为了满足不同的工作场合需要,电动机又有很多种类,一般使用最多的是交流异步电动机。它的价格低廉,功率范围宽,具有自调性,其机械特性能够满足大多数机械系统的要求。它的同步转速分为 3000 r/min、1500 r/min、750 r/min、600 r/min 等规格。在输出功率相同的情况下,电动机的同步转速越高,其尺寸和质量就越小,价格也越低。当执行构件的速度很低时,若选用高速电动机,虽然在原动机的价格上似乎便宜一些,但势必要增大机械的传动比,使减速装置的费用增加,反而会造成机械系统总成本的提高。

当执行构件需要无级变速时,可以考虑采用直流电动机或交流变频电动机,以避免在机械系统中采用复杂的无级变速机械。

当执行构件需要精确控制其位置或运动规律时,可以考虑采用伺服电动机或步进电动机。

当执行构件需要大力矩、低转速时,可以考虑采用力矩电动机。它可产生恒力矩,并可以在外力矩拖动下反转。

在采用气动原动机时,必须考虑现场气压源,最好工作场所能有可利用的气压源。气压驱动动作快速,一般气体排放无污染。但工作噪声较大、运动精度较差,而且气动很难获得很大的驱动力。

采用液压原动机时,需要配备液压源,成本较高。液压传动可以获得较大的驱动力,运动精度较高,调节控制方便,因此,在工程机械、机床、载重汽车、高级轿车中得到广泛应用。

为了满足机械系统各执行构件间的运动协调配合要求,往往采用一个原动机,通过运动链将运动分配到各执行构件上,用机械传动保证运动的协调性。但在一些现代机械中(如数控机床),常用多个原动机分别驱动,借助数控系统保证运动的协调性。

13.3.2　执行机构的基本功能

确定机械运动方案时,常将机械系统的复杂动作分解成一些最简单的基本运动,如转动、移动、单向转动、单向移动、往复摆动、往复移动、间歇运动等,以便于选取常用机构来完成。而常用机构的主要基本功能大体如下。

1. 变换运动的形式

(1) 转动变换为转动　各种齿轮机构(包括定轴轮系、周转轮系、摆线针轮传动机构、非圆齿轮传动机构)、双曲柄机构、转动导杆机构、十字滑块联轴器、万向联轴器、带传动机构、链传动机构、摩擦机构等。

(2) 转动变换为摆动　曲柄摇杆机构、摆动导杆机构、凸轮机构等。

(3) 转动变换为移动　曲柄滑块机构、齿轮齿条机构、螺旋机构、挠性传输机构、正弦机构、凸轮机构、摩擦机构等。

(4) 转动变换为单向间歇转动　槽轮机构、不完全齿轮机构、空间间歇凸轮机构、齿轮连杆机构等。

(5) 摆动变换为单向间歇转动　齿式棘轮机构、摩擦棘轮机构等。

(6) 摆动变换为摆动、摆动变换为移动　连杆机构、齿轮机构、凸轮机构等。

2. 变换运动的速度

齿轮机构、蜗轮蜗杆机构和双曲柄机构、转动导杆机构以及带传动机构、链传动机构、摩擦机构等。

3.变换运动的方向

齿轮机构、蜗轮蜗杆机构、摩擦机构等轴线可交错与相交的机构等。

4.进行运动的合成与分解

差动轮系和各种自由度 $F=2$ 的机构。

5.对运动进行操纵与控制

离合器、连杆机构、凸轮机构、杠杆机构、螺旋机构等。

6.实现给定的运动位置或轨迹

连杆机构、齿轮机构的行星运动、连杆-齿轮机构、凸轮-连杆机构、联动凸轮机构等。

7.实现某些特殊功能

增力机构、扩大行程机构、微动机构、急回机构、夹紧机构、定位机构等。

13.3.3　执行机构类型选用的原则

选择机构类型时,设计者不仅需要熟悉各种机构的运动学和动力学特性,以及必要的专业知识和实践经验,并且还需要在选型之前进行广泛的调查研究,参考同类型机器和查阅各种机构手册,然后根据所设计机器的特点,进行综合分析比较,抓住主要矛盾,这样才可能选出较理想的执行机构。

1.满足工艺动作及其运动规律要求

满足工艺动作及其运动规律要求是选择机构的首要原则。考虑机构的运动形式、位移、速度、加速度、急回特性、传递运动的精度等是否满足要求。

一般来说,高副机构容易实现复杂的运动规律或轨迹,但它的制造比较麻烦,且高副元素容易磨损而造成运动的失真;而低副机构往往只能近似地实现给定的运动规律或轨迹,尤其是当构件数目较多时,误差的累积较大,机构设计也比较困难,但低副机构较易加工,还可以承受较大的工作载荷;采用组合机构可以丰富机构传动的形式,增加机构设计中的待定参数,使设计有更大的灵活性,从而更好地满足给定的运动要求。同时,对于所选机构还需考虑调整环节,以满足机构调整要求或补偿安装或使用中出现的误差等。

2.机构的运动链短、结构简单紧凑

在满足使用要求的情况下,机构的结构应尽量简单,构件和运动副的数量应尽量少;要使机构运动传递的线路尽量短,这样不仅可以减少机构的累积运动误差、提高机械的效率和工作的可靠性,还可以降低制造和装配的难度、减小机构的外廓尺寸、节省空间、减轻质量、方便运输、降低成本等。

有些机构在理论上虽可以精确地满足所需的运动规律或轨迹,但由于机构过于复杂或实际机器结构难以实现,常被弃之不用,而用可以达到要求的简单机构替代。还有些机构中,为了增加机构强度或刚性、消除机构运动的不确定性以及考虑受力均匀和平衡等原因,需要引入虚约束。虚约束的引入要慎重,它不仅使机构的结构变得复杂,更主要的是对机械零件的加工和装配的精度提出了更高的要求,机器的成本将有所增加,而且一旦精度达不到要求时,可能会使构件产生较大的内力或机构出现楔紧或卡死的现象。

有些机构变异之后,机构特性会发生质的变化,产生令人意外的结果,比如有些机构结构简单却可以完成复杂的运动。机构的变异,就是改变构件的相对尺寸和结构形状,以及变换不同构件为机架,或选用不同构件为原动件等。同时,还应注意利用阻力最小定律有时会使机构的结构大大简化,即采用原动件数少于机构自由度数的多自由度机构,利用构件会向阻力最小的方向运动的特点。

3. 适合的工作速度、载荷和好的传力特性

每种机构都有适合的工作速度范围，有些机构在高速下工作将产生很大的冲击、振动和噪声。有些机构适合传递大载荷，有些机构则不适合在大载荷下工作，而只适合传递运动，选择机构类型时要充分考虑机构适宜的工作速度和承受的工作载荷。传递同一功率且以不同转速工作的机构，其传递的力和力矩的大小或结构尺寸有时相差较大，例如摩擦机构就适合在速度较高处工作，那样传递的载荷可以较小，有利于减小机构的外廓尺寸。

对于传力较大的机构，要尽量增大机构的传动角，以防止机构发生自锁，增大机构传力的效率，减小原动机的功率及其损耗。对于高速的机构应考虑对机构或构件进行平衡的问题，以减小机构运转的动载荷。一般含有移动副构件的机构平衡起来较困难，可以考虑利用机构对称布置的方式平衡惯性力或力矩。

4. 机构的操作性好

在选用机构时，可以适当为机构添加开、停、离合、正反转、刹车等控制装置；同时应考虑操作按钮、手柄等符合正常人的操作习惯，即人机协调问题，使操作更方便、控制更容易；要考虑机器可能产生的不安全因素，如过载等；应考虑选用过载保护装置，保证机器的安全性、可靠性。

5. 加工制造方便，经济成本低

从制造方便容易的角度看，应尽可能选用低副机构，最好是以转动副为主要构成的低副机构。尽可能选用标准化、系列化、通用化的元器件，以最大限度地降低成本。

6. 具有较高的机械效率

在选用机构时，尽量减少传动的中间环节，注意提高机械运动链中效率最低机构的效率。如果机械系统由多个运动链构成，设计时应考虑使传递功率最大的主运动链机构具有较高的效率，而对于传递功率较小的辅助运动链，其效率的高低可放在次要地位，则重点考虑满足机器的其他要求（如简化机构、便于操作等）。一般增速机构的机械效率较低，尽量不用；主运动链中少用典型的低效率机构（如蜗轮蜗杆机构、摩擦机构等）；对于 2K-H 型的行星传动优先采用负号机构；少用移动副，因为这类运动副容易发生楔紧或卡死的现象。

13.3.4　机构的组合

本书介绍了一些常用的基本机构，如连杆机构、凸轮机构、齿轮机构等。利用这些基本机构或将其进行简单的串联，常可以满足生产中提出的多种运动要求，但是，随着现代生产的发展，需要更高程度的机械化和自动化，机械系统应能够实现更加复杂的运动规律而且具有更加良好的动力性能。采用单一基本机构或将它们简单串联，一般很难满足复杂的运动和动力要求。一方面，由于单一机构本身固有的局限性（如凸轮机构就很难控制转动从动件），而且行程也不宜过大，另一方面，由于串联机构过多，使机构失去应用价值，所以，现代机械系统中越来越多将常用的基本机构加以适当的组合，这样各机构既能发挥其各自特有的力学性能，又能克服其本身的局限性，同时组合起来的机构系统还将呈现出很多单一基本机构不具备的新特点，且结构简单、性能优良，能够适应现代化生产对机械系统提出的更高要求。

组合机构的种类繁多，功能也各有不同。以下仅举几个简单的例子，其目的在于开阔设计者做机构传动方案设计时的眼界。

1. 齿轮-连杆机构的组合

齿轮-连杆机构是组合种类最多、应用最为广泛的一种组合机构，它能实现较复杂的运

动规律和轨迹。由于这种机构中没有凸轮，所以传力性能较好，且制造容易。

图 13.4 所示为行星轮系-连杆机构，在行星轮 2 上的 M 点串接一带有移动副的杆组。该机构的特点是：行星轮 2 上的 M 可以划出各种各样的内摆线；如果选择恰当的大小齿轮的节圆半径之比（$K=r_0/r_2$）或齿数比，就可以获得图 13.4 所示的几种形式的曲线；图(a)中 $K=3$，点 B 划出三段近似为圆弧的封闭曲线；图(b)中 $K=4$，点 M 划出四段近似为直线的封闭曲线；利用这些特殊的曲线，可以使输出构件 4 获得较长时间近似的停歇运动。

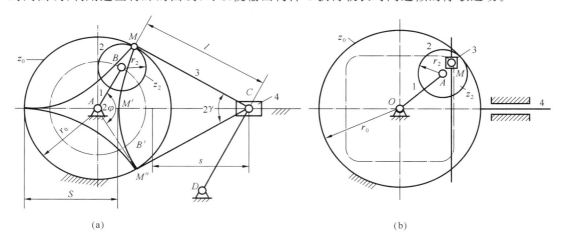

(a)   (b)

图 13.4　行星轮系-连杆组合机构

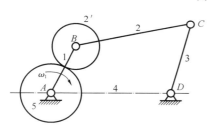

图 13.5　齿轮-连杆组合机构

图 13.5 所示为一典型的齿轮-连杆组合机构，可用来实现从动件复杂的运动规律。该机构是在铰链四杆机构的基础上安装一对齿轮形成的，齿轮 5 绕曲柄轴转动，而齿轮 $2'$ 则与连杆固联。这样，当主动件曲柄 1 以 $\omega_1 = C$ 的角速度做匀速转动时，从动轮 5 将以角速度 ω_5 做非匀速转动。

由于

$$i_{52'}^1 = \frac{\omega_5 - \omega_1}{\omega_{2'} - \omega_1}$$

且 $\omega_{2'} = \omega_2$，ω_2 为连杆 2 的角速度，其值将作周期变化，故有

$$\omega_5 = \omega_1(1 - i_{52'}^1) + \omega_2 i_{52'}^1$$

由此可知，从动轮 5 的角速度 ω_5 由两部分组成：一部分为等角速度部分 $\omega_1(1-i_{52'}^1)$；另一部分为作周期性变化的变角速度部分 $\omega_2 i_{52'}^1 = -\omega_2 z_{2'}/z_5$。显然。如果改变四杆机构的各杆尺寸或改变两啮合齿轮的齿数，就可以在从动轮齿轮 5 上获得不同的运动规律。

采用图 13.6 所示的一种利用齿轮-连杆组合来实现复杂的预定轨迹的机构，该机构实质上为一自由度 $F=2$ 的铰链五杆机构，依靠齿轮实现两连架杆的封闭，使机构自由度 $F=1$，保证其在一个原动件下具有确定的相对运动。该机构的特点是：连杆上任一点可以划出较四杆机构更复杂的连杆曲线；同时，通过调节齿轮的传动比的大小或转向（在两齿轮间加入一惰轮）以及改变两齿轮安装的相位和各杆长的相对尺寸，就可以获得形状丰富的连杆曲线；而且，如果两齿轮的传动比不是整数，连杆曲线点轨迹运行的周期与原动件不同，连杆曲线也将更为复杂多变。

图 13.7 所示为椭圆齿轮-连杆组合机构，这种急回机构广泛应用于牛头刨床、冲压机

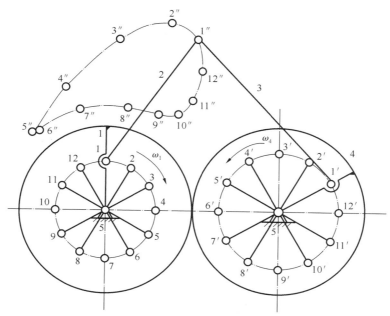

图 13.6　实现预定轨迹的机构

械、自动包装机等机械中。O 为主动椭圆齿轮 1（太阳轮）的焦点和转动中心，该齿轮为输入构件；A 为中间椭圆齿轮 2（惰轮）的焦点和转动中心，B 为行星椭圆齿轮 3 的焦点和转动中心；OB 为行星架，BC 杆与行星椭圆齿轮 3 固接，与之一起做复合运动，C 点与杆 6 铰接，杆 6 作为输出构件只能在固定的滑道上往复运动，这样行星架 OB 就可以完成往复摆动的功能动作。这种急回机构的主要特点是既拥有工作段较大的等速区间又具备急回特性，同时易于实现行程的缩放。

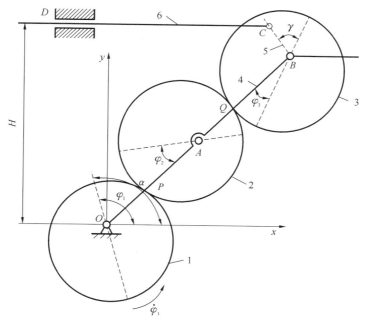

图 13.7　椭圆齿轮-连杆组合机构

2.凸轮-连杆机构的组合

图 13.8 为几种简单的凸轮-连杆组合机构,用于实现预定复杂的运动规律。图(a)所示机构实际上相当于可变连架杆长度的四杆机构;图(b)所示机构相当于可变曲柄长度的曲柄滑块机构;而图(c)所示机构则相当于可变连杆长度(BD)的曲柄滑块机构。

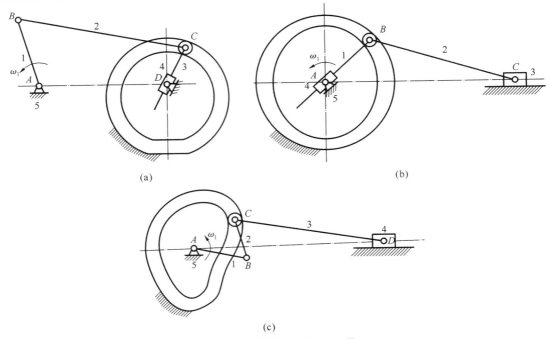

图 13.8　凸轮-连杆组合机构

这些机构在实质上是利用了凸轮机构来封闭具有两个自由度的平面五杆机构。设计这类组合机构的关键是根据给定的输出运动规律确定凸轮的轮廓曲线。

图 13.9 为封罐机上凸轮-连杆组合机构,机构实际上相当于一个可变连架杆长度的双曲柄铰链四杆机构。连杆 AB 上点 C 划出罐头封口动作所需的曲线;改变凸轮廓线,就可以达到对不同筒型进行封口的目的。

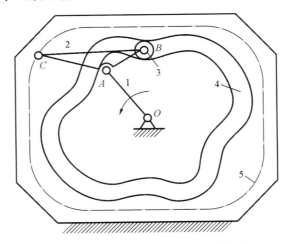

图 13.9　封罐机上凸轮-连杆组合机构

3.凸轮-齿轮机构的组合

图 13.10 所示为一简单的凸轮-齿轮机构组合的示例。相互啮合的一对齿轮 1、2 的回转中心 O_1O_2 由一杆件 H 相连,齿轮 1 做定轴回转,齿轮 2 则做行星运动,它们构成一简单差动轮系;在行星轮 2 上选择一点 B,安装一滚子,并使其嵌在固定凸轮槽内。

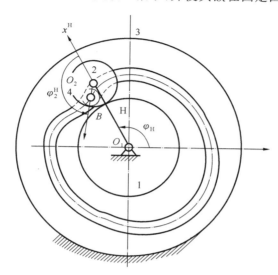

图 13.10　凸轮-齿轮机构组合

当行星架 H 为原动件且做等速回转时,齿轮 1 将获得预期的运动规律。凸轮廓线的形状和齿轮的齿数比决定了预期的运动规律。

设计这种机构时,首先应根据从动件 1 的运动要求,求得行星轮 2 相对于行星架 H 的运动关系,然后按摆动推杆盘形凸轮机构的凸轮廓线设计方法设计凸轮廓线。

凸轮-齿轮组合机构还常作为校正机构,这种校正机构在齿轮加工机床中应用较多。如图 13.11 所示即为一例。在此机构中,蜗杆 1 为原动件,蜗轮 2 为从动件;如果由于制造误差等原因,蜗轮 2 的输出运动达不到精度要求,则可以根据输出的误差设计出与蜗轮 2 固联的凸轮廓线 $2'$。通过凸轮机构的从动件→推动齿条 3→带动齿轮 4→给差动机构输入运动 ω_4→最终使蜗杆 1 得到一附加转动,从而使蜗轮 2 的输出运动得到校正。

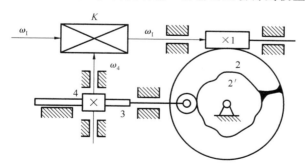

图 13.11　凸轮-齿轮组合机构

13.4　机械系统运动方案设计和实例

13.4.1　机械系统运动方案设计

机械系统运动方案设计的常用方法主要有两种。

一是功能分解法。将机械系统的总功能分解为若干个分功能,再将分功能分解为元功能,每个元功能决定了执行构件的基本动作,然后为执行构件选择相应的执行机构(可能会有多种机构,注意选优);再考虑各执行构件的运动协调性问题,进行执行机构的运动设计与分析,这些机构的组合就构成了整个机械系统。这种方法的优点是:由于实现每个元功能可以采用多种不同的执行机构,因此可以得到很多组合方案,然后从中选出最佳方案。缺点是工作量大,而且对于一个比较陌生和复杂的课题,设计者在设计之初很可能因认识不足而找不到头绪,无从下手。

二是模仿改造法。这种方法的基本思路是:经过对设计任务的认真分析,先找出完成设计任务的核心技术或关键技术是什么,然后寻找类似的技术设备装置,研究利用原装置完成现任务的可能性,分析有利条件和不利条件以及还缺少哪些条件。保留原装置的有利条件,消除不利条件,补足缺少的条件,将原装置进行改造和更新,从而满足现设计要求。为了较好地完成设计,应多选几种原型机,吸收它们各自的优点,加以组合利用。这样才可使设计在现有的基础上大大向前迈进一步。这种方法在有资料和实物可以参考的情况下,可减少设计的盲目性,减轻设计的工作量,并切实可行地提高设计质量。

在实际机械系统运动方案设计中,将两种方法组合使用,也能收到较好的效果。

13.4.2　转塔刀架机械传动系统的设计

图 13.12 为 C1325 单轴六角自动车床转塔刀架机械传动系统的机构运动简图。为了进行工件的自动加工,避免成组动作每次换刀,对此刀架机械传动系统提出的功能要求是:刀架能实现自动换刀并沿被加工工件的轴线移动,完成轴向进给和退刀,并尽量减少机械加工空行程占用的时间等。

1. 系统的基本动作

将系统提出的功能分解为如下几个基本动作。

(1) 刀架的转位　在转塔刀架上固定着若干组刀具,为使各组刀具能依次参加工作,转塔刀架每次需转相应的角度,即需实现间歇运动,每次转位 60°。

(2) 让刀　为了在转塔刀架转位时,刀具和工件不至于发生碰撞,转塔刀架转位时应先退刀一段距离后再转位。

(3) 定位　为了保证加工精度,在加工时转塔刀架必须精确定位,而在转位时转塔刀架应解除定位。

(4) 进刀、退刀　在转塔刀架非转位期间,刀具能通过控制机构实现精确的轴向进给和退刀。

2. 执行机构选择

(1) 转塔刀架的精确定位机构　转塔刀架由于定位要求精确,故专门采用做往复移动

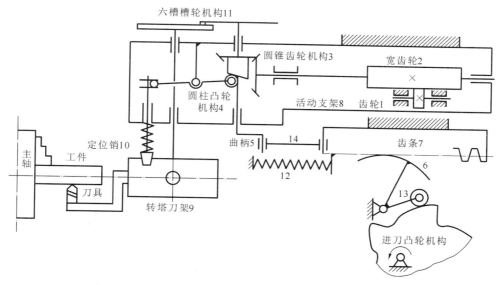

图 13.12　C1325 单轴六角自动车床转塔刀架机械传动系统

的定位销来实现定位。

如图 13.12 所示,定位销 10 的往复移动由圆柱凸轮机构驱动摆动从动件与齿轮机构配合来实现。圆柱凸轮与圆锥齿轮机构 3 和圆柱齿轮 1、2 串联;齿轮机构的功能在于改变传动轴的轴线位置和速度的大小,以便与原动机相适应。注意:齿轮 2 采用了宽齿轮,目的是当整个活动支架 8 做移动时,保证齿轮 1、2 时刻接触。

齿轮 1 为定位机构控制定位销插入和拔出的原动件,它是一个做间歇转动的构件,需要由离合器(图中未画出)控制转动和静止,每次转一周。

(2)转塔刀架转位控制机构　刀架转位的转位间歇运动控制由常用的平面槽轮机构来完成。

如图 13.12 所示,转塔刀架 9 安装在个活动支架 8 上(活动支架 8 在机架中做往复移动);转塔刀架 9 相对活动支架 8 做间歇转动,实现转塔刀架的转位。转位的主控制机构为六槽槽轮机构 11,其拨盘与圆锥齿轮固联。

(3)进刀、退刀控制机构　刀具轴线进给和退刀动作通过摆动从动件盘形凸轮机构和扇形齿轮-齿条机构的配合来实现,从动件回程与凸轮保持接触的方式用弹簧完成。

如图 13.12 所示:构件 6 为与凸轮机构的摆动从动件固接的扇形齿轮,在凸轮的控制下实现往复摆动;齿条 7 在机架中做往复移动;转塔刀架 9 与整个活动刀架 8 一起在机架中做往复移动,实现进刀、退刀;构件 12 为弹簧。

(4)减少进刀、退刀占用时间的控制机构　在齿轮齿条机构与整个活动支架 8 之间巧妙串接一曲柄滑块机构。

如图 13.12 所示,构件 14 为曲柄滑块机构的连杆,构件 5 为曲柄(与圆柱凸轮和圆锥齿轮轴固联)。如果将做移动的整个活动支架 8 与齿条 7 一同考虑进来,该机构可以认为是如图 13.13 所示的双滑块五杆机构。

双滑块五杆机构的滑块分别为活动支架和齿条,该机构的自由度 $F=2$。

当刀具在做进刀和退刀操作且未离开工件一定距离时,定位销不能插入和拔出,圆柱凸轮不转动,曲柄也没有动力输入(由与齿轮 1 相连的离合器来控制),它与活动支架保持相对

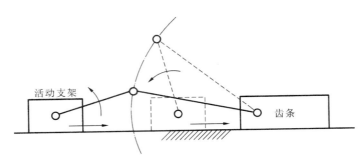

图 13.13　双滑块五杆机构

静止并形成一个滑块一起移动。此时,机构为曲柄滑块机构,滑块(齿条 7)作为机构的原动件,而且机构处于死点位置(连杆 14 与齿条 7 的导路拉直或重叠共线)。实际上,此时的双滑块五杆机构各活动构件之间无相对运动,整体作为一个滑块在齿条的推动下做往复移动,完成预定的进刀和退刀动作。

　　当刀具在做进刀和退刀操作且离开工件一定距离时,转塔刀架要实现转位,首先定位销要拔出和插入,圆柱凸轮开始转动,双滑块五杆机构的曲柄开始有动力输入;此时,双滑块五杆机构在滑块(齿条 7)和曲柄两个原动件的作用下,使机构实现确定的相对运动。运动的结果是:一方面活动支架随滑块(齿条 7)在进刀凸轮的驱动下做进、退刀移动;另一方面,活动支架又受曲柄的驱动做进、退刀移动;运动的合成将加速活动支架的移动。退刀时使刀具迅速撤离工件一大段距离,给转塔刀架转位让出足够的转位空间;进刀时,刀具可加速靠近工件,以减少加工停滞时间。

　　在刀具退刀和进刀过程中,转塔刀架的转位会在刀具离开工件足够的距离后完成。

　　需要说明的是,转塔刀架的定位功能没有直接采用控制转位的槽轮机构具有的凸、凹锁止弧定位功能来实现,其主要原因是定位精度达不到精加工所需的要求。

　　3. 传动系统的工作循环图

　　车床在加工过程中,转塔刀架的进给、退刀、转位等动作由相应的机构来控制,它们彼此不是相互独立的,而需要协调配合。转塔刀架机械传动系统的工作循环图如图 13.14 所示。由于圆柱凸轮转一周为一个工作转位循环,故选择它为定标件。

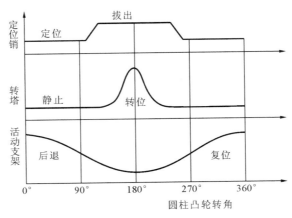

图 13.14　转塔刀架机械传动系统的工作循环图

此外,还要考虑为转塔刀架机械传动系统选择原动机,为各机构分配传动比、确定各轴的转速、间歇机构的停歇时间，以及对系统的各组成机构进行运动和动力分析与设计等（此处略）。

13.5　机械系统运动方案评价

评价机械系统运动方案的好坏，应该综合多方面的因素，比如：运动方案技术的先进性、实用性、经济性、可靠性、安全性、可操作性、外观及环境保护等。但由于机械系统运动方案还不涉及具体的机械结构和强度设计等细节，因此，机械系统评价体系只能从可能看到和预见的技术层面考虑，即主要考虑机械系统运动方案的功能及工作性能。机械系统运动方案的评价指标如下：

（1）机构的功能　可实现运动规律的形式、传递运动精度是否能满足要求。

（2）机构的工作性能　机械系统的应用范围、可调性、运转速度、承载能力等。

（3）机构的动力性能　加速度的峰值、噪声、耐磨性、可靠性、传力性能等。

（4）系统的协调性　空间的同步性、时间的同步性、与操作对象的协调性等。

（5）系统的经济性　制造的难易程度、制造误差的敏感性、调整的方便性、产量高低、能耗大小等。

（6）系统的结构性　结构的复杂程度和紧凑性对结构实现的影响；尺寸、质量及对运输、安装的影响等。

知 识 拓 展

机构创新设计过程、方法与发展趋势

机构创新设计决定了产品的创新性。如果机构的设计有缺陷，则制造出的产品将会有先天不足，这个机构或称为"有残疾的机械"。对产品的创新而言，机构构型的创新设计具有原创的特征性质，是机械发明中最具有挑战性和发明性的核心内容。而创新设计方法的丰富与完善则大大提高了机构构型的种类与品质，对提高机械产品的自主设计、创新有着十分重要的意义。

机构创新设计过程一般包括前期的功能设计、原理设计及结构方案设计，以及后期的运动学设计及动力学设计两个设计阶段。前期设计偏重形象思维，最具创造性，设计难度也最大，相当部分的设计工作是非数据性和非计算性的，必须依靠知识、经验的积累和创新思维方法，创新的火花往往产生于这一阶段。后期设计偏重于逻辑思维，着重改善机构的运动性能与动力性能。

机构创新设计方法可分为以下几个阶段：

（1）直觉设计阶段。人类祖先为了生存或更加有效地保护自己，学会了制作弓箭、杠杆、风车以及水利机械等。那时人们或是从自然现象中得到启示或是凭直觉设计机械，并不知其原理，从而驱使人们去分析研究这些机械的工作原理，并将其与数学结合起来，逐渐产生了力学与机构学雏形。

　　(2) 经验设计阶段。自 17 世纪数学与力学结合后,人们开始应用数学及力学公式来解决机构设计中的一些问题。18 世纪工业革命后,有关机械的创造发明如雨后春笋般不断涌现。19 世纪成为科技发展史上的一个重要时期,但这个时期的人们还不能提出更多的设计理论与方法来指导机构设计。

　　(3) 传统设计阶段。在 20 世纪的前半个世纪里,图样和图谱设计法大大提高了设计效率和质量,同时人们对设计基础理论和各种专业设计机理的研究也逐渐加强,并通过建立百科全书式的机构图册、图谱,为设计者提供了大量的信息。至今这种设计方法仍然广泛采用,但其静态性、经验性及手工式的特点与经验设计阶段的设计方法没有本质的区别。

　　(4) 现代设计阶段。20 世纪 60 年代以来,随着系统论、信息论和计算机技术的发展,机械设计进入了现代设计阶段。其特点体现在:突出设计的程式化、自动化与创造性,注重设计方法的系统性与先进设计工具的使用,比如计算机高级程序设计语言编程、Adams 与 MATLAB 等计算机辅助工程设计分析软件在设计中的应用等。

　　机构创新是实现机械系统创新设计的基本条件,而具有普适意义的机构创新方法研究无疑是机构创新走向工程化的基本保障。未来,机械产品必定需要含有更高的技术附加值以及更强的市场竞争力。因此研究机构的创新设计方法不仅具有重要的理论学术价值,而且还能产生较大的经济效益和社会效益。

　　机构创新设计的发展趋势可概括如下:

　　(1) 现代机构的概念已有别于传统机构。这主要体现在三个方面:一是机构的广义化与模块化,比如将构件或运动副广义化,即把弹性构件、柔性机构、微小构件等引入机构中;对运动副也有扩展,出现了复杂铰链、柔性铰链等。同时对机构的组成元素广义化,将驱动元件与机构系统集成或者融合为一种有源机构,大大扩展了传统机构的内涵。二是机构的可控性,利用驱动元件的可控性使机构通过有规律的输入运动实现可控的运动输出,从而扩展了机构的应用范围。最典型的例子包括机器人、微机械等。三是机构的生物化与智能化,进而衍生出各种仿生机构、机器人、变胞机构等。

　　(2) 机构学的研究呈现出日益交融的态势,如平面机构与空间机构的交融、刚性机构与柔性机构的交融、结构综合与尺度综合的交融、理论建模与参数综合的融合、功能集成与功能分解的融合(如组合机构、变胞机构等)、不同类机构的交融(并联柔性机构、柔性变胞机构等),以及机构学与其他学科的日益交叉(如机构学与生物学交叉可导引变胞机构、微机构、柔性机构设计)等。以上交融、融合与交叉势必对丰富和完善现代机构设计理论进而指导实用有效的新机构设计大有裨益。以学科交叉为例,借鉴其他学科中已发展成熟的设计理论,通过扩展机构的内涵和外延,建立彼此之间的有机联系,将其移植到机构设计理论与应用中,从而达到机构创新的目的。其中联系较为紧密的学科包括:生物学、化学、电子学、管理学等,不过数学和力学仍然是解决机构设计问题的根本。比较典型的例子是引入生物学原理来研究机构综合与创新技法。比如:在对不变胞机构和柔性机构的研究中,已开始了相关的尝试。在对变胞机构的研究中,提出了将变胞元素作为进化单元,探讨基于变胞元素的变胞机构基因进化机制,以此建立基于基因进化技术的变胞机构创新设计理论。在柔性机构研究中,提出了柔性胞元的概念,借助细胞生长机制探讨胞元组合构造机理,从而实现柔性机构创新设计目标。

　　(3) 新机构向实际生产力的转化周期越来越短,所带来的高附加值将越来越重要(包括设计成本、生产成本、维护成本、市场价格等多重因素)。在机构创新设计领域,对工程化的软件设计工具的需求将越发强烈。

总之,机构创新设计的发展趋势总体体现在可视化(软件)、智能化(可交互性、自动化)和工程化这几个方面。

习　　题

13.1　简述机械设计的大体过程。

13.2　什么是机械系统的概念设计? 它与机械系统的运动方案设计是什么关系?

13.3　为什么说机械系统工作原理的确定对整个机械系统设计的成败起着十分关键的作用?

13.4　举例说明利用机械系统实现某种功能时,采用同一种工作原理可能会有不同的实现方法。

13.5　原动机有哪些类型? 选择时要注意什么问题?

13.6　常用机构的主要类型和基本功能有哪些?

13.7　怎样进行机构类型的选择,选择时要考虑的主要问题是什么?

13.8　常见的组合机构有哪些? 请举例说明。

13.9　什么是机械的工作循环图? 有哪些形式?

13.10　某执行机构做往复直线移动,行程 100 mm,工作行程近似等速,并有急回运动要求,行程速比系数 $K=1.4$,在回程结束后,有 2 s 的停歇。设原动机为电动机,其额定转速为 960 r/min。设计该执行构件的传动系统。

13.11　设计一台为食品盒打印日期的装置。食品盒的尺寸为长×宽×高＝100 mm×30 mm×60 mm,材料为硬纸板,生产率为 60 件/min。试设计该系统的传动方案。

13.12　进行蜂窝煤冲压成形机方案设计。生产能力为 30 块/min,装置采用电动机驱动,功率 $N=11$ kW,转速 $n=710$ r/min,冲压成形的生产阻力为 30000 N。

提示　蜂窝煤冲压成形的基本动作包括:

(1) 粉煤的加料;

(2) 冲头将煤粉压制成蜂窝煤;

(3) 清扫冲头和模具盘上的煤粉;

(4) 将模具中冲压好的蜂窝煤进行脱模;

(5) 将成形后的蜂窝煤输送到指定位置。

冲压的基本动作可用对心曲柄滑块机构来实现,模具转盘的间歇运动可用槽轮机构来实现,而清扫动作可通过固定凸轮机构来实现。

第 14 章　Adams 软件在机构设计与分析中的应用

14.1　Adams 软件概述

虚拟样机仿真分析软件 Adams(automatic dynamic analysis of mechanical systems)是对机械系统的运动学与动力学进行仿真计算的商用软件,由美国公司 MDI(Mechanical Dynamics Inc.)开发,后被美国公司 MSC 收购,本书以 2017 版为基础来介绍 Adams 软件。Adams 由多个模块组成,基本模块是 View 模块和 Postprocess 模块,一般的机械系统设计都可以用这两个模块来完成,这也是我们主要介绍的内容。

14.1.1　Adams/View 界面

双击桌面上的 Adams/View 快捷图标或单击开始菜单中的【开始】→【程序】→【MSC. Software】→【Adams2017】→【Adams/View】后,就可以启动 Adams/View,此时桌面上将出现欢迎对话框,如图 14.1 所示。

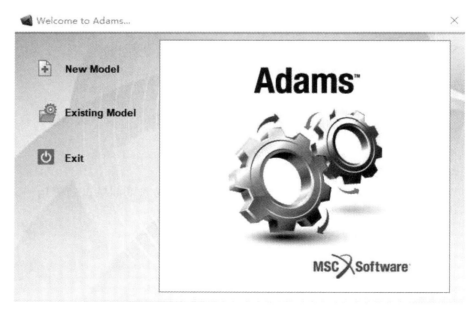

图 14.1　Adams/View 欢迎对话框

1.欢迎界面设置

在欢迎界面中可以进行如下操作。

① New Model:创建一个新的模型。

② Existing Model:打开一个已经保存的模型。

③ Exit:结束程序,退出 Adams。

2.模型创建

选择"New Model"选项创建一个新模型,会弹出一个"Create New Model"对话框(见图 14.2),在对话框中可以对新模型的基本属性进行设置。

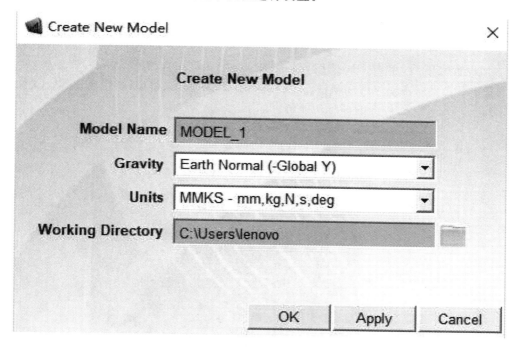

图 14.2　Adams/View 创建新模型对话框

(1) 在对话框的 Model Name 文本框中可以输入模型的名称,默认为:MODEL_1。用户也可以对模型进行命名,自定义的文件名最多 80 个字符,不包括特殊字符,如空格。

(2) 在 Gravity 下拉列表框中可以对模型的重力加速度进行设置,共有如下三个选项。

① Earth Normal(-Global Y):重力加速度的大小为 $1g$,方向沿总体坐标系的 $-Y$ 方向。

② No Gravity:不设置重力加速度。

③ Other:表示根据用户的需要设置重力加速度。此时,单击"OK"按钮后将显示一个设置重力加速度的对话框 Gravity Settings,可以根据自己的需要选择重力加速度的大小和方向。

(3) 在 Units 下拉列表框中可以选择模型所采用的单位有如下四种:

① MKS-m,kg,N,s,deg;

② MMKS-mm,kg,N,s,deg;

③ CGS-cm,g,dyne,s,deg;

④ IPS-inch,lbm,lbf,s,deg。

它们的具体含义如表 14.1 所示。

表 14.1   Adams/View 预设的单位系统

单位系统	长度	质量	力	时间	角度
MKS	米	千克	牛顿	秒	度
MMKS	毫米	千克	牛顿	秒	度
CGS	厘米	克	达因	秒	度
IPS	英寸	磅	磅力	秒	度

（4）Working Directory 文本框用于设置文件路径,默认为:C:\Users\... 。这是新创建模型的保存路径,或打开文件的默认路径,注意不要使用带有中文字符的路径。

3. 工作界面

一切设置完毕后,单击 OK 按钮,显示 Adams/View 工作界面,如图 14.3 所示。Adams/View 工作界面主要包括标题栏、工具栏、菜单栏、功能区、模型树、主窗口、状态栏、坐标系。Adams/View 工作界面的部分功能解释如下。

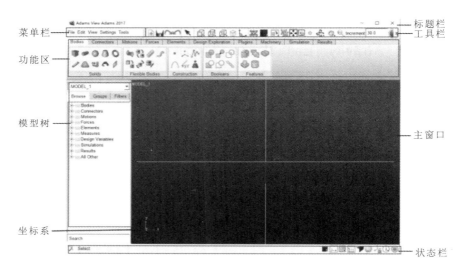

图 14.3   Adams/View 工作界面

（1）标题栏   显示 Adams/View 窗口的标题。

（2）菜单栏   采用 Windows 风格的菜单,命令菜单中包括了 Adams/View 的全部命令,如 File(文件操作)、Edit(编辑)、View(视图)、Settings(设置)和 Tools(工具)等。

（3）主窗口   显示样机模型的区域。

（4）模型树   主要用于选取数据库的对象,并对模型进行相关修改操作。

（5）状态栏   显示操作过程中的各种信息和提示。右侧有九个快捷操作按钮:背景颜色的设置按钮 ▇、界面元素的开关按钮 ⊥、窗口的设置按钮 ▢、工作网格的设置按钮 ▦、透视方式的转换按钮 ◣、实体与线框模式切换按钮 ◉、图标的显示设置按钮 ⊥、数据库信息按钮 ⓘ、停止按钮 ◉。

（6）坐标系   显示当前系统坐标系的三维坐标方向。

Adams/View 的界面风格可以在功能区图形界面和经典界面之间进行切换,在功能区图形界面的【主菜单】中依次点击【Settings】→【Interface Style】→【Classic】,可以进入 Adams/View 的经典界面,如图 14.4 所示。在经典界面的【主菜单】中依次点击【Settings】→【Interface Style】→【Default】,可以返回功能区图形界面。工作界面风格可以根据个人的使用习惯选择。

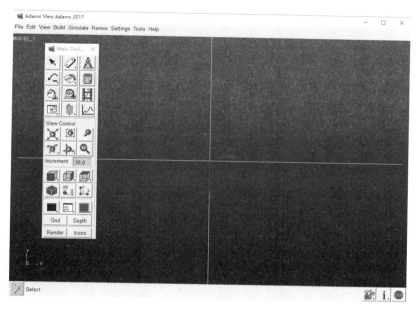

图 14.4　Adams/View 经典界面

14.1.2　Adams/View 的主要功能模块

Adams/View 的功能模块主要包括几何建模(Bodies)、连接(Connectors)、运动驱动(Motions)、施加力(Forces)、元素(Elements)、设计探究(Design Exploration)、插入功能(Plugins)、机械(Machinery)、仿真(Simulation)、结果处理(Results)等功能模块。下面对机械系统建模仿真中常用的几何建模、连接、运动驱动、施加力、仿真和结果处理模块进行简要介绍。

1.几何建模

Bodies 功能模块设有五个功能组(见图 14.5)。

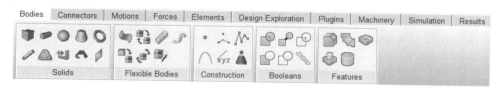

图 14.5　几何建模功能模块

① 实体(Solids)　用于常规的几何体(如连杆、长方体、圆柱体、球体等)模型创建。

② 柔性体(Flexible Bodies)　用于可以发生形变的物体的建模,如有些零件的变形较大,影响了机构的运动时,需要按柔性体进行建模分析。

③ 构造体(Construction)　用于创建点、直线、曲线、圆弧、坐标点等。

④ 布尔运算(Booleans)　用于对几何体进行布尔运算。

⑤ 特征(Features)　用于创建倒角、钻孔、抽壳等几何特征。

2. 连接

Connectors 功能模块设有四个功能组(见图 14.6)。

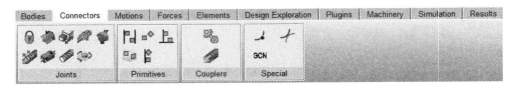

图 14.6　连接功能区

① 理想铰链(Joints)　用于创建固定副、转动副、移动副、圆柱副、螺旋副等机械原理中常见的运动副约束。

② 基本铰链(Primitives)　用于创建在线内、在面内、轴垂直、轴平行等约束。

③ 组合约束(Couplers)　用于创建齿轮副、耦合副。

④ 特殊约束(Special)　用于创建点线高副、线线高副和一般约束。

3. 运动驱动

Motions 功能模块设有两个功能组(见图 14.7)。

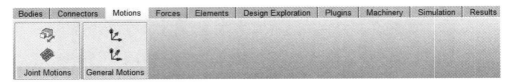

图 14.7　运动驱动功能区

① 铰链驱动(Joint Motions)　用于施加移动副驱动和转动副驱动。

② 通用驱动(General Motions)　用于施加单向运动驱动和空间运动驱动。

4. 施加力

Forces 功能模块设有三个功能组(见图 14.8)。

图 14.8　施加力功能区

① 应用力(Applied Forces)　用于对构件施加力和力偶。

② 柔性连接(Flexible Connections)　用于施加弹簧力、轴套力或设置弹性梁等。

③ 特殊力(Special Forces)　用于施加接触力、模态力和重力等。

5. 仿真

Simulation 功能模块设有两个功能组(见图 14.9)。

图 14.9　仿真功能区

① 仿真创建（Setup）　用于创建仿真程序脚本文件。

② 仿真（Simulate）　用于进行仿真参数设置和运行仿真。

6. 结果处理

Results 功能模块设有两个功能组（见图 14.10）。

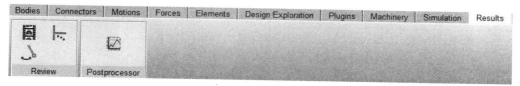

图 14.10　结果处理功能区

① 回放功能（Review）　用于显示仿真动画、获取仿真轨迹等。

② 后处理（Postprocessor）　用于进行复杂的仿真结果后处理。

14.1.3　Adams/View 的主工具箱

主工具箱提供了多种常用的命令按钮，Adams/View 的主工具箱如图 14.11 所示。主工具箱上部的 12 个图标是建模和仿真工具，下面的图标是视图工具。每个按钮所代表的命令或工具库如表 14.2 所示。

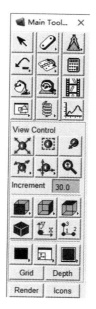

图 14.11　主工具箱

表 14.2　Adams/View 主工具箱按钮所代表的命令或工具库

工具	功能	工具	功能
	选择命令		几何建模工具库
	测量距离和角度工具库		后退命令集
	约束工具库		仿真分析命令
	颜色设置命令		运动约束工具库

工具	功能	工具	功能
	回放仿真分析结果命令		移动对象命令
	施加力工具库		调用后处理模块命令
	显示整个模型命令		选择放大区域命令
	设置视图中心命令		旋转命令
	移动命令		放大/缩小命令
	主视图		右视图
	俯视图		轴测图
	以 xy 平面作为主视图投影面		三点确定视图方向
	设置背景颜色命令		视图方向坐标命令
	视图窗口布局命令		

14.1.4 Adams/View 的命令输入方式

Adams/View 主窗口上部的命令菜单栏包含 Adams/View 程序的全部命令。对于主工具箱中不包含的命令,可以在命令菜单中选择。选择或输入命令的方法如下:

(1)用鼠标选择菜单中的有关命令。

(2)在按下 ALT 键的同时,键入菜单标题中下划线的字母,选择有关菜单,再用同样的方法选择命令。

(3)按 F10 键激活 File 菜单,然后用箭头键来移动选择有关的菜单和命令。

(4)使用命令快捷键。部分常用的命令快捷键见表 14.3。

表 14.3 Adams/View 的命令快捷键

快捷键	功能说明	快捷键	功能说明
F1	显示主窗口	F3	显示命令窗口
F4	显示坐标窗口	F5	切换显示菜单生成器
F6	切换显示对话框	F8	显示后处理窗口
G	切换显示工作栅格	F2	调入命令文件
Ctrl+N	建立一个新的数据库	Ctrl+O	打开一个已保存的数据库
Ctrl+S	保存数据库	Ctrl+Q	退出
C	显示视窗中心	D	设置透视深度
F	显示整个样机的视图	R	在 xy 平面旋转视图
S	旋转视图的 z 轴	T	移动视图
V	显示视窗图标	W	定义视图
Z	动态缩放视窗	Esc	放弃操作

14.1.5 Adams/View 的文件操作

1. File 菜单

Adams/View 的 File 菜单提供了一系列对模型操作的命令,如 New Database(建立新模型)、Save Database(保存模型数据)、Import(导入模型)、Exit(退出)等命令,如图 14.12 所示。

2. 导入和导出

用户在进行样机模型操作时,会需要从一定的文件中导入样机模型数据或把样机模型导入文件中,Adams/View 提供了导入和导出命令。

导入 Adams/View 命令文件的步骤如下。

① 在 File 菜单中选择 Import 命令,显示对话框如图 14.13 所示。

② 在"File Type"下拉列表框中选择要导入的文件格式。

③ 在 File to Read 下拉列表框中输入需要的文件名(默认文件名后缀为 .adm)。

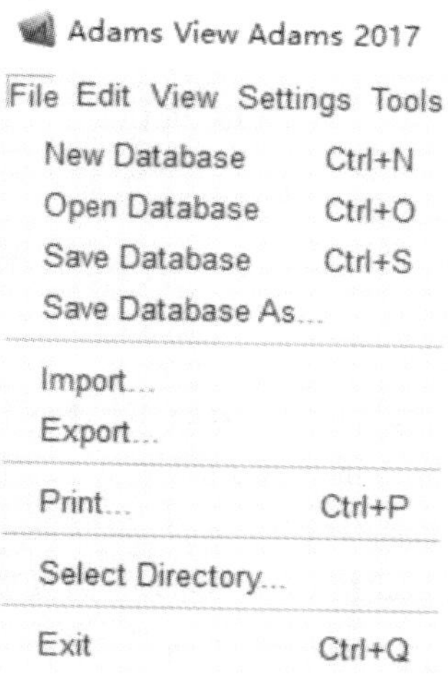

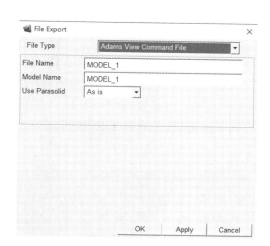

图 14.12　File 菜单下的模型操作命令

④ 在 Echo Commands、Update Screen、Display Model Upon Completion 中选择一种,其作用分别如下。

Echo Commands:显示 Adams/View 的执行命令。

Update Screen:显示 Adams/View 的执行结果。

Display Model Upon Completion:显示输入的最终结果。

⑤ 在 On Error 选项区域中选择输入出错时的处理方法。

Continue Command:遇到错误也继续输入当前内容。

Ignore Command:遇到错误,忽略错误行继续输入其他的内容。

Abort File:遇到错误马上停止输入。

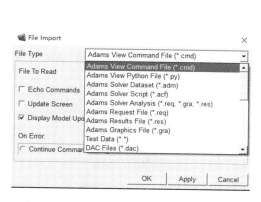

图 14.13　文件导入(File Import)对话框

图 14.14　文件导出(File Export)对话框

⑥ 点击 OK 按钮。

导出 Adams/View 命令文件的步骤如下。

① 在 File 菜单中选择 Export 命令,显示对话框如图 14.14 所示。

② 在 File Type 下拉列表框中选择要导出的文件格式。

③ 在 File Name 文本框中输入导出文件名称。

④ 点击 OK 按钮。

14.2　Adams 软件在平面连杆机构设计中的应用

已知一牛头刨床机构,各构件的尺寸分别为:$l_1=125$ mm,$l_3=600$ mm,$l_4=150$ mm,原动件 1 的方位角 $\theta_1=0°\sim360°$,等角速度 $\omega_1=60$ °/s。建立此平面连杆机构的模型,并分析该机构中各构件的位移、速度、角速度和角加速度。

此机构的 Adams 仿真模型的创建步骤如下:

1. 创建设计点

选定转动导杆与机架的固定铰接点为坐标原点,水平向右为 x 轴正方向,竖直向上为 y 轴正方向,按右手定则确定 z 轴的正方向,建立直角坐标系。图 14.15 中各点的坐标分别为:$A(0,275,0)$、$B(111.38,218.18,0)$、$C(0,0,0,)$、$D(272.39,534.6,0)$、$E(127.93,575,0)$,滑枕与机架接触两支撑点的坐标分别为 $(400,575,0)$ 和 $(-400,575,0)$。

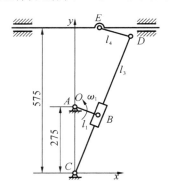

图 14.15　牛头刨床机构

选择【Bodies】→【Construction】中第一行第一列的点创建图标,点击 Point 按钮(见图 14.16),模型树上方出现点创建界面(见图 14.17),点击"Point Table"按钮,弹出"Table Editor for Points"对话框(见图 14.18),点击"Create"按钮,依次创建每一个 Point(点),并输入各点的坐标值,然后单击"OK"按钮,在工作界面上便出现上述每一个 Point。

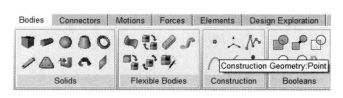

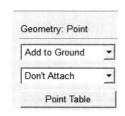

图 14.16　功能区 Point 按钮　　　　　　　图 14.17　点创建界面

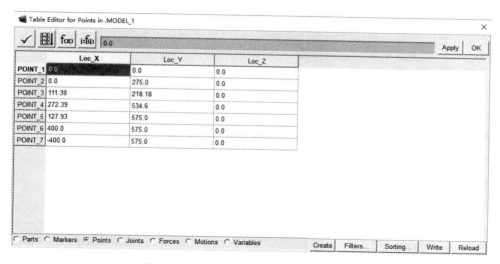

图 14.18　Table Editor for Points 对话框

2.创建构件

单击【Bodies】中的几何体创建工具连杆（Link）按钮 ，出现连杆创建界面，选择"New Part"，用鼠标左键点选工作界面相应杆件的两个端点便可依次创建各连杆构件，如图 14.19 所示。

单击功能区【Bodies】中的几何体创建工具箱体（Box）按钮 ，出现箱体创建界面，选择"New Part"，用鼠标左键点选工作界面 Point_3 点周围的两个对角点，便可创建箱体构件，即机构中的滑块 2，如图 14.20 所示。

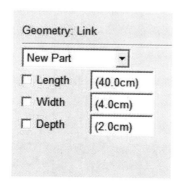

图 14.19　连杆创建界面

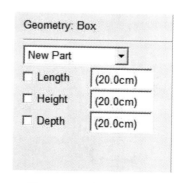

图 14.20　箱体创建界面

3.创建运动副约束

① 创建转动副。单击【Connectors】中的约束工具库中的转动副约束 ，出现"Revolute Joint"转动副创建界面，如图 14.21 所示，依次设置"2 Bodies-1 Location"和"Normal To Grid"，在工作界面中依次点选构成转动副的两构件和它们的转动中心点，便可创建转动副约束。本机构中存在五个转动副约束，相应的转动中心点分别为 Point_1、Point_2、Point_3、Point_4、Point_5。所创建的转动副约束分别为 Joint_1、Joint_2、Joint_3、Joint_4、Joint_5。

② 创建移动副。单击【Connectors】中的移动副约束 ，出现"Translational Joint"移动副创建界面，如图 14.22 所示，依次设置"2 Bodies-1 Location"和"Pick Geometry Feature"，

在工作界面中依次点选构成移动副的两构件和它们的运动中心点，当出现带有指向的箭头时，点击鼠标确定移动副两构件的相对运动方向，便可创建移动副约束。本机构中存在两处移动副约束，分别为滑块和摆动导杆间、滑枕和机架间。

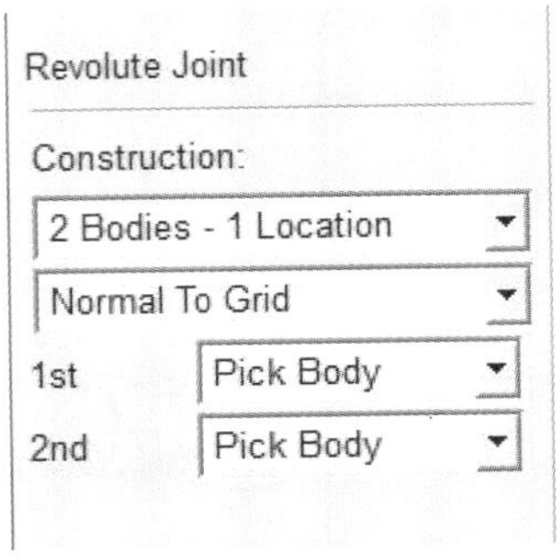

图 14.21　转动副创建界面

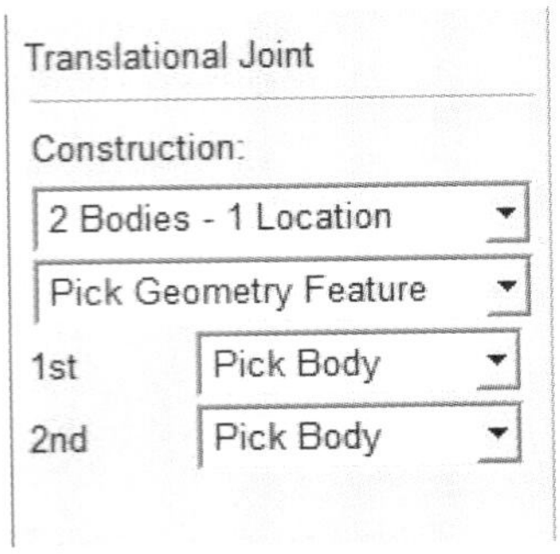

图 14.22　移动副创建界面

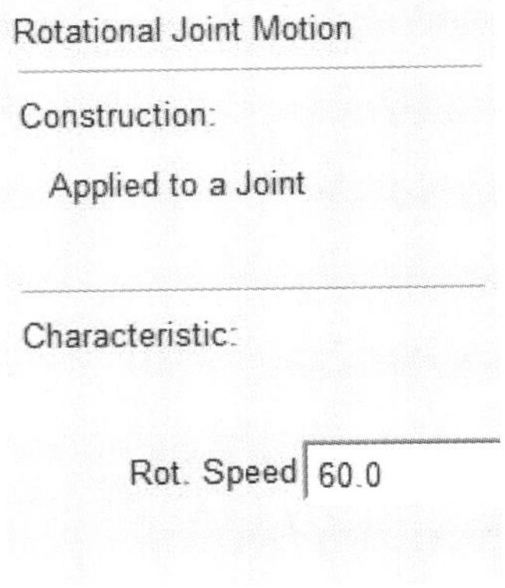

图 14.23　转动驱动添加界面

4. 添加运动驱动

本机构中的原动件为曲柄，做等角速度转动，故只需添加一个转动驱动。在【Motions】中点击转动驱动按钮，出现"Rotational Joint Motion"转动驱动添加界面，如图 14.23 所示，在"Rot. Speed"文本框中输入每秒转动的角度值 60.0，在工作界面中选择曲柄和机架间的转动副 Joint_2，就会出现一个较大的转向箭头，转动驱动即添加完成，如图 14.24 所示。如果要修改转动驱动的角速度值，可在工作界面用右键单击转动驱动的符号，在弹出的快捷菜单中选择"Motion:MOTION_1"→"Modify"，如图 14.25 所示，便弹出"Joint Motion"修改对话框，如图 14.26 所示，在此窗口中可以对转动驱动的类型、角速度函数等参数进行修改。

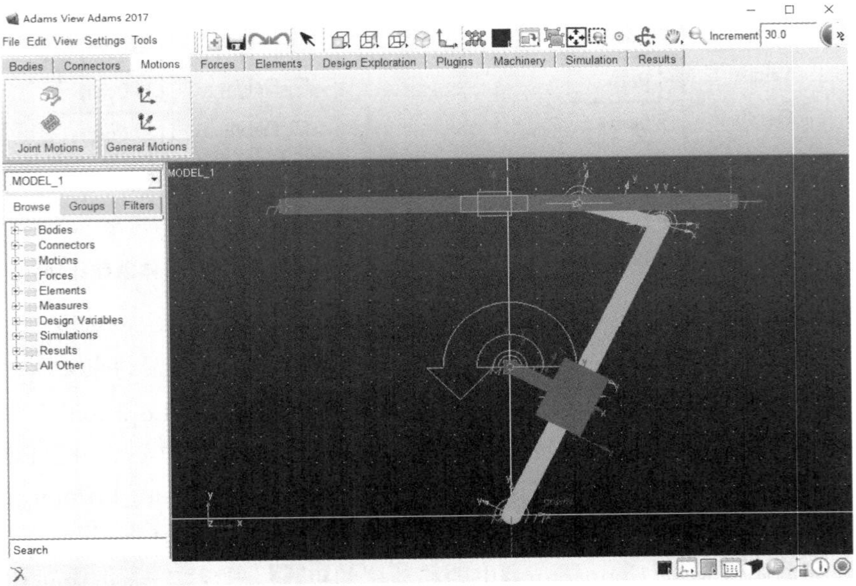

图 14.24　添加了转动驱动的牛头刨床机构

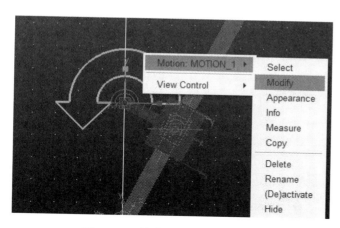

图 14.25　转动驱动修改选择操作

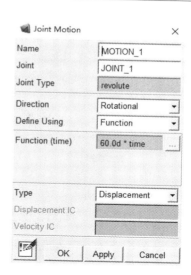

图 14.26　转动驱动修改界面

5.机构仿真

在【Simulation】中点击模型仿真工具按钮 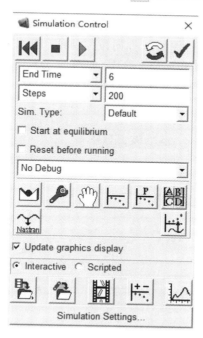，便会弹出"Simulation Control"参数设置界面，如图 14.27 所示，在界面中设定"Default"（缺省状态）、"End Time"（仿真终止时间）、"Steps"（仿真步数），设置完成后，点击三角形按钮 ▶ ，开始仿真。

图 14.27　模型仿真参数设置

6.测量仿真模型的运动学参数

单击仿真控制对话框中的图标 ⩗ ，或者按键盘上的"F8"键，可以实现"Adams/View"界面和"Adams/PostProcessor"工作界面的切换。Adams/PostProcessor 的工作界面如图 14.28 所示，包括主菜单、主工具栏、树窗口、编辑窗口、图表生成器、图线动画窗口组成。

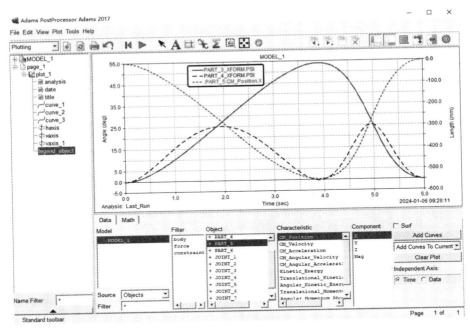

图 14.28　机构中各构件质心点的位移线图

在 Adams/PostProcessor 工作界面的图表生成器"Data"标签下,选择模型名称".MOD-EL_1",将"Source"设置为"Objects","Filter"设置为"body","Object"设置为"PART_5","Characteristic"设置为"CM_Position","Component"设置为"X",单击"Add Curves"按钮,则在图线动画窗口中出现相应构件的 x 方向位移曲线。重复此操作过程,可获得其他构件上相应点的位移线图、速度线图和加速度线图,如图 14.28、图 14.29 和图 14.30 所示分别为牛头刨床机构简图中的 E 点、导杆 3 和连杆 4 质心点的位移、速度、加速度线图。

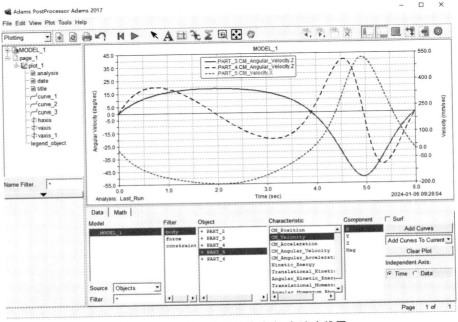

图 14.29　机构中各构件的速度、角速度线图

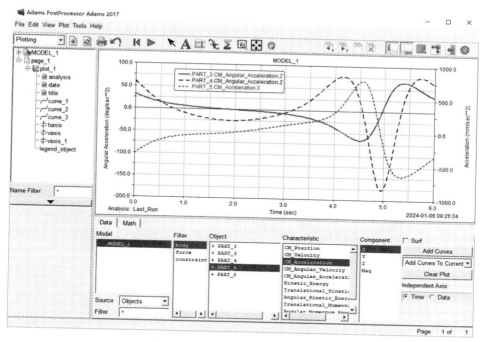

图 14.30　机构中各构件的加速度、角加速度线图

7. 文件的保存和结果输出

在 Adams/View 界面下保存文件,系统会自动生成数据库文件 * . bin,文件所占空间比较大,为节约空间,可选择"File→Export",选择保存的文件类型为"Adams/View Command File",在文件名称文本框中输入文件名,将生成的文件保存成命令文件 * . cmd。再次调用此文件时,会快速生成仿真模型。

14.3　Adams 软件在凸轮机构设计中的应用

已知对心尖顶直动从动件盘形凸轮机构,推程运动角 $\delta_0=70°$,远休止角 $\delta_1=10°$,回程运动角 $\delta'_0=70°$,行程 $h=20$ mm,许用压力角 $[\alpha]=30°$,推程和回程均符合等加速等减速运动规律,基圆半径 $r_0=30$ mm。此凸轮机构 Adams 仿真模型的创建步骤如下。

1. 创建模型数据文件

启动"Adams/View"工作界面,并建立一个新的模型数据文件,模型名称可用英文单词如"Cam"或汉语拼音表示。

2. 设置工作环境

① 点击"Setting"菜单选项,在弹出的下拉菜单中点选"Working Grid",弹出工作栅格设置对话框。

② 将工作栅格尺寸设置为 150 mm×150 mm,格距为 5 mm。单击"OK"按钮退出界面。

③ 再次点击"Setting"菜单选项,在弹出的下拉菜单中点选"Icons",在弹出的对话框中,将"Model Icons"的所有默认尺寸改为 20 mm,单击"OK"按钮退出界面。

3. 创建从动件推杆

① 在【Bodies】中,点击 Point 图标 ⊙ ,分别在(0,0,0)和(0,70,0)处创建两个点。

② 选择创建连杆工具图标 ✐ ,把厚度和半径设为 5 mm。在 Point_1 和 Point_2 间创建从动件推杆。

4. 创建凸轮构件

① 在【Bodies】中,点击箱体图标 ▥ 。

② 拉出任意大小的矩形,将箱体名称改为"Cam"。

5. 添加运动副和驱动

对心直动尖顶推杆盘形凸轮机构是由凸轮、从动件推杆和机架构成的。为了能够在 Adams/View 创建的各构件间建立正确的运动副约束关系,实现凸轮机构的运动仿真,需在从动件推杆和机架间创建移动副,在凸轮和机架间创建转动副,且分别施加直线运动驱动和旋转运动驱动,如图 14.31 所示。具体操作步骤如下。

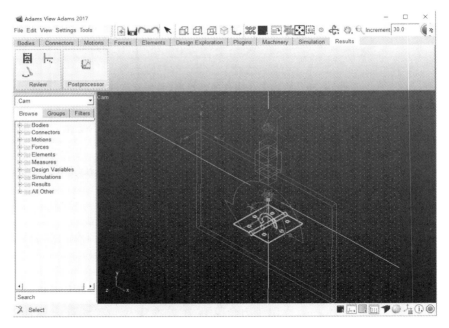

图 14.31   凸轮机构中运动副和驱动的创建

① 鼠标左键单击移动副图标 ▨ ,在从动件推杆的质心点 Marker.cm 处单击鼠标左键,沿 y 轴方向移动光标至出现向上箭头为止,并单击鼠标左键,出现移动副 JOINT_1。

② 创建标记点。单击【Bodies】中 Marker 点图标 ⚹ ,设置"Coordinate system"栏为"Add to Part",单击工作界面中的凸轮构件上的坐标点(0,−30,0)点,即可创建凸轮的转动中心标记点。

③ 操作同步骤①,再次打开约束库,单击转动副图标,在步骤②中创建的标记点处单击鼠标左键,创建凸轮和机架间的转动副 JOINT_2。

④ 单击鼠标左键,选择直线运动驱动图标,单击 JOINT_1,即可创建移动驱动 MO-TION_1。

⑤ 单击鼠标左键,选择转动驱动图标,转动角度设为 360°,单击 JOINT_2,即可创建转动驱动 MOTION_2。

6. 修改移动驱动函数关系为等加速等减速运动规律

单击【Design Exploration】,选择"Design Variable",弹出"Create Design Variable"对话框,如图 14.32 所示。将设计变量的名称改为"a"表示加速度变量,设置"Type"为"Real"、设置"Unit"为"no_units"、设置"Standard Value"为"(4 * 20/(70/360) * * 2)",分别表示实数、无单位、等加速等减速的加速度绝对值。

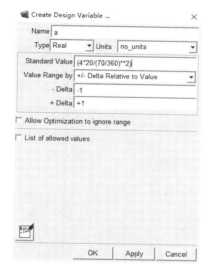

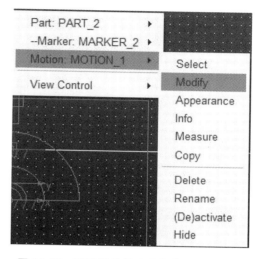

图 14.32　Create Design Variable 对话框　　　图 14.33　移动驱动修改设置快捷菜单操作

用鼠标右键单击从动件推杆上的移动驱动 MOTION_1,在弹出的快捷菜单中选择 MO-TION_1,如图 14.33 所示,再选择 Modify,便出现图 14.34 所示的对话框。点击"Type"下拉列表框,选择加速度函数选项"Acceleration",点击"Function(time)"文本框右侧的快捷按钮,即弹出"Function Builder"函数创建对话框,如图 14.35 所示,在上部的文本框中输入函数的具体表达式。

从动件推杆在本凸轮机构中应满足的运动规律函数表达式为:

IF(time−7/72:a,a,IF(time−7/36:−a,−a,IF(time−2/9:0,0,IF(time−23/72:−a,−a,IF(time−5/12:a,a,0)))))

IF 函数表达式的说明:

IF(expression1:expression2,expression3,expression4)

如果 expression1 小于 0,函数返回 expression2 的数值;

如果 expression1 等于 0,函数返回 expression3 的数值;

如果 expression1 大于 0,函数返回 expression4 的数值。

上述运动规律的具体含义如下:

$0° \leqslant \delta \leqslant 35°$ 时,推杆等加速运动,加速度数值为 a;$35° < \delta \leqslant 70°$ 时,推杆等减速运动,加速度数值为 $-a$;$70° < \delta \leqslant 80°$ 时,推杆静止不动,加速度数值为 0;$80° < \delta \leqslant 115°$ 时,推杆等减速运动,加速度数值为 $-a$;$115° < \delta \leqslant 150°$ 时,推杆等加速运动,加速度数值为 a;$150° < \delta \leqslant 360°$ 时,推杆静止不动,加速度数值为 0。

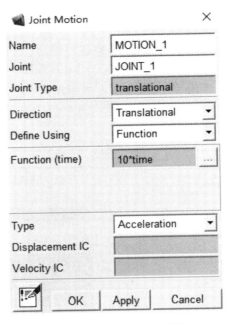

图 14.34　移动驱动修改对话框

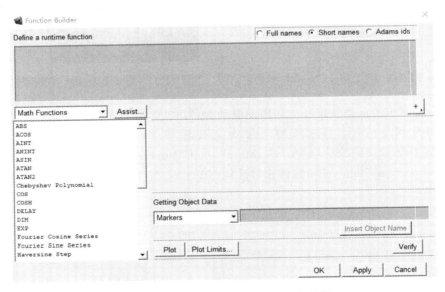

图 14.35　Function Builder 函数创建对话框

选择"Function Builder"对话框中的"Verify"按钮,校验函数式是否正确。若正确,可点击"OK"按钮(见图 14.36)返回主窗口。

7. 创建凸轮的轮廓曲线

对创建的凸轮机构进行运动仿真。选择【Simulation】→【Simulate】中的仿真功能按钮 ,设置仿真时间为 1 s,仿真步数为 200,单击开始仿真按钮 ▶ 进行仿真(见图 14.37),仿真结束后,单击返回按钮,回到仿真初始状态。

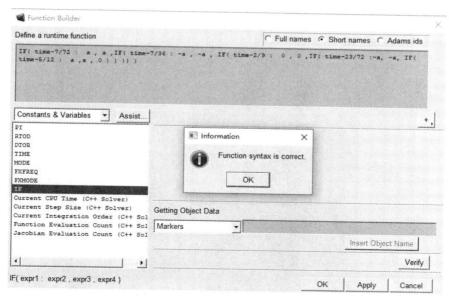

图 14. 36　Function Builder 函数创建对话框中的函数式校验

图 14. 37　仿真分析设置界面

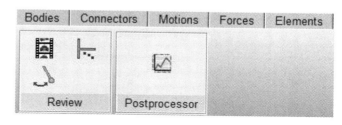

图 14. 38　样条曲线生成设置

点击【Results】中的"Review"功能按钮,如图 14.38 所示,在主窗口中,用鼠标左键单击从动件推杆下端的 Marker 点,再单击凸轮,便在主窗口中生成一样条曲线 Curve_1,即凸轮的轮廓曲线。

8. 添加点高副

在【Connectors】中,选择点高副图标 （见图 14.39）,单击推杆上的 Marker 点,再单击步骤 7 中生成的样条曲线 Curve_1,在主窗口中便出现点高副 Point_Curve。

拉伸凸轮使其具有一定的厚度。选择"Tools"菜单中的"Command Navigator",出现命令导航对话框,依次单击"geometry"→"create"→"shape"→"extrusion",如图 14.40 所示,便出现图 14.41 所示的拉伸几何图形对话框,在"Reference Marker"栏中,单击选择 pick 后,用鼠标点选工作界面中几何体上的一个 Marker 点,并在"Profile Curve"栏中,单击选择 pick 后,用鼠标点选工作界面中的选择拉伸曲线,最后在"Length Along Z Axis"栏中输入拉伸厚度,便可得到图 14.42 中所示的凸轮机构。

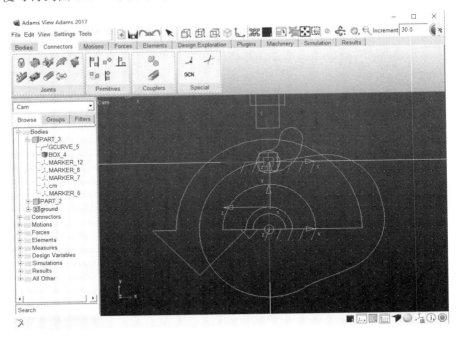

图 14.39　生成点高副

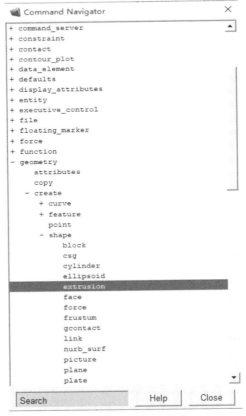

图 14.40　命令导航器

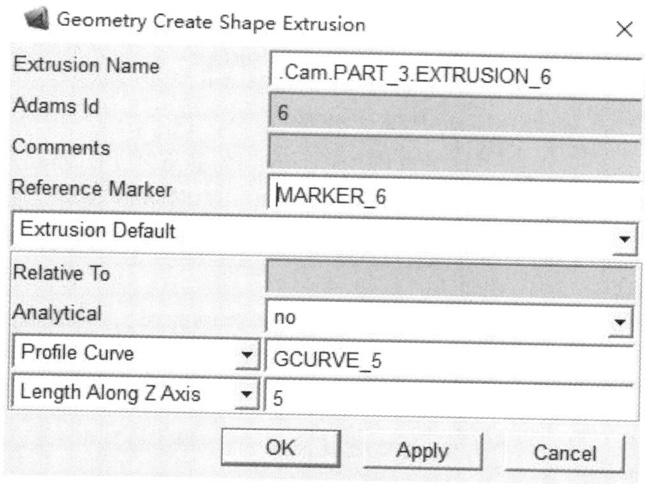

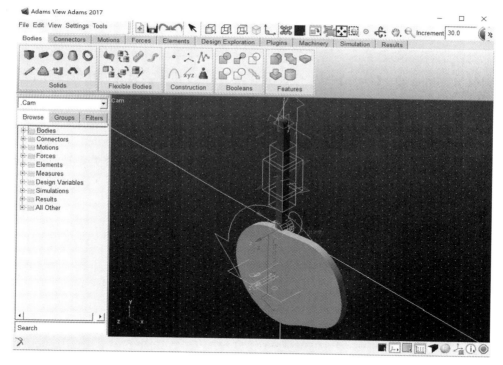

图 14.41　拉伸几何图形对话框

图 14.42　凸轮机构

14.4　Adams 软件在轮系分析中的应用

已知由定轴轮系和周转轮系组成的复合轮系如图 14.43 所示，其中各齿轮的齿数分别为 $z_1=13$、$z_2=52$、$z_3=78$、$z_4=13$、$z_5=49$、$z_6=75$，模数为 $m=2$ mm，压力角为 $20°$，齿轮 1 为输入，系杆 H 为输出。创建轮系的仿真模型，并分析其传动比。

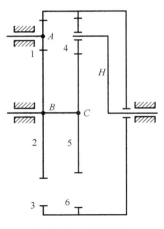

图 14.43　复合轮系

1.创建模型数据文件

启动 Adams/View 工作界面,创建一个新的模型数据文件,模型名称为 Gear_train。

2.设置工作环境

① 点击"Setting"菜单选项,在弹出的下拉菜单中选择"Working Grid",弹出工作栅格设置对话框。将工作栅格尺寸设置为 200 mm×200 mm,格距为 10 mm,点击 OK 按钮退出界面。

② 点击"Setting"菜单选项,在弹出的下拉菜单中选择"Icons",将"Model Icons"尺寸改为 10 mm,点击 OK 按钮退出界面。

3.创建关键点坐标

以 B 点为坐标原点,水平向右为 x 轴正方向,竖直向上为 y 轴正方向,按照右手定则创建直角坐标系。点击"Tools"菜单项,选择表格编辑器"Table Editor"创建复合轮系的三个关键标记点 A、B、C,具体坐标为 $A(0,65,0)$、$B(0,0,0)$、$C(60,0,0)$。

4.创建外啮合齿轮机构

选择【Machinery】→【Gear】中的"Create Gear Pair"按钮，打开齿轮机构创建对话框。

(1) 齿轮类型设置为"Spur"(直齿轮),如图 14.44 所示。

(2) 建模方法设置为"Simplified"(简化建模方法),如图 14.45 所示。

(3) 齿轮基本参数设置。模数为 2,压力角为 20°,旋转轴线为"Global X"轴,齿轮 1 的中心点为 A 点,齿轮 2 的中心点为 B 点,齿数分别为 13、52,齿轮啮合类型选择"External"(外啮合),如图 14.46 所示。

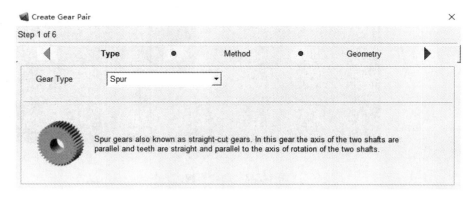

图 14.44　齿轮类型设置

(4) 齿轮材料类型设置为默认值。

(5) 齿轮的连接关系。齿轮 1、齿轮 2 与机架均为转动副连接关系。

(6) 点击"Finish"按钮完成齿轮机构创建,外啮合齿轮机构如图 14.47 所示。

5.创建内啮合齿轮机构

(1) 齿轮类型设置为"Spur"(直齿轮)。

(2) 建模方法设置为"Simplified"(简化建模方法)。

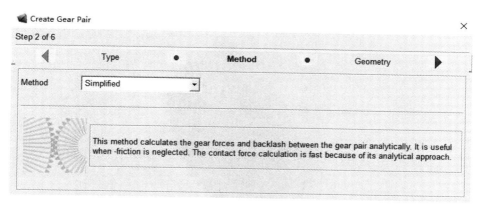

图 14.45　齿轮建模方法设置

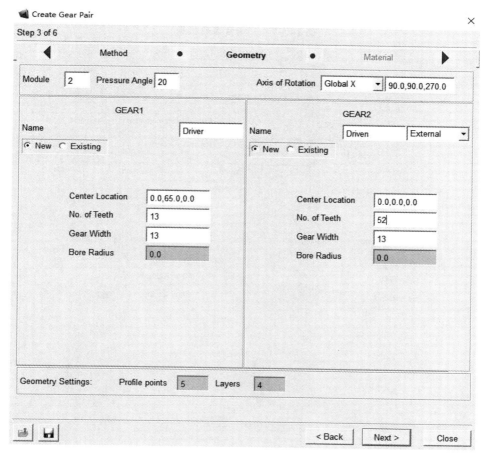

图 14.46　齿轮基本参数设置

（3）齿轮基本参数设置。模数为 2，压力角为 20°，旋转轴线为"Global X"轴，齿轮 1 的中心点为 A 点，齿轮 3 的中心点为 B 点，齿数分别为 13、78，齿轮啮合类型选择"Internal"（内啮合），如图 14.48 所示。

（4）齿轮材料类型设置为默认值。

（5）齿轮的连接关系。齿轮 1、齿轮 3 与机架均为转动副连接关系。

图 14.47 外啮合齿轮机构

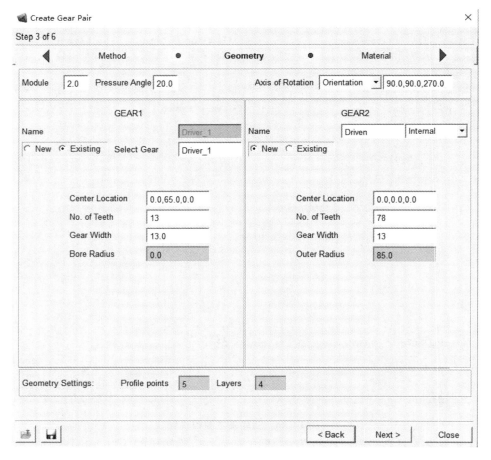

图 14.48 内啮合齿轮参数设置

（6）点击"Finish"按钮完成齿轮机构创建,定轴轮系如图 14.49 所示。

6.创建行星轮系

选择【Machinery】→【Gear】中的"Planetary Gear"按钮 ，打开行星轮系创建对话框。

图 14.49　定轴轮系

（1）轮系类型设置为"Planetary Set"（行星轮系），如图 14.50 所示。

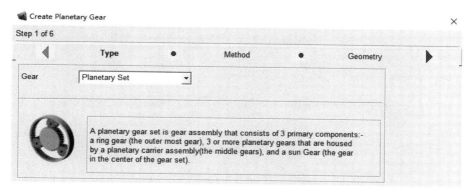

图 14.50　轮系类型设置

（2）轮系建模方法设置为"Simplified"（简化建模方法），如图 14.51 所示。

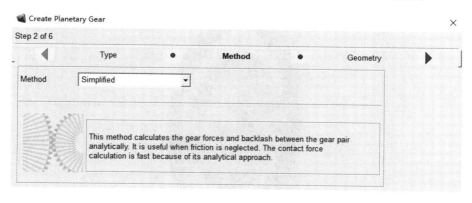

图 14.51　轮系建模方法设置

（3）行星轮系参数设置。模数为 2，压力角为 20°，旋转轴线为"Global X"轴，行星轮系的中心点为 C 点，太阳轮、内齿轮和行星轮的齿数分别为 49、75、13，行星齿轮数量为 2 个，如图 14.52 所示。

（4）齿轮材料类型设置为默认值。

（5）齿轮的连接关系。齿轮 5、齿轮 6 分别与机架为转动副连接关系，行星轮 4 与系杆

H 为转动副连接关系。

（6）点击"Finish"按钮完成行星轮系创建，如图 14.53 所示。

图 14.52　行星轮系参数设置

图 14.53　行星轮系

7.定轴轮系与行星轮系组合

从复合轮系的机构简图可知,定轴轮系 1-2-3 中的齿轮 1 与行星轮系 4-5-6-H 中的齿轮 5 为同一运动构件,定轴轮系中的内齿轮 3 与行星轮系中的内齿轮 6 为同一运动构件,分别将两组同一运动构件通过固定副连接,即可实现定轴轮系与行星轮系的组合,固定副设置界面如图 14.54 所示。

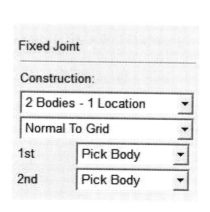

图 14.54　固定副设置界面

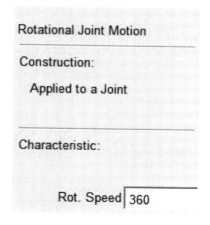

图 14.55　施加转动驱动

8. 施加转动驱动

选择【Motions】中的转动驱动按钮 ,弹出驱动设置对话框,点选齿轮 1 与机架间的转动副 JOINT_1 施加驱动,设置"Rot. Speed"为 360°/s,如图 14.55 所示。

9. 复合轮系仿真

选择【Simulation】→【Simulate】中的仿真功能按钮 ⚙,在弹出的仿真控制对话框图 14.56 中设置仿真时间为 1 s,仿真步数为 50,点击开始仿真按钮 ▶ 进行仿真,复合轮系仿真模型如图 14.57 所示。

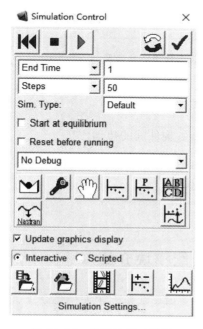

图 14.56　仿真控制对话框

图 14.57 动画

图 14.57　复合轮系仿真模型

10.仿真模型的运动参数获取与分析

在仿真对话框中点击输出曲线按钮 $\sqsubseteq$,进入 Adams/PostProcessor"后处理工作界面进行数据提取。在 Adams/PostProcessor 工作界面的图表生成器"Data"标签下,选择模型名称". Gear_train",将"Source"设定为"Result Sets",选择"carrier_XFORM","Component"为"WX",单击"Add Curves"按钮,则在图线动画窗口中出现行星轮系系杆 H 的质心角速度 x 分量曲线。从图 14.58 可知,行星轮系系杆 H 的 x 方向质心角速度为 $0.7258\,°/s$。

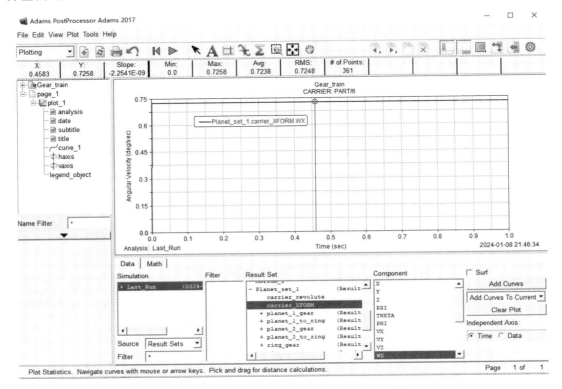

图 14.58　行星轮系系杆 H 的 x 方向质心角速度

复合轮系的总传动比为

$$i_{1H} = \frac{n_1}{n_H} = \frac{360}{0.7258} = 496$$

通过 Adams 创建复合轮系的仿真模型可以计算各构件间的传动比。

知 识 拓 展

Adams 软件的拓展功能模块介绍

Adams 软件的创始人 Michael E. Korybalski 为美国密歇根大学安娜堡分校(University of Michigan, Ann Arbor)机械工程硕士,曾在福特汽车公司工作,担任产品工程师。1977 年,他与他人合作在密歇根州安娜堡镇创立了 MDI 公司(Mechanical Dynamics Inc.),到

1980 年开发出第一套 3D 机构运动分析系统商品化软件,称为 Adams。2002 年,MDI 公司被 MSC Software 公司收购,这样 Adams 成为 MSC 产品线的一个组成部分,更名为 MSC Adams。

下面对 Adams 的部分拓展功能模块进行简要介绍。

1. CAD 接口模块 Adams/Exchange

Adams/Exchange 模块为 Adams 软件与 CAD/CAM/CAE 软件之间的几何数据交换提供了工业标准的接口。通过 Adams/Exchange 模块,用户可以对所有来源于产品数据交换库标准格式的几何外形进行双向数据传输,标准格式包括 IGES、STEP、DWG/DXF、Parasolid 等。无论用户是用面还是实体等几何图形来表示所设计的机构,都能够通过 Adams/Exchange 模块很容易地实现该几何图形在 CAD 软件与 Adams 软件之间的双向数据传输。

2. 优化/试验分析模块 Adams/Insight

对于复杂系统的设计分析,会有很多影响因素,它们之间相互影响,同时改变多个参数的仿真分析运算会产生庞大的仿真数据,而且对仿真数据的处理也很困难,很难判断到底哪个参数是主要的,哪个是次要的。利用 Adams/Insight 模块,工程师们可以对功能化数字样机进行深入分析,并将分析结果实现团队共享。研究策略可以应用于部件或子系统,或者扩展到评估多层次问题中,实现跨部门的设计方案优化。Adams/Insight 模块鼓励设计团队各个层次的协同,甚至将供应商包括在内,通过网页或者数据表格实现数据交换,从而使设计人员、研究人员以及项目管理人员能够直接参与到"What—if"的研究中,而不需要接触到实际的仿真模型。通过分享这些研究成果,可以加速决策。Adams/Insight 模块的分析结果是基于网页技术公示的,工程师可以方便地将仿真试验结果置于 Internet 网页上。不同部门的人员可以共享分析成果,加快决策与设计进程,最大限度地降低决策的风险。Adams/Insight 模块是一个选装模块,既可以在 Adams/View 模块、Adams/Car 模块环境下运行,也可以脱离 Adams 前处理环境单独运行。

3. 控制模块 Adams/Controls

Adams/Controls 模块可以将控制系统与机械系统集成在一起进行联合仿真,实现一体化仿真。主要的集成方式有两种:一是将 Adams 软件建立的机械系统模型集成到控制系统仿真环境中,组成完整的机-电-液(气)耦合系统模型进行联合仿真;二是将控制软件中建立的控制系统导入 Adams 模型中,利用 Adams 软件的求解器进行机—电—液(气)耦合系统的仿真分析。Adams/Controls 模块能够让机械和控制两个系统全程共享模型信息,将机构控制问题融入分析程序中,建立完整的机电系统仿真模型。这样做有两个益处:一是帮助控制工程师获得与实际工况相符的机构运动规律;二是利用整合的虚拟样机对机械系统和控制系统进行反复联合调试,直到获得满意的设计效果,在此基础上实现更高效的物理样机建造和测试。利用 Adams/Controls 模块的机械控制一体化虚拟样机技术对机电系统进行整体设计、调试和试验的方法,同传统的设计方法相比具有明显的优势,可以大大提高设计效率,缩短开发周期,降低产品开发成本,获得优化的机电系统整体性能。

4. 振动分析模块 Adams/Vibration

Adams/Vibration 模块用于机械系统在频域内的强迫振动分析。Adams/Vibration 模块可对机械系统进行线性化分析,实现特征值、特征向量及在强迫激励作用下的传递函数和功率谱密度函数等频域特性的分析,得到频域的精确解,同时可以考虑系统中液压和控制单元对整个系统性能的影响,解决了在实验室或实验场地进行振动试验费时、成本高昂且在设计初期无法开展相关试验的问题。另外,噪声、振动和声振粗糙度(NVH 性能)在很多机械系统(如汽车、飞机、铁道车辆系统等)设计中都是极为重要的性能参数,但设计最适合的NVH 性能也可能导致很多其他问题,如系统中某个部件受到一个激励会影响系统中的其他部件而出现问题。使用 Adams/Vibration 模块可以很好地解决上述问题,用户可以在设计的初期就开展振动性能方面的试验分析,同步进行减振、隔振设计及振动性能优化,并可根据根轨迹图进行系统稳定性分析,得到的输出数据还可用来进行 NVH 性能研究。

习　　　题

14.1　利用 Adams/View 界面进行模型仿真分析的基本操作步骤有哪些?

14.2　Adams/View 功能区的工具模块有哪些?

14.3　对心曲柄滑块机构中各构件的尺寸如下:曲柄尺寸为 2000 mm×400 mm×200 mm,连杆尺寸为 4000 mm×200 mm×100 mm,滑块尺寸为 400 mm×300 mm×300 mm。曲柄的旋转运动角速度为 30 °/s,试创建此机构的仿真模型,并绘制连杆质心点和滑块的位移、速度和加速度线图。

14.4　一偏心的尖顶盘形凸轮机构,已知凸轮半径为 150 mm,偏心距为 20 mm,凸轮匀速逆时针转动且角速度为 30 °/s。创建该凸轮机构的仿真模型并绘制从动件的位移曲线、速度曲线和加速度曲线。

14.5　已知一对齿轮机构的两个齿轮的齿数分别为 $z_1=50,z_2=75$,模数 $m=2$ mm,原动件的角速度为 30 °/s。创建该齿轮机构的仿真模型并绘制从动齿轮的角速度曲线。

参 考 文 献

[1] 孙桓,陈作模,葛文杰.机械原理[M].9版.北京:高等教育出版社,2021.

[2] 孙桓.机械原理教学指南[M].北京:高等教育出版社,1998.

[3] 申永胜.机械原理教程[M].2版.北京:清华大学出版社,2007.

[4] 申永胜.机械原理辅导与习题[M].2版.北京:清华大学出版社,2007.

[5] 黄锡恺,郑文纬.机械原理[M].6版.北京:高等教育出版社,1989.

[6] 张策.机械原理与机械设计[M].北京:机械工业出版社,2004.

[7] 秦荣荣,崔可维.机械原理[M].北京:高等教育出版社,2006.

[8] 高慧琴.机械原理[M].北京:国防工业出版社,2008.

[9] 梁崇高,等.平面连杆机构的计算设计[M].北京:高等教育出版社,1993.

[10] 刘政昆.间歇运动机构[M].大连:大连理工大学出版社,1991.

[11] 邹慧君.机械运动方案设计手册[M].上海:上海交通大学出版社,1994.

[12] 刘隶华.粘弹阻尼减振防噪应用技术[M].北京:宇航出版社,1990.

[13] 吕仲文.机械创薪设计[M].北京:机械工业出版社,2004.

[14] 曲继方,等.机构创新原理[M].北京:科学出版社,2001.

[15] 黄茂林,秦伟.机械原理[M].2版.北京:机械工业出版社,2010.

[16] 张春林,瞳继芳.机械创新设计[M].北京:机械工业出版社,2001.

[17] 黄锡恺,郑文纬.机械原理[M].北京:高等教育出版社,1989.

[18] 杨元山,郭文平.机械原理[M].武汉:华中理工大学出版社,1989.

[19] 曹龙华.机械原理[M].北京:高等教育出版社,1986.

[20] 华大年,唐之伟.机构分析与设计[M].北京:纺织工业出版社,1985.

[21] 邹慧君,等.机械原理[M].北京:高等教育出版社,1999.

[22] 华大年,华志宏,吕静平.连杆机构设计[M].上海:上海科学技术出版社,1995.

[23] 曹惟庆,等.连杆机构的分析与综合[M].北京:科学出版社,2002.

[24] 刘政昆.间歇运动机构[M].大连:大连理工大学出版社,1991.

[25] 殷鸿梁,朱邦贤.间歇运动机构设计[M].上海:上海科学技术出版社,1996.

[26] 吕庸厚.组合机构设计[M].上海:上海科学技术出版社,1996.

[27] 谢存禧,郑时雄,林怡青.空间机构设计[M].上海:上海科学技术出版社,1996.

[28] 胡建钢.机械系统设计[M].北京:水利电力出版社,1991.

[29] 朱龙根,黄雨华.机械系统设计[M].北京:机械工业出版社,1992.

［30］　于奕峰,杨松林.工程 CAD 技术与应用［M］.2 版.北京:化学工业出版社,2006.

［31］　计算机职业教育联盟.AutoCAD 2007 基础教程［M］.北京:清华大学出版社,2006.

［32］　于靖军.机械原理［M］.北京:机械工业出版社,2013.

［33］　冯立艳.机械原理［M］.北京:机械工业出版社,2012.

二维码资源使用说明

　　本书配套数字资源以二维码的形式在书中呈现,读者用智能手机在微信端扫码成功后提示微信登录,授权后进入注册页面,填写注册信息。按照提示输入手机号,获取验证码,在提示位置输入验证码,按要求设置密码,点击"立即注册",注册成功(若手机已经注册,则在"注册"页面底部选择"已有账号? 马上登录",进入"用户登录"页面,输入手机号和密码,提示登录成功),然后刮开教材封底的学习码防伪涂层,输入 13 位学习码(正版图书拥有的一次性使用学习码),输入正确后提示绑定成功,即可查看二维码数字资源。第一次用手机登录查看资源成功,以后便可直接在微信端扫码登录,重复查看本书所有的数字资源。

　　友好提示:如果读者忘记登录密码,请在 PC 端打开以下链接 http://jixie.hustp.com/index.php? m＝Login,然后输入自己的手机号,再单击"忘记密码",通过短信验证码重新设置密码即可。